大数据产业革命的到来，将意味着使用数据来完成那些令人难以置信的壮举。

杜启杰/编

大数据开启了一次重大的时代转型。

大数据大战略

大数据的数量大、类型多、时效快、价值密度低的特点，
让这个崭新的时代充满了变数和乐趣。

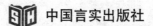

中国言实出版社

图书在版编目（CIP）数据

大数据大战略 / 杜启杰编. -- 北京：中国言实出版社, 2017.1
　ISBN 978-7-5171-1850-3

　Ⅰ.①大… Ⅱ.①杜… Ⅲ.①数据处理 Ⅳ.①TP274

中国版本图书馆CIP数据核字(2017)第000213号

责任编辑：史会美
封面设计：金　琦

出版发行 中国言实出版社
　地　　址：北京市朝阳区北苑路180号加利大厦5号楼105室
　邮　　编：100101
　编辑部：北京市海淀区北太平庄路甲1号
　邮　　编：100088
　电　　话：64924853（总编室）　　64924716（发行部）
　网　　址：www.zgyscbs.cn
　E-mail：zgyscbs@263.net
经　　销 新华书店
印　　刷 北京凯达印务有限公司
版　　次 2017年11月第1版　　2017年11月第1次印刷
规　　格 787毫米×1092毫米　　1/16　　22印张
字　　数 260千字
定　　价 68.80元　　ISBN 978-7-5171-1850-3

前言

　　"大数据"是从英语"Big Data"一词翻译而来的。"大数据"这一概念在近几年逐渐被人们所熟知，并为全球各大企业所重视。简单来说，"大数据"是一种巨量资料库，可以在合理时间内达到撷取、管理、处理并整理为帮助公司、企业经营和决策的资讯信息。

　　在《大数据时代》这本书中，作者在开篇引言中写道："一场生活、工作与思维的大变革。大数据开启了一次重大的时代转型。就像望远镜让我们能够感受宇宙，显微镜让我们能够观测微生物一样，大数据正在改变我们的生活以及理解世界的方式，成为新发明和新服务的源泉，而更多的改变正蓄势待发……"

　　在人类历史长河中，即使是在现代社会日新月异的发展中，人们还主要是依赖抽样数据、局部数据和片面数据，甚至在无法获得实证数据的时候纯粹依赖经验、理论、假设和价值观去发现未知领域的规律。因此，人们对世界的认识往往是表面的、肤浅的、简单的、扭曲的或者是无知的。维克托指出，大数据时代的来临使人类第一次有机会和条件，在非常多的领域和非常深入的层次获得和使用全面数据、完整数据和系统数据，深入探索现实世界的规律，获取过去不可能获取的知识，得到过去无法企及的商机。

世界的万千变化一直超乎人们的预测，自2012年以来，大数据一词成了人类生活的代名词。如今，数据几乎已经渗透到了每一个行业的每一个领域之中，成了不可或缺的生产因素。每一天，互联网都会繁衍出无数的数据，这些内容足以刻满2亿张光碟；而手机客户端发出的帖子和邮件总数可达到3000万亿……如此惊人的数据使得对海量数据的挖掘和分析，成了企业发展的重要内容。大数据的数量大、类型多、时效快、价值密度低的特点，让这个崭新的时代充满了变数和乐趣。

大数据的出现，使得通过数据分析获得知识、商机和社会服务的能力从以往局限于少数象牙塔之中的学术精英圈子扩大到了普通的机构、企业和政府部门。门槛的降低直接导致了数据的容错率提高和成本的降低，但正如维克托所强调的，最重要的是人们可以在很大程度上从对于因果关系的追求中解脱出来，转而将注意力放在相关关系的发现和使用上。只要发现了两个现象之间存在的显著相关性，就可以创造巨大的经济或社会效益，而弄清二者为什么相关可以留待学者们慢慢研究。大数据之所以可能成为一个"时代"，在很大程度上是因为这是一个可以由社会各界广泛参与，八面出击，处处结果的社会运动，而不仅仅是少数专家学者的研究对象。

斯大林曾说："一个人的死是悲剧，一百万个人的死就是数据。"如果拿医学界的术语来论证，这是一种共情疲劳。如果换成时下最流行的术语，就是我们还无法处理大数据。在这个浪里淘沙的时代，我们都站在这个时代改革的前沿，而作为互联网最具爆发力的一种媒介，它给我们传递着什么资讯？如果说我们错过了2000年左右的互联网浪潮，错过电商竞争的时代，但我们赶上了云计算和大数据的兴起，这将是一次难得的转型与立足机会。而它的到来，会给我们带来什么转变？

商业、公共卫生、思维、时代转型、生存方式，乃至方方面面。在过去的一年中，这些犹如星星之火以致燎原之势。在我们炒大数据概念的同时，我们更关心的是：什么是大数据？大数据的核心是什么？大数据能产生什么样的价值？那就随着我的理解，开始我们的大数据之旅。

大数据将逐渐成为现代社会基础设施的一部分，就像公路、铁路、港口、水电和通信网络一样不可或缺。但就其价值特性而言，大数据却和这些物理化的基础设施不同，不会因为人们的使用而折旧和贬值。例如，一组DNA可能会死亡或毁灭，但数据化的DNA却会永存。所以，维克托赞同许多物理学家的看法，世界的本质就是数据。因此，大数据时代的经济学、政治学、社会学和许多科学门类都会发生巨大甚至是本质上的变化和发展，进而影响人类的价值体系、知识体系和生活方式。哲学史上争论不休的世界可知论和不可知论将会转变为实证科学中的具体问题。可知性是绝对的，无事无物不可知；不可知性是相对的，是尚未知道的意思。

总之，通过阅读张其金撰写的《大数据大战略》一书，你将看到各行各业是如何运用数据将不可能变为可能的。通过《大数据大战略》一书，你将发现，未来，一切皆有可能。

从张其金撰写的《大数据大战略》一书中，我们可以看到，大数据无疑开启了一次时代的重大转型。大数据产业革命的到来，将意味着使用数据来完成那些令人难以置信的壮举。

目 录

第一章　走近大数据

　　大数据并不是一个充斥着算法和机器的冰冷世界，人类的作用依然无法被完全代替。大数据为我们打开了一道门，它提供的不是最终的答案，而只是参考答案，帮助我们是暂时的，而更加美好的方法和答案还在不久的未来。

第二章　大数据是一场革命

大数据时代对社会现有结构、体制、文化和生活方式的冲击，远大于计算机和互联网时代。对中国而言，拒绝走向大数据时代，消极保护部门利益或其他既得利益集团垄断地位，将迟滞国家现代化进程，付出更高代价。

第三章 大数据大思维

大数据思维也好，互联网思维也好，产业互联网也好，其背后的实质还是商业思维。

第四章　大数据引领商业变革

　　"大数据"变成了香饽饽，是各大企业、公司、媒体、学者都津津乐道的东西。他们说着自己的见解和理论，但唯一相同的观点就是——大数据时代对人类有着至关重要的影响，甚至即将成为改变未来社会的重要力量。随着技术的革新，我们已经总结和掌握了一些大数据思维，而这些思维背后潜藏着巨大的商业启发，值得我们去深入认知和熟练运用。

第五章　大数据与企业变革

大数据能够用来创造价值是因为，在当今社会中，依靠相关政经数据分析所得出的报告越来越多地成为高层管理者进行决策的重要参考。看似比"经验主义"更加科学客观的各类经济报表和技术报告，已经成为各类研究机构向决策者提供建议的重要手段，而大数据技术正好迎合了这样的需求。

第六章　不同行业的大数据革命

　　大数据的渗透力极强。从本质上讲，各行各业都已经在数据化了，比如电信业正在变成电信数据业，金融业变成金融数据业，医疗业也变成医疗数据业……这也就意味着，大数据挖掘将成为各行各业的必修课。

第一章
走近大数据

　　大数据并不是一个充斥着算法和机器的冰冷世界，人类的作用依然无法被完全代替。大数据为我们打开了一道门，它提供的不是最终的答案，而只是参考答案，帮助我们是暂时的，而更加美好的方法和答案还在不久的未来。

什么是大数据

　　最早提出"大数据"时代来临的是全球知名的咨询公司麦肯锡。麦肯锡公司称："数据已经渗透到每一个行业和业务领域，成为重要的组成部分之一。人们对于海量数据的挖掘和运用，预示着新一波生产率增长和消费者盈余浪潮的到来。"

　　2008年9月，《自然》杂志推出了封面专栏——"大数据"，全面梳理了数据在生物、物理、工程、数学及社会经济等多学科领域所占据的位置和角色的重要性。

　　15年前，人们认为互联网存在"泡沫"，但事实证明其并没有被高估；5年以前，人们又都认为电子商务被夸大，但如今看来这也是错误的结论。今天，大数据已经越来越多地影响和左右人们的生活，引发社会变革和创新革命，它也必将引领一个崭新的时代。

　　在如今科技快速发展的时代，较之以往企业已经能够以更快的速度和更低的成本来获取和储存大量的数据。有人甚至认为，科技很快就能让大数据分析变得"像使用Excel一样容易"。在其他如潮水般涌起的革命性数据科学当中，最令人感到兴奋的莫过于能够实时掌握消费者和物联网的动态，但是，这恐怕容易使得企业陷入另一种困境。

　　对于一个企业来说，理解数据集成的重要性是创造新的价值的前

提。假若对数据的理解仍然维持在单一和特定用途的层面，那么在数据开发过程中容易出现缺乏灵活性、信息不全面的情况，在利用数据开发未来机遇方面，组织或将会陷于被动的境地。而成功的例子则要数亚马逊和Salesforce了，这两家公司借助策略性的数据管理方式在短期内获得了规模式的增长。

我们不难看出，大数据的重要性不言而喻。

2015年3月5日，国务院总理李克强在年度《政府工作报告》中正式提出：制定"互联网+"行动计划，推动移动互联网、云计算、大数据、物联网等与现代制造业结合，促进电子商务、工业互联网和互联网金融健康发展，引导互联网企业拓展国际市场。在我看来，李克强总理的讲话透露出一个简单的逻辑：未来的中国属于"互联网+"，而未来的"互联网+"的计划实施，归根结底还依赖于大数据。没有大数据，就没有未来。

没错，"大数据产业革命"的到来，意味着人类将使用数据来完成那些令人难以置信的壮举。而引领"大数据产业革命"浪潮的人物必须具备三项特质：

1.否定对任何可行性的质疑，为可能创造出新的定义；

2.具备内在化的模型识别的知识与洞悉，可以将某个行业或维度的模型运用到其他看似毫无关联的行业上去；

3.致力于改善与数据相关的每一个方面，哪怕只改善百分之一。

总之，我们运用这些看似各不相同的特性，将会创造出或许连我们都未曾想到的无限可能。企业要用数据增强自身的实力，并坚信能够发现那些从未被开拓过的领域，将商业与工业推升到一个全新的高度。

　　如今，"大数据"这个词汇俨然成了工商界和金融界的新宠。在哈佛大学担任社会学教授的加里·金说："这是一场革命，庞大的数据资源使得各个领域开始了量化进程。无论学术界、商界还是政府，所有领域都将开始这种进程。"

　　"大数据"是从英语"Big Data"一词翻译而来的。"大数据"这一概念在近几年逐渐被人们所熟知，并为全球各大企业所重视。简单来说，"大数据"是一种巨量资料库，可以在合理时间内达到撷取、管理、处理并整理为帮助公司、企业经营和决策的资讯信息。

　　大数据(Big Data)是指"无法用现有的软件工具提取、存储、搜索、共享、分析和处理的海量的、复杂的数据集合。"随着云时代的悄然到来，"大数据"渐渐得到了越来越多的企业关注。后来，业界将"大数据"概括成四个V，即大量化（Volume）、多样化（Variety）、快速化（Velocity）和价值化（Value）。

　　数据体量巨大(Volume)。截至目前，人类生产的所有印刷材料的数据量是 200PB，而历史上全人类说过的所有的话的数据量大约是5EB(1EB=210PB)。

　　数据类型繁多(Variety)。相对于以往便于存储的以文本为主的结构化数据，非结构化数据越来越多，包括网络日志、视频、图片、地理位置信息等，这些多类型的数据对数据的处理能力提出了更高要求。

　　价值密度低(Value)。价值密度的高低与数据总量的大小成反比。如何通过强大的机器算法更迅速地完成数据的价值"提纯"成为目前大数据背景下亟待解决的难题。

处理速度快(Velocity)。大数据区分于传统数据挖掘的最显著特征。根据IDC的"数字宇宙"的报告，预计到2020年，全球数据使用量将达到35.2ZB。

看看专家们怎么说。

舍恩伯格评价大数据时代说，大数据时代不是随机样本，而是全体数据；不是精确性，而是混杂性；不是因果关系，而是相关关系。

埃里克·西格尔在评价大数据预测时说，大数据时代下的核心，预测分析已在商业和社会中得到广泛应用。随着越来越多的数据被记录和整理，未来预测分析必定会成为所有领域的关键技术。

城田真琴在评价大数据的冲击时说，从数据的类别上看，"大数据"指的是无法使用传统流程或工具处理或分析的信息。它定义了那些超出正常处理范围和大小、迫使用户采用非传统处理方法的数据集。

由此可见，了解了大数据的典型应用，就理解了大数据的定义。这时相信在每个人的心中，关于大数据的价值都有了自己的答案。

2010年《Science》上刊登了一篇文章指出，虽然人们出行的模式有很大不同，但我们大多数人同样是可以预测的。这意味着我们能够根据个体之前的行为轨迹预测他或者她未来行踪的可能性，即93%的人类行为可预测。

而大数定理告诉我们，在试验不变的条件下，重复试验多次，随机事件的频率近似于它的概率。"有规律的随机事件"在大量重复出现的条件下，往往呈现几乎必然的统计特性。

举个例子，我们向上抛一枚硬币，硬币落下后哪一面朝上本来是偶然的，但当我们上抛硬币的次数足够多后，达到上万次甚至几十万、几百万次以后，我们就会发现，硬币每一面向上的次数约占总次数的二分之一。偶然中包含着某种必然。

随着计算机的处理能力的日益强大，你能获得的数据量越大，你能挖掘到的价值就越多。

实验的不断反复、大数据的日渐积累让人类发现规律、预测未来不再是科幻电影里的读心术。

如果银行能及时了解风险，我们的经济将更加强大；如果政府能够降低欺诈开支，我们的税收将更加合理；如果医院能够更早发现疾病，我们的身体将更加健康；如果电信公司能够降低成本，我们的话费将更加便宜；如果交通动态天气能够掌握，我们的出行将更加方便；如果商场能够动态调整库存，我们的商品将更加实惠。最终，我们都将从大数据分析中获益。

关于未来有一个重要的特征：每一次你看到了未来，它会跟着发生改变，因为你看到了它，然后其他事也跟着一起改变了。数据本身不产生价值，如何分析和利用大数据对业务产生帮助才是关键。

如今，大数据作为国家的核心资产，各国已经开始了激烈的竞争。一旦在大数据领域落后，必然就无法守住本国的数字主权，也就意味着难以占据产业战略的制高点，国家安全数字空间也会相应地出现漏洞。美国政府在大力推行"大数据研究和发展"的计划之下，欧盟、中国等大型的经济体也会在不久的将来出台属于自己的引导性和倾斜性政策，目的就在于抢占大数据的战略制高点。一轮关于大数据的新竞争马上就要登场。

历史上这样的一幕曾经出现过。1993年，美国出台了"信息高速公路"计划，各国因此反应十分强烈。同年日本政府发布拟建设"研究信息流通新干线"计划，将全国的大学、研究机构利用高速通信线路来连接，并在后一年的5月又提出了日本版的"信息高速公路"计划，前后发布了《通信基础结构计划》和《通向21世纪智能化创新社会的改革》两个报告，报告中对网络建设的实施分三个阶段进行。欧盟在1993年6月的哥本哈根欧盟首脑会议上，由当时的主席德洛尔首次提出了"构建欧洲信息社会"的倡议，之后又在12月发布了旨在"振兴经济、提高竞争能力和创造就业机会"的白皮书，白皮书中已经提出了欧洲版"信息高速公路"构建的清晰构想，还为此成立专门的工作小组主要负责推进整个计划。与此同时，加拿大、韩国、新加坡等发达国家也都在逐步开发自己的技术优势，只为占据高新技术的制高点，迎接21世纪到来的技术发展挑战。各国都不惜投入巨额资金推出各国版的"信息高速公路"计划，一时间全球范围内"信息高速公路"计划风生水起。

继美国政府推出"大数据研究和发展"计划之后，日本政府又重新启动了ICT战略研究，此研究曾在大地震时期暂时停摆，这是一个重视大数据应用的战略计划。联合国此后也发布了《大数据促发展：挑战与机遇》白皮书，全世界似乎都在迎接大数据时代，各种计划接二连三地发布。

日本总务省信息通信政策审议会下设的ICT基本战略委员会在2012年5月召开会议。会上，大数据研究主任、东京大学的教授森川博之提到，在大数据技术领域美国的优势是明显的，像谷歌、亚马逊这样的大企业都在大数据的应用领域拥有很强的技术优势，日本接下来必须在大数据方面制定一系列战略来应对大数据时代。日本文部科学省在7月就发布了以学术云为主题的讨论会报告，提出大数据时代学术界要做好迎接挑战的准备，主要在大数据收集、存储、分析、可视化等阶段展开研究，并构建大数据利用模型。

联合国2012年发布的《大数据促发展：挑战与机遇》白皮书已明确提出大数据时代已然到来，对于联合国和各国政府来说，这是一个历史性的机遇。报告中还对政府如何利用大数据来响应社会需求，指导经济发展进行了讨论，提出要在联合国成员国建立"脉搏实验室"，主要用于挖掘大数据的潜在价值。澳大利亚出资赞助印度尼西亚政府在其首都雅加达建立了"脉搏实验室"，于2012年9月投入使用。

大数据当前还是个新兴前沿的概念，我国尚未从国家和政府层面提出大数据相关的战略，可是在2011年11月，工信部发布的物联网"十二五"规划中明确提到了四项关键技术创新工程，包括了信息感知技术、信息传输技术、信息处理技术和信息安全技术，当中的信息处理技术就有海量数据存储、价值挖掘等方面的智能分析技术，显然这都是和大数据密切相关的技术。也就在同时，广东省等地方政府已经率先启动了大数据战略，推动本省的大数据发展，协助开放共享。

从本质上来说，大数据就是人类社会所有数据量变到质变的必然产物，是"信息高速公路"计划的进一步升级和扩展，它对人类社会未来的走向和发展势必会有巨大的变革意义。很显然，现在的趋势已经说明了大数据时代真的到来了。

探寻大数据

似乎一夜之间，大数据变成一个IT行业中最时髦的词汇。首先，大数据不是什么完完全全的新生事物，Google的搜索服务就是一个典型的大数据运用，根据客户的需求，Google 实时从全球海量的数字资产（或数字垃圾）中快速找出最可能的答案，呈现给你，就是一个最典型的大数据服务。只不过过去这样规模的数据量处理和有商业价值的应用太少，在IT行业没有形成成型的概念。现在随着全球数字化、网络宽带化、互联网应用于各行各业，累积的数据量越来越大，越来越多企业、行业和国家发现，可以利用类似的技术更好地服务客户、发现新商业机会、扩大新市场以及提升效率，才逐步形成大数据这个概念。

在电影《黑客帝国》当中，主人公尼奥在服下了蓝色药丸之后，就发现所有在他身边的一切其实都是数字化的幻想而已，他的工作、伙伴、住的高楼，看到的天空大地，甚至于他的情绪都不例外。电影的创作自然可以天马行空，真实的物理世界尽管不是如此，但不可否认的是它也在朝着数字化的方向高速前进。

像是高楼大厦，在动工之前就会形成一个涵盖了设计、施工、维护等多方面的综合建筑信息模型，它所使用的就是三维建模技术。在消费者看来，人们绝对会因为建筑信息模型的美观大方而自掏腰包购买效果图；在地产商看来，建筑信息模型所透露出来的信息便是他们需要为整个过程投入多少；在设计师看来，整个模型清清楚楚地呈现了所有设计的综合，他们能够在当中调整管线走向和通风设计等等；在工人看来，模型就是他们的施工图；在消防部门看来，即便是尚未完工的建筑也可以通过模型来评估它的消防效果，并模拟人群疏散的动态情形。总之，这建筑的方方面面实际上都已经数字化了。

日常生活中人们所接触到的文件、照片、音频、视频，还有海量的数据，都有大量的信息蕴含其中。此类数据的特点是共同的，尽管它们的大小、内容、格式和用途并不相通。拿最为常见的Word文档举例就会发现，最为简单的文档可能就只有几行字而已，但是一旦插进了图片、音乐等多媒体内容就可以成为一个多媒体的文件，文章的感染力就会增强。这一类数据就是非结构性数据。

结构性数据与之相对应，在结构性数据中人们对于表格中的数据可以简单解释，因为结构都是相通的。每个人每个月所领到的工资条，工资条的结构就没有变化过，变化的只是里面的工资和个税、保险。个人的工资条排列在一起就形成了工资表。结构化数据的计算机处理技术已经成熟了，会计和审计可以很有效地利用Excel工具来进行加减乘除、汇总和统计等一类的任务。要是有大量运算存在的话，商业数据库就会使用上，它们的任务就是存储和处理这些结构性数据。

可是，日常生活中无论是企业数据还是日常数据，大部分都是非结构性的。有咨询机构调查显示，非结构性的数据占到了整个企业数据量的80%，还有调查显示高达95%，这个数据暂时还没有权威、准确

的统计。信息产业这么多年一直在努力的方向就是让非结构性的数据能和结构性数据一样获得便利、快捷的处理。可是他们总在走弯路，一开始人们希望用处理结构性数据的方式来处理非结构性数据。只是非结构性数据个体之间的差异太大，用统一的处理模式来硬套的话，结果显然是不会太好。因此人们有很长一段时间认为非结构性数据的处理难度很大。

幸运的是谷歌公司成了大数据处理技术的先驱，它为公众提供搜索服务的同时，把大量网页、文档等数据的快速访问难题也解决了。雅虎公司也有一个研发小组，在谷歌技术的基础上成功地开发了一整套处理大数据的程序框架，这就是大众所熟知的Hadoop。目前这个领域的技术发展很是快速。

以上这些公司的技术研发，让不少人在面对非结构性数据的处理问题上重新找回了自信，因此高清图像、视频等处理技术都进入了快速发展的时期。

社交网络上人们情绪表达方式也日渐丰富，企业为人们开发了众多表达心情的标准化图示，用以表达人们的各种复杂的情绪。

有一个有趣的故事是关于奢侈品营销的。PRADA在纽约的旗舰店中每件衣服上都有RFID码。每当一个顾客拿起一件PRADA进试衣间，RFID会被自动识别。

同时，数据会传至PRADA总部。每一件衣服在哪个城市哪个旗舰店什么时间被拿进试衣间停留多长时间，数据都被存储起来加以分析。如果有一件衣服销量很低，以往的做法是直接干掉。但如果RFID传回的数据显示这件衣服虽然销量低，但进试衣间的次数多。那就能另外说明一些问题。也许这件衣服的下场就会截然不同，也许在某个细节的微小改变就会重新创造出一件非常流行的产品。

还有一个是关于中国粮食统计的故事。中国的粮食统计是一个老大难的问题。中国的统计，虽然有组织、有流程、有法律，但中央的统计人员依靠省统计人员，省靠市，市靠县，县靠镇，镇靠村，最后真正干活或上报的是基层兼职的调查人员。在前两年北京的一个会议上，原国家统计局总经济师姚景源向我们讲述了他们是如何做的。他们采用遥感卫星，通过图像识别，把中国所有的耕地标识计算出来，然后把中国的耕地网格化，对每个网格的耕地抽样进行跟踪、调查和统计，然后按照统计学的原理，计算（或者说估算）出中国整体的粮食数据。这种做法是典型采用大数据建模的方法，打破传统流程和组织，直接获得最终的结果。

最后是一个炒股的故事。这个故事来自于2011年好莱坞的一部高智商电影《永无止境》，讲述一位落魄的作家库珀，服用了一种可以迅速提升智力的神奇蓝色药物，然后他将这种高智商用于炒股。库珀是怎么炒股的呢？就是他能在短时间掌握无数公司资料和背景，也就是将世界上已经存在的海量数据（包括公司财报、电视、几十年前的报纸、互联网、小道消息等）挖掘出来，串联起来，甚至将Facebook、Twitter的海量社交数据挖掘得到普通大众对某种股票的感情倾向，通过海量信息的挖掘、分析，使一切内幕都不是内幕，使一切趋势都在眼前，结果在10天内他就赢得了200万美元，神奇的表现让身边的职业投资者目瞪口呆。这部电影简直是展现大数据魔力的教材性电影。

从这些案例来看，大数据并不是很神奇的事情。就如同电影《永无止境》提出的问题：人类通常只使用了20%的大脑，如果剩余80%大脑潜能被激发出来，世界会变得怎样？在企业、行业和国家的管理中，通常只有效使用了不到20%的数据（甚至更少），如果剩余80%数据的价值激发起来，世界会变得怎么样呢？特别是随着海量数据的新摩尔定律，数据爆发式增长，然后数据又得到更有效应用，世界会怎么样呢？

单个的数据并没有价值，但越来越多的数据累加，量变就会引起质变，就好像一个人的意见并不重要，但1000人、10000人的意见就比较重要，上百万人就足以掀起巨大的波澜，上亿人足以改变一切。

我们来说说银行、地铁中那些敏感部门或是地点的视频监控，凡摄像头的运转均为24小时，它势必会产生大量的视频数据。通常情况下的视频数据是枯燥乏味的，人们不会关心。但是一旦拍到了图谋不轨的行为，那么对于公安人员来说这视频就非常有价值了。可是事先人们不会知道哪一个部分有用，因此所有的视频材料都要保存下来，即便是存了一年的数据哪怕只有一帧对破案有用也是有价值的视频。不过对于研究人类行为的社会学家来说，这些视频都是非常珍贵的第一手材料，因为从中能发现人类的行为模式特点。

人们如今要获得医疗数据并非难事，手腕上的一块和电子表颇为类似的仪器就可以随时随地测量脉搏、体温和血压等数据，再不断地将其传回医疗中心。数据除了能帮助人们检测自己的健康状况外，医疗保险公司也很是青睐这项技术。保险公司的精算师依照这些数据的特点来研发新的保险产品，对他们现有的产品组合也是非常有帮助的。

上述的种种事例说明了：1.数据的价值是无可限量的；2.当然这价值犹如沙滩中的黄金一般需要挖掘；3.组合数据的价值要比单一种类的数据价值高得多。

在研究各行各业的数据应用中，会发现即使手中有一座如此大的宝藏，但挖掘工作仍是非常困难的，原因正是由于自身的数据中所蕴含的重生之道还不为人所知。互联网公司是最早意识到数据价值的公司，因此它们总在研究和分析领域领先。不过大数据的专利不再是属于大公司，它需要的是看待世界、产业的观念和视角。大公司通过它来合纵连横，扩张跨界，小公司也可以细水长流。关键问题在于如何看待大数据。

究竟多快才是快呢？显然是小于1秒，就在分秒之间的客户体验。

传统数据应用和大数据应用之间的重要区别就在于此。十几年间，无论是电信还是金融行业都在经历着一场核心应用系统从分散到总部统一的过程。集中大量数据之后，所产生的第一个问题就是各类报表形成的时间延长了。业界在很长时间内都在质疑能否从海量增加的数据中快速地提取信息。

在这个领域，谷歌公司的贡献是有开创性的。谷歌的搜索引擎就仿佛在向信息业界宣布，全世界谷歌的搜索可以在1秒内完成，并得到所要得到的结果。大数据应用领域谷歌成了一个标杆。要是有超过1秒钟的数据应用的话，用户就会有不良的体验。下面举个营销方面的例子。

人们在购买越是昂贵的东西时就越是犹豫，会反复去掂量自己的

购买能力。购买价格便宜的东西就越容易呈现出冲动购买的特征。根据消费者的购买特点，京东商城将其分为四种类型，其中37%是冲动购买者。对于这类购物者来说，能够在冲动的一瞬间为其送上最为精准的商品信息，是商品销售中的关键因素。幸运的是，关于这一点，社交平台的出现，为调查人们的偏好和兴趣提供了一个极好的平台，也让大数据时代这种精准的营销成了可能。

股票市场的交易主要是高频交易要比他人快0.02秒才能有惊人的收益。为了能比他人快20毫秒，有人特地建了一条横跨西海岸到东海岸的光纤，还有人索性就留在了纽交所所在的街区。由毫秒时间差所造成的商业机会，此后会因为大数据的普及而出现在众多行业当中。

很多以应急反应为主的新兴产业很注重时效性。他们如果了解到某工厂有了事故，就会在第一时间做出判断，评估影响范围，到达现场并展开处置。

互联网投资创业现在的热点领域是O2O。经过商家门口的消费者如果能即时收到商家的促销信息，无疑是最为美好的服务。此时的促销消息若是消费者正好需要的商品或是服务，人人都能从中获益。消费者节省了时间，商家商品得到销售，服务商也获得了佣金。如果所提供的促销信息非准确时间获得的，那就会演变成为最为恼人的垃圾信息。谁都不愿意在任何时间任何地方收到垃圾信息，而这两种信息的差别常常只是几秒钟的差异而已。

数据的活性越高就有越大的价值。曾经有一家公司提供了数据样本希望有人能帮他们来评估一下潜在的商业价值。数据量很大，更新频率也很高。这样的数据并非不常见，很多支付公司所收集到的交费记录常常都是如此。

　　数据的活性实际上就是数据的更新频率，更新频率越高的数据就有越大的活性，反之亦然。通常来说，数据集中的活性越大，就有越丰富的信息在其中。因此在大数据领域要有所成就的话，就要想办法去提高数据的活性。

　　对于公司的投资价值的判定，人们常常会听到这样的观点，公司是否拥有成规模和有活性的数据。之所以多样化和快速等特征不被提及，就因为人们更容易记住这一点。我们需要注意的是，数据再多，但如果被屏蔽或者没有被使用，也是没有价值的。中国的航班晚点非常多，相比之下美国航班准点情况要好很多。这其中，美国航空管制机构一个好的做法发挥了积极的作用，说起来也非常简单，就是美国会公布每个航空公司、每一班航空过去一年的晚点率和平均晚点时间，这样客户在购买机票的时候就很自然会选择准点率高的航班，从而通过市场手段牵引各航空公司努力提升准点率。这个简单的方法比任何管理手段（如中国政府的宏观调控手段）都直接和有效。

　　没有整合和挖掘的数据，价值也呈现不出来。《永无止境》中的库珀如果不能把海量信息围绕某个公司的股价整合起来、串联起来，这些信息就没有价值。因此，海量数据的产生、获取、挖掘及整合，使之展现出巨大的商业价值，这就是我理解的大数据。在互联网对一切重构的今天，这些问题都不是问题。因为，我认为大数据是互联网深入发展的下一波应用，是互联网发展的自然延伸。目前，可以说大数据的发展到了一个临界点，因此才成为IT行业中最热门的词汇之一。

大数据引发的颠覆性变化

　　"大数据"是"数据化"趋势下的必然产物！数据化最核心的理念是："一切都被记录，一切都被数字化。"它带来了两个重大的变化：一是数据量的爆炸性剧增，最近两年所产生的数据量等同于2010年以前整个人类文明产生的数据量总和；二是数据来源的极大丰富，形成了多源异构的数据形态，其中非结构化数据所占比重逐年增大。牛津大学互联网研究所Mayer-Schonberger教授指出，"大数据"所代表的是当今社会所独有的一种新型的能力——以一种前所未有的方式，通过对海量数据进行分析，获得巨大价值的产品和服务，或深刻的洞见。我认为，这种"前所未有的"巨大价值和深刻洞见，并不仅仅来自于单一数据集量上的变化，而是不同领域数据集之间深度的交叉关联，姑且称之为"跨域关联"。譬如微博上的内容和社交关系，Flickr上的图片共享，手机通讯关系，淘宝上的购物记录等数据通过同一个用户关联起来；又如移动手机定位的移动轨迹，车载GPS的移动数据通过同一个地点关联起来。跨域关联是数据量增大后从量变到质变的飞跃，是大数据巨大价值的基础。

　　事实上，大数据是一种文化基因（meme），一个营销术语，确实如此，不过也是技术领域发展趋势的一个概括，这一趋势打开了理解世界和制定决策的新办法之门。根据技术研究机构IDC的预计，大量新数据无时无刻不在涌现，它们以每年50%的速度在增长，或者说每两年就要翻一番多。并不仅仅是数据的洪流越来越大，而且全新的支流也会越来越多。比方说，现在全球就有无数的数字传感器依附在工业设备、汽车、电表和板条箱上。它们能够测定方位、运动、振动、温度、湿度，甚至大气中的化学变化，并可以通信。

将这些通信传感器与计算智能连接在一起，你就能够看到所谓的物联网（Internet of Things）或者工业互联网（Industrial Internet）的崛起。对信息访问的改善也为大数据趋势推波助澜。比如说，政府数据——就业数字等其他信息正在稳步移植到 Web 上。2009年，华盛顿通过启动Data.gov进一步打开了数据之门，该网站令各种政府数据向公众开放。

随着技术的革新，我们已经踏进大数据时代，而数据背后潜藏着巨大的商业机会，值得我们去挖掘。

根据技术研究机构IDC的研究结果可知，近年来，大量的新数据无孔不入，它们以每年50%的速度在增长。或者说，它们每两年就要翻一番，完全超出人们的预料。

事实上，我们生活的方方面面，都会因大数据的存在而发生变化。如消费习惯、兴趣爱好、人际关系，以及整个互联网的走向与潮流等，都将成为IT行业所关注的重点。当然了，这一切的获取和分析都与大数据息息相关。

我们不能说数据的圈子越来越大，而是全新的圈子越来越多。比如，全世界有数不清的数字传感器依附在汽车、工业设备、电表和板

条箱上，它们能准确地掌握方位、温度、湿度、运动、振动，以及大气中的化学变化。

从一方面来说，大众媒体基础上的大数据挖掘和分析，将衍生出令人意想不到的应用；从另一方面来说，基于数据分析的营销和咨询服务也正在崛起。这些专注于数据挖掘和数据服务的公司，将成为IT行业乃至互联网服务业中的新兴力量。

以往，只有像谷歌、微软这样的全球化公司能做关于大数据的深挖和分析。但现在，大数据偏向平民化，让越来越多的IT公司有机会进入这个领域。也因此，大数据领域有了不同的数据分析和服务，促使人们不断地创新商业模式。比如在一分钟内，用户就会在Facebook（脸谱网）上发布近70万条信息；在一分钟内，用户会在Flicker（雅虎旗下图片分享网站）上传3125张照片；在一分钟内，用户就会在YouTube（世界上最大的视频网站）上点击200万次观赏……

铁一般的事实告诉互联网从业人员，这些庞大数字意味着一种全新的致富手段。可以说，它的价值不可估量。

虽然在目前来说，大数据在中国还处于初级阶段，但是它的商业价值已经告诉人们，凡是掌握大数据的公司，就相当于站在"金库的门口"。基于数据交易产生的经济效益和创新商业模式的诞生，能帮助企业进行内部数据挖掘，以便更准确地找到潜在客户，从而降低营销成本，提高企业的销售利润。

百分点信息科技的联合创始人苏萌曾说过："未来，数据可能成为最大的交易商品。但数据量大并不能算是大数据，大数据的特征是数据量大、数据种类多、非标准化数据的价值最大化。因此，大数据的价值是通过数据共享、交叉复用后获取的最大的数据价值。"在他看来，未来，大数据将会如基础设施一样，有数据提供方、管理者、监管者，数据的交叉复用将大数据变成一大产业。

据一项统计结果显示：截止到2012年10月，大数据所形成的市场规模在51亿美元左右。到了2017年，此数据预计会上涨到530亿美元。

由此，可见"大数据"的价值所在。大数据会给整个社会带来从生活到思维上革命性的变化：企业和政府的管理人员在进行决策的时候，会出现从"经验即决策"到"数据辅助决策"再到"数据即决策"的变化；人们所接受的服务，将以数字化和个性化的方式呈现，借助3D打印技术和生物基因工程，零售业和医疗业亦将实现数字化和个性化的服务；以小规模实验、定性或半定量分析为主要手段的科学分支，如社会学、心理学、管理学等，将会向大规模定量化数据分析转型；将会出现数据运营商和数据市场，以数据和数据产品为对象，通过加工和交易数据获取商业价值；人类将在哲学层面上重新思考诸如"物质和信息谁更基础""生命的本质是什么""生命存在的最终形态是什么"等本体论问题……综上，大数据不是数据量的简单刻画，也不是特定算法、技术或商业模式上的发展，而是从数据量、数据形态和数据分析处理方式，到理念和形态上重大变革的总和——大数据是基于多源异构、跨域关联的海量数据分析所产生的决策流程、商业模式、科学范式、生活方式和观念形态上的颠覆性变化的总和。

在业界看来，人们在过去数据匮乏的时代，形成了依赖抽样数据、局部数据和片面数据，甚至在无法获得实证数据时靠经验、理论和假设去发现新知识和进行决策的思维惯例和行为模式。

作为一家由传统企业联合发起的电商企业，商圈网副总裁朱伟表示，商圈网成立的出发点就是想整合线上并利用线上的资源。他表示，之前他们对客户实则并不了解，电商企业每天客户的行为及购物轨迹全部被记录，但其并不知道自己客户的这些信息。"这就是实体企业和互联网企业的区别。"

朱伟表示，实体企业在做两件事：数据分析和数据分解。"数据分解是给各个分公司看下一年的任务是多少，数据分析是给老板看，但没有用互联网的手段把数据变成生产力。"据其介绍，其现在利用包括无线网络、蓝牙和移动互联等多个产品收集客户数据，"我们把线下轨迹跟线上轨迹一起收集过来，形成全轨迹的数据收集。"

贵人鸟副总裁陈奕表示，大数据最大的帮助在于三个方面，第一是让其了解"谁在消费我们"，第二是可以通过大数据知道"他们想消费什么"，第三就是可以借此揣摩"他究竟是怎么样消费"。

作为实体企业，陈奕表示，过去并不是没有数据概念，每年公司都在做第三方市场调研，"但以前的数据不能让我真正知道谁在消费我，样本量太小，不能跟我们的销售做对应的比例。"不过他也表示，挖掘与搜集大数据对其来说是件困难的事情，"因为我们不像电子商务或者互联网公司，但我想我们可以借助在互联网上的方法获取我们需要的数据"。

在业界看来，对商家来说，与客户保持个性化关系非常重要，这需要在前端进行前线业务数字化的转型，在后端借助全整合企业模式，从根本上转变基础设施，以支持前线业务数字化，使企业转变为整合、弹性和简洁的运作模式。

数据不仅变得越来越普遍，而且对于计算机来说也变得更加可读。这股大数据浪潮当中大部分都是桀骜不驯的——都是一些像 Web 和那些传感数据流的文字、图像、视频那样难以控制的东西。这被称为是非结构数据，通常都不是传统数据库的腹中物。

不过，从互联网时代浩瀚的非结构数据宝藏中收获知识和洞察的计算机工具正在快速普及。处在一线的是正在迅速发展的人工智能技术，像自然语言处理、模式识别以及机器学习。

那些人工智能技术可以被应用到多个领域。比方说，Google 的搜索及广告业务，还有它那已经在加州驰骋了数千英里的实验性机器人汽车，这些都使用了一大堆的人工智能技巧。这些都是令人怯步的大数据挑战，需要解析大量的数据，并要马上做出决策。

反过来，新数据的充裕又加速了计算的进展——这就是大数据的良性循环。比方说，机器学习算法就是从数据中学习的，数据越多，机器学得就越多。我们就拿Siri这款苹果在最近引入的 iPhone 对话及问答应用作为例子吧。该应用的起源还要追溯到一个五角大楼的研究项目，并在随后拆分出了一家硅谷的初创企业。苹果于2010年收购了Siri，然后不断地给它喂数据。现在，随着人们提供了数以百万计的问题，Siri 正变成一位越来越老练的个人助手，为 iPhone用户提供了提醒、天气预报、饭店建议等服务，其回答的问题数如宇宙般不断膨胀。

麻省理工学院斯隆管理学院的经济学家Erik Brynjolfsson说，要想领会大数据的潜在影响，你得看看显微镜。发明于4个世纪之前的显微镜，使得人们以前所未有的水平观看和测量事物——细胞级。这是测

量的一次革命。

Brynjolfsson 教授解释说，数据的测量正是显微镜的现代等价物。比如说，Google的搜索，Facebook 的文章以及 Twitter 的消息，使得在产生行为和情绪时对其进行精细地衡量成为可能。

Brynjolfsson 说，在商业、经济等其他领域，决策将会越来越以数据和分析为基础，而非靠经验和直觉。"我们可以开始科学化很多了。"他评论道。

数据优先的思考是有回报的，这方面存在着大量的轶事证据。最出名的仍属《点球成金（Moneyball）》，这本迈克尔·路易斯（Michael Lewis）2003年出的书，记录了预算很少的奥克兰运动家队（Oakland A）如何利用数据和晦涩难懂的棒球统计识别出被低估的球员的故事。大量的数据分析不仅已成为棒球的标准，在其他体育运动中亦然，包括英式足球在内，且在由布拉德·皮特主演的同名电影上映之前老早就这么做了。

零售商，如沃尔玛和 Kohl's，则分析销售、定价和经济、人口、天气方面的数据来为特定的门店选择合适的产品，并确定降价的时机。物流公司，如 UPS，挖掘货车交付时间和交通模式方面的数据以调整路线。

而在线约会服务，像 Match.com，则不断仔细查看其上个人特点、反应以及沟通的 Web 列表以便改进男女配对约会的算法。在纽约警察局的领导之下，美国全国的警察局都在使用计算机化的地图，并对诸如历史犯罪模式、发薪日、体育活动、降雨及假日等变量进行分析，以期预测出有可能的犯罪及"热点"，并在那些地方预先部署警力。

Brynjolfsson 教授与另外两位同事一道进行的研究已经公布，研究认为，由数据来指导管理正在美国的整个企业界扩散并开始取得成效。他们研究了179家大型的公司后发现，那些采用"数据驱动决策制定"者获得的生产力，要比通过其他因素进行解释所获得的高出5到6个百分点。

大数据的预测能力也正在被探索中，并在公共卫生、经济发展及经济预测等领域有获得成功的希望。研究人员已发现，Google 搜索请求中诸如"流感症状"和"流感治疗"之类的关键词出现的高峰要比一个地区医院急诊室流感患者增加出现的时间早两三个星期（而急诊室的报告往往要比浏览慢两个星期左右）。

全球脉动（Global Pulse），这项由联合国新发起的行动计划，希望大数据能对全球的发展起到杠杆作用。该组织将会用自然语言破译软件对社交网络中的消息以及短信进行所谓的情绪分析，以帮助预测出特定地区失业、开支缩减或疾病爆发的情况。其目标是使用数字化的预警信号来预先指导援助计划，比方说，预防一个地区出现倒退回贫困的情况。

研究表明，在经济预测方面，Google上房产相关搜索量的增减趋势相对于地产经济学家的预测而言是一个更加准确的预言者。美联储，还有其他者均注意到了这一点。

大数据已经转变了对社会网络如何运转的研究。20世纪60年代，在一次著名的社会关系实验中，哈佛大学的米尔格兰姆（Stanley Milgram）利用包裹作为其研究媒介。他把包裹发往美国中西部的志愿者，指导他们将包裹发给波士顿的陌生人，但不是直接发过去，参与

者只能将包裹发给自己认识的某个人。包裹易手的次数平均值少得不同寻常，大概只有6次。这就是"小世界现象"的一个经典体现，由此也形成了一个流行语——"六度分隔"。

今天，社交网络研究包括了发掘巨量的在线集体行为的数字数据集。其中的发现包括：你认得但不常联系的人，也即社会学上称为"弱联系"的人，是职位空缺内部消息的最佳来源。他们在一个略微不同于你的密友圈的社交世界中穿梭，所以能够看到一些你和自己最好的朋友看不到的机会。

大数据的战略地位

大数据被认为是继信息化和互联网后整个信息革命的又一次高峰。云计算和大数据共同引领以数据为材料、计算为能源的又一次生产力的大解放，甚至可以与以蒸汽机的使用和电气的使用为代表的第一次工业革命和第二次工业革命相媲美。与提升国家竞争力及国民幸福程度密切相关的重大战略都与大数据的分析和利用息息相关，包括与国家安全、社会稳定相关的尖端武器制造与性能模拟实验，群体事件和谣言的预警和干预；与国家科技能力相关的等离子即高能粒子实验分析，纳米材料及生物基因工程；与国民经济繁荣相关的经济金融态势感知与失稳预测，精准营销与智能物流仓储；与环境问题相关的全球气候及生态系统的分析，局部天气及空气质量预测；与医疗卫生相关的个性化健康监护及医疗方案，大规模流行病趋势预测和防控策略；与人民幸福生活相关的个性化保险理财方案，智能交通系统等。数据储备和数据分析能力将成为未来新型国家最重要的核心战略能力。

当国内对大数据的价值争论不休时，大数据战略部署已在他国悄悄进行。在英国，大数据早已不仅仅是一个停留在科学论坛上被热议的新名词，越来越多的政府投入、已经运营的高校大数据研究中心、不断涌现的商业运作成果，明确地展现出英国正在开启一个新的大数据科技时代。

近年来，英国经济持续低迷，疲软的经济状况使得政府部门的财政支出捉襟见肘。就在这样严峻的财政背景下，英国政府更加渴望通过扶持新兴高科技技术发展，来增强国家在国际竞争中的科技硬实力，创造新的科技领先领域和经济增长点，从而带动整个经济发展。

大数据概念的提出正好符合英国政府现阶段的国家战略规划，给了英国一个带动新一代科技革命的抓手。英国大学与科学国务大臣的戴维·威利茨认为，政府加大对大数据技术的前期投资，将有助于保证大数据在科研领域的发展，构建数据分析系统和人才梯队，由此吸引民间资本的投资跟进，推进其在商业、农业等领域的积极应用，从而占据大数据时代的有利位置。

英国政府的大数据战略不仅仅是口号，更落实在行动上。2013年，英国政府投资1.89亿英镑发展大数据技术。2014年，英国政府又拿出7300万英镑投入大数据技术的开发。包括：在55个政府数据分析项目中展开大数据技术的应用；以高等学府为依托投资兴办大数据研究

中心；积极带动牛津大学、伦敦大学等著名高校开设以大数据为核心业务的专业等。

与此同时，英国政府建立了有"英国数据银行"之称的data.gov.uk网站，通过这个公开平台发布政府的公开政务信息。这个平台的创建给公众提供了一个方便进行检索、调用、验证政府数据信息的官方出口。同时英国人还可以在这个平台上对政府的财政政策、开支方案提出意见建议。英国甚至渴望通过完全公布政府数据，去进一步支持和开发大数据技术在科技、商业、农业等领域的发展，扶持相关企业进行创新和研发，找出新的经济增长点来刺激本国经济的发展。

英国政府近年来通过大数据技术，在公开平台上发布各层级数据资源，并通过高效率地使用这些数据提高政府部门的工作效率，刺激其他机构在数据获取和使用上的积极性，直接或间接为英国增加了近490亿至660亿英镑的收入。英国政府预测，到2017年，大数据技术可以为英国提供5.8万个新的工作岗位，并直接或间接带来2160亿英镑的经济增长。大数据的出现极大地促进了政府与相关公共机构工作方式的转变，推动了大数据相关产业链的研究和发展。在商业上有更多的可以借助其技术进行开发的新的产品类型与市场形式，进一步开放了企业的创新能力和竞争力。

2012年3月29日，美国政府宣布了"大数据研究和发展倡议"，来推进从大量的、复杂的数据集合中获取知识和洞见的能力。2012年5月，我国召开第424次香山科学会议，这是我国第一个以大数据为主题的重大科学工作会议。中国计算机学会、通信学会等于2012年分别成立了"大数据专家委员会"。2012年9月13日，北京航空航天大学联合英国爱丁堡大学、英国利兹大学、香港科技大学、美国宾夕法尼亚大学、美国亚利桑那州立大学、加拿大渥太华大学等共同组建大数据科学与工程国际研究中心。2012年12月13日，在"中关村大数据日"活动会上，由宽带资本、百度、用友、中国联通、联想集团、北京大学、北京航空航天大学、阿里巴巴、腾讯等企业、高校共同发起成立了大数据产业联盟，并在中关村云基地揭牌成立大数据实验室，该实验室以大数据产业孵化基金形态成立，致力于推动学术界大数据创新科技成果产业化以及为相关产业引导注入大数据科技元素。自然科学基金委于2013年3月5日至7日，在上海同济大学举办了第89届"双清"论坛，论坛的主题是"大数据技术与应用中的挑战性科学问题"，与会的有近十名院士。

在会上，研究人员能够看出影响的模式，可以知道某个主题的交流什么时候最热。就拿跟踪 Twitter 的标签趋势来说吧，这个在线的透明玻璃鱼缸就是观摩巨量人群实时行为的一扇窗口。"我需要理解某项活动的爆发，我在数据中寻找热点，"康奈尔大学的 Jon Kleinberg 教授说，"你只能通过大数据才能做到这一点。"

亚马逊是全球第一家网络书店，他的掌门人是贝索斯。了解亚马逊的人都会发现，贝索斯有个习惯——在开会的时候留出一把空椅子。他的目的是为了告诉自己的员工，消费者是公司最重要的人。本着顾客至上的经营理念，亚马逊成了名副其实的电子商务领袖：仅2011年的净利润就达到了6.3亿美元，公司的市值接近千亿美元。

和很多企业不同的是，亚马逊推出新产品和服务的速度非常快，并不需要进行长时间的调研、分析等步骤。因为只要推出了新产品，

几周的时间内，消费者就会自动为公司留下珍贵的评论及购买的数据。

有了这些数据，亚马逊就可以采用大数据技术，详细分析这些数据背后的真相。准确地评估自己的新产品，从而很快给出产品是否应该继续推广、如何推广等问题的答案。亚马逊的这个流程，实际体现了以消费者为中心的理念。通过消费者的真实反映来改善产品，这是很多企业都应该学习的。贝索斯的"空椅子"理念代表了他对电子商务的深刻理解，也代表了亚马逊在大数据时代的良好实践。

在金融市场不断发展和稳定，金融产品在人们的生活中不断占据更大的比例的情况下，全球已经进入了从工业化时代向信息化时代过渡的阶段。美国是这条道路上走得最快的国家，中国紧紧地跟在西方发达国家之后。

以宝洁、沃尔玛、通用汽车等企业为代表的大工业时代有明显的特征——大量生产、物流强度大、零售量大。大工业时代不会在未来的消费市场延续，取而代之的是信息化时代。信息化时代的特征有：主导者就是消费者、个性化生产、网络化协作。

这一转变将一改企业只专注于内部管理、生产和供应链的问题，使得消费者处于主导的地位并成为企业的一分子。

以著名的汽车生产商福特为例。福特在早期一直生产T型车，并且福特的理念是以生产为中心，当时福特对外流传这样一句话"顾客可以随心选择自己喜欢的颜色"。但是这样的经营理念，早已经被淘汰。在当下的市场竞争中，企业必须学会揣摩每一个消费者的喜好，以提供满足绝大部分消费者需求的产品。

　　开启了各个企业以消费者为主导模式之门的大数据时代到来了。比如一家服装企业企图调查其顾客的购买意愿，于是安装了监控，以方便观察顾客试穿了哪些衣服。但是既要安装设备，又要整理和分析数据，成本一下子提高了，尝试以减少样本量的方式降低成本只会使得统计的结果有偏差或者失灵。

　　如果将类似的情况放在互联网上，边际成本的增加却趋近于零。因为消费者只要在网上点击了衣服的图片、放进了购物车、付了款，等等，这些动作都会被服务器自动记录下来。想要分析这些数据唯一花费的就是时间，从海量的数据中挑选需要的数据并做出分析。这一对比，大数据技术的价值就明显地展现了出来。

　　想要成功地实现展业转型，就必须洞悉消费者的心理、快速响应消费者的需求，即使是潜在的需求。企业如果拥有了对大量数据的处理和分析能力，就等于拥有了"千里眼"和"顺风耳"。虽然大数据技术在国内很多企业中都处于起步阶段，但是总有一些优秀的领袖企业，带领着大家走在技术进步的道路上。

　　以对比亚马逊和索尼为例来体现亚马逊对待大数据技术的态度和实践。亚马逊拥有全球最大的电子商务网络，这也使得亚马逊可以大规模地收集消费者在浏览和消费的过程中留下的一切痕迹，从而拥有全面精准的数据。以此为中心，亚马逊开发了市面上唯一一款能够和苹果的iPad抗衡的产品——kindle fire。

　　而索尼的市场份额在近几年不断缩小，这是因为它所生产的产品明显和消费者的喜好脱节，walkman等产品早已经被消费者淘汰了，而

索尼似乎后知后觉。这正是因为索尼错过了利用大数据技术更紧密地贴近消费者的机会。

美国明尼阿波利斯市的一个经典案例一直在互联网上流传。塔吉特百货里来了一个怒气冲天的男子强烈要求见百货公司的经理。原因是百货公司寄给了她在上高中的女儿一些购买母婴用品的优惠券。顾客因为百货公司不恰当的行为非常生气。

经理查看了公司发给顾客女儿的邮件，的确给他的女儿赠送过购买母婴产品的优惠券。经理反复和这位顾客道歉，才平息了这件事情。

有趣的是，几天之后百货公司的经理再次给这位父亲打去电话表示歉意的时候，这位父亲非常愧疚地告诉他："对不起，我之前错怪了你们，我和女儿长谈了一次，她的确怀孕了。"

很多人看到这里都会有疑问：百货公司怎么会知道顾客的女儿怀孕了，并向她赠送母婴产品的优惠券呢？商店竟然比顾客先一步了解他女儿的动态，这实在令人惊讶。想要知道这其中的奥妙就必须提起电子商务的鼻祖——亚马逊。

成立于1995年的亚马逊是全球最大的电子商务供应商。该公司最令人称奇之处在于，在成立之初，亚马逊一直处于亏损的状态，而且逐年严重。数据显示，2000年亚马逊亏损了14.1亿美元。在成立之初的8年时间里，亚马逊一直处于这样的亏损状态。直到2003年，亚马逊才终于开始盈利。

亚马逊的"锦囊"就是它有一位伟大的领导者——贝索斯。贝索斯是一个眼光长远的人。尽管在成立初期，亚马逊经历了互联网泡沫的冲击、经历了投资机构的做空，贝索斯依旧不顾外界对公司的评价，我行我素。在贝索斯给公司股东的信件中，他总是强调："It's all about long term."而亚马逊之后的辉煌也证明了这位领导者的犀利眼光。

仅仅2012的前三个季度，亚马逊的营业收入就达到了398亿美元之多，相比前期，涨幅非常大。亚马逊能够做到如此转变主要归功于它强大的推荐系统。亚马逊的网店系统最强大的一点，就是能够让顾客发现自己的潜在需求。顾客进入亚马逊的网上商店起，就不断地被这样的思想渗透。"人气组合""购买了此商品的用户还浏览了"等栏目都是吸引顾客发现自己潜在需求的"钓钩"。

亚马逊将顾客在网站内的所有行为都通过系统记录下来，根据数据的特点进行分类处理，按照商品类别形成不同的推荐栏目。例如"今日推荐"就是根据当天顾客浏览的信息记录，推出一些点击率最高或者购买率最高的产品。而"新产品推荐"则是根据顾客搜索的内容为顾客提供了大量新产品的信息。"用户浏览商品推荐"，则是将顾客曾经浏览过的商品信息再一次推向顾客，让顾客考虑购买或者进行二次购买。

捆绑销售法也是亚马逊采用的有效方法之一。即利用数据挖掘技术分析顾客的购买行为，找到某件商品的购买者经常一起购买的其他商品，构成销售组合，进行捆绑销售。他人购买或浏览过的商品栏目，则是通过社会化的机制，根据购买同类商品的顾客的喜好，为顾客提供更多的选择，使顾客更加方便地挑选。

亚马逊成功的另一个主要因素是，在给顾客做推荐的时候，亚马逊的顾客体验非常特别。亚马逊给出了大量的真实数据，让顾客在短时间内就对其产生了信任和忠诚。例如，购买了此产品的顾客还购买了某产品、你曾购买过某产品因此给你推荐类似的其他产品等。

不得不提的是，亚马逊的推荐内容是根据真实数据分析计算出来的。每个用户的档案中都记录了该用户的所有购买和浏览行为。亚马逊的商品评价系统也从另一个方面归纳和反映了顾客对产品的偏好。亚马逊将这些数据做成顾客的档案，直截了当地告诉顾客亚马逊这些推荐举动的可靠和用心。

诚然，大数据自身也存在风险。统计学者和计算机科学家指出，巨量数据集和细颗粒度的测量会导致出现"错误发现"的风险增加。斯坦福大学的统计学教授Trevor Hastie说，在大规模的数据干草堆中寻找一根有意义的针，其麻烦在于"许多稻草看起来也像针"。

大数据还为恶搞统计和带偏见的实情调查研究提供了更多的原材料。乔治梅森大学的数学家Rebecca Goldin说，这就是"数据利用最有害的方式之一"。

在利用计算机及数学模型的情况下，我们已经驯服和理解了数据。这些模型，正如文学之隐喻，是一种解释的简化。它们对于理解是很有用的，不过也存在局限性。隐私倡导者警告说，根据在线调查，模型有可能推导出一种不公平或带歧视性的相关性及统计推断，从而影响到某人的产品、银行贷款及医疗保险。

尽管存在这些告诫，但大势似乎已经不可逆转。数据已在驾驶位就坐。它就在那里，它是有用的，是有价值的，甚至还很时尚。

资深数据分析师，长久以来朋友一听到他们谈自己工作就感到厌烦的人，现在却突然变得对他们好奇起来。这些分析师称，此乃拜《点球成金》之所赐，不过实际情况远非如此。"文化改变了"，哥伦比亚大学的统计及政治科学家Andrew Gelman 说："大家认为数字和统计有趣、好玩。现在它是很酷的东西了。"

大数据引领时代革命

当"大数据"一词出现在李克强总理的《政府工作报告》中时，这个在国内已经被炒得沸沸扬扬的概念又进一步升温。有多少人意识到了大数据将会引领一场革命？

提到革命，我先想到的是一句耳熟能详的话："革命就是解放生产力。"当旧有的生产关系或商业模式已经开始束缚生产力的发展时，革命就将成为必然。技术的进步导致了大数据时代的到来，使我们得以从更宽的视野、更多的维度去更仔细地观察事物的数据属性，从而发现里面所蕴涵着的新的生产力发展契机。

提到革命，我还想到了另一句颇为刺耳的话："革命是要死人的。"当然，这里说的不是生物意义上的死人，而是指那些抱残守缺、不思进取的企事业单位必将受到大数据浪潮的冲击。淘宝使渠道扁平化，撼动了传统的批发零售系统；专车系统对传统出租行业由于垄断而获取的不合理利润进行了颠覆；过去凭经验拍脑袋的粗犷式经

营必然被精细化经营所取代。所以把这个"死人"解释为死一批商业模式和运行机制，也丝毫不为过。

在韩国首尔大学教授、博士生导师金兰都看来，大数据的分析决定了商业领域的革命。他指出，大数据的应用在三个方面尤其重要。一是在营销和广告上其应用非常有效果；二是在开发新产品方面，大数据有利于获得一些新的、更为合适的主意；三是在提出一些有特点的针对性提案时。

聚美优品副总裁李德指出，大数据对互联网公司最大的好处就是精准营销。"大数据对于电商来说，重要性就如同传统企业的生产和销售，所以传统企业也在做，但互联网公司由于有互联网手段，能让数据更加成规模，更加稳定。"

不过，李德也表示，在大数据的运用上，虽然较多的是重视"大"这一特征，但实际上大数据是由无数碎片化的时间所组成的，因而大数据真正用起来，核心还是对每个个体的挖掘。"大数据分析更多是从小众的视野看待大数据。"

快的打车COO赵冬认为，对大数据的理解就是"认识过去"。对于大数据很多人仅停留在认识的层面，但赵冬指出，大数据的实质是不仅对过去要记录了解，还要分析，通过总结归纳对未来进行一些指导。

在分析人士看来，大数据的起源虽然要归功于互联网与电子商务，但大数据最大的应用前景却在传统产业。一是因为几乎所有传统产业都在互联网化，二是因为传统产业仍占据了全国GDP的绝大部分份额。

作为传统企业，陈奕指出，在互联网时代，应用大数据可以直接获取消费者对产品的反馈，与消费者有了真正意义上的互动沟通。"对传统企业来讲，我们非常重视互联网，尤其是移动互联网，我们也非常重视电子商务的发展和大数据的收集与应用。"陈奕还强调，无论如何，在大数据时代，企业的核心还是在于做更极致的产品，提供更好的体验。

小米手机就像是竞赛中的一匹低调的黑马，在赛前默默无闻、鲜为人知。一下子就占据了手机市场上前列的位置。于2010年成立的小米，自2011年推出第一代小米手机起，就获得了顾客的喜爱。2012年小米又推出了第二代手机，并且开通了网络销售平台。令很多竞争者没有想到的是，网络销售平台一开放，第一轮的5万部手机在3分钟之内被抢购一空。到2012年中旬，小米公司的市值已经达到了40亿美元。小米的董事长雷军推崇软硬一体化设计，和苹果公司的创始人乔布斯相同，因此，很多小米的喜爱者都称雷军为"雷布斯"。

虽然"雷布斯"的小米公司在很大程度上是模仿乔布斯的苹果公司。但是一味地模仿是不会取得这么大的成功的。小米有着自己的一套"模仿"模式，这种模式分为三个方面，即硬件、软件、移动互联服务。小米的目标是要把这三个方面都发展到市场领先地位。

这个年轻的公司，在其走向市场之后，已经发布了小米1、2、3三代手机。其软件上的实力也不可小视，小米公司开发了米柚操作系统、小米读书、小米分享等软件。

这样一家看似模仿苹果公司而产生的企业，在其成长和发展道路上一定受到了很多的质疑和责难。但是小米却用不断提供好的服务来回馈了这些。小米选择的道路是正确的，同时掌握硬件和软件的技术，为顾客提供全方位的服务，其未来一定会受到越来越多人的认可和喜爱，发展前景不可限量。

再好的软件，没有硬件作为展示的平台，也无法发展起来。就好像一个人没有了灵魂，生命也索然无味一样。只有将硬件和软件结合起来，提供全方位的服务，才能给顾客最好的体验。科技迅速发展，电子产品不断升级的时代，顾客不仅重视电子产品的外观，更重视其内在的软件配置和操作系统。一些专攻硬件的制造商，如果不转变自己的生产方向，那么就会在竞争中被淘汰。

任何一家电子产品的生产商，如果没有自己独立的软件配置，都无法在竞争中生存下来。很多生产商在自己的产品中内设自己独有的软件，来保护自己的产权。例如，联想的手机就默认联想的网盘，华为的手机默认华为的网盘。可见，硬件和软件同样重要，缺少一个，就会被竞争对手获得先机。苹果公司的成功就极大地证明了软硬件一体化的优势。

软硬件一体化的模式，适用于各种智能型电子产品的开发，而不仅仅是手机生产。不论是笔记本电脑还是iPad等平板电脑，都遵循这样的模式。小米的发展空间远不止如此，它可以发展成为一个综合性多元化的电子产品生产商。通过将这种模式扩展到小米电视、小米电脑等产品的开发和生产上，不久的未来，小米还将带给我们惊喜。

没有将软硬件一体化生产投入到自己的企业生产模式中去的企业将会在竞争中处于劣势。这种现象不仅出现在手机生产商中间，中国的整个IT行业都存在这样的现象。即使生产商做出了很大的努力并且极力地宣传，顾客却仍然理所当然地认为国产的硬件设备没有任何的优势。电子产品中通用的硬件，因为其价格越来越透明化，其生产商的利润在不断地下降。顾客一门心思地认为硬盘、操作系统和CPU等都是国外的产品比较好，因此单一生产硬件产品的商家在价格上没有任何优势，反而一步步进入利润逐降的怪圈。

但是和手机行业不同的是，IT行业的怪圈远不止如此。因此，软件生产商也不赚钱。顾客对软件的投资，只占其电子产品投资的极小一部分。任何一个系统都可以用光盘安装和卸载，而一个光盘的价格又非常低。因此，顾客从心理上也不愿意在软件上过多投资。由于这种原因，中国的硬件及软件生产商正面临被动的局面。

这是一种既不利于中国的硬件、软件生产商，也不利于顾客专注业务发展的信息产业格局。软件供应商失去了硬件支持，就变成了跛脚的瘸子，很难走得更远。硬件供应商不了解顾客业务需求，就成了睁眼瞎，无法把握发展的正确方向。中国的硬软件产业，一瞎一瘸，一路走来，着实不容易。即使是国内最大的软件厂商——用友，其2011年的销售收入也不过40亿元，根本无法和国际市场比较。

一体化模式的好处不仅能在IT行业体现，在企业的应用市场上体现得也非常明显。海外甲骨文公司是这个市场领域"第一个吃螃蟹的"企业。其创始人拉里·埃里森是乔布斯的好朋友。读过《乔布斯传》的人对他一定不陌生，《乔布斯传》就写到了他对苹果公司一体化模式的认可，并准备运用到自己的企业的市场中去。甲骨文立刻将这种模式投入到了自己的生产中。其生产的Exadata一体机，就融合了其公司自己开发的商业软件，例如数据库软件、数据仓库软件等。这

款机器就是甲骨文公司的一个典型软硬件一体化产品。

继甲骨文公司之后，IBM公司也将这样的模式运用到了自己的生产中。其生产的Netezza一体机中硬件部分包括SMP主机，Snippet Blad、磁盘仓和网络结构。软件部分集成了数据库、数据存储、数据处理及数据挖掘等软件。其中的SMP主机又由两台分别作为活动和备机的高性能Linux服务器组成。因此，Nettzza同时具备了大规模并行处理和对称处理的优点，建立了一个能极速分析PB量级数据的强大设备。

此外，Netezza通过将复杂的非SOL算法嵌入到MPP流的处理组件中，建立了一个强大的系统，这个系统能极速分析PB量级数据并以"流水线"的方式处理庞大的数据量及复杂的数据量。这种方式不仅提高了其性能，还减少了数据转移的成本。

EMC本是一家生产硬件的厂商，但是由于硬件生产的利润空间急剧下降，其竞争对手已经开始实行软硬一体化模式等原因。这家储存界的翘楚也开始了自己的软硬一体化之路。EMC在大数据方面早有布局，它于2008年收购了Smarts这家网络软件开发商来提高自己的网络管理能力。不仅如此，2011年，Greenplum这家Oracle、Netezza和Teradata等老牌厂商的挑战者企业，因其能够做到超出传统数据库软件10～100倍的性能被EMC收购。同年10月，EMC收购了Zettapoint，这是一家数据优化企业。2012年，EMC又收购了Pivotal Labs和Watch4Net来提高自己产品的计算能力和绩效管理能力。一系列的收购之后，EMC成功地转型为软硬一体化的企业。并购了Greenplum之后，EMC开发并推出了统一分析平台，来加强自己在大数据方面主要提供存储和统一分析的能力。

小米公司的一位高管在接受记者采访的时候这样说道:"小米从创立起,业界对我们的看法经历了三个阶段。看不起——看不懂——赶不上。"的确,小米手机这匹后来居上的黑马,一夜间让老牌的手机企业都刮目相看,它的来势汹汹,出乎了所有人的意料。小米的经营理念就是以消费者为中心,以它的支持者即粉丝为中心。这样的经营思想帮助小米在其支持者的心中牢牢地占据了重要的地位,这对很多企业都有极大的参考价值。说起小米的粉丝团,最令人疑惑和关心的就是,小米是如何将其300万的粉丝凝聚在一起的?这些狂热的支持者对小米的快速发展起到了什么样的作用呢?

小米公司最早推出的手机用的操作系统是根据谷歌的安卓系统定制而来的MIUI操作系统。这个系统深受很多顾客的喜爱,甚至有人买回了安卓系统的手机之后重新刷成MIUI操作系统。小米抓住了这个好机会,不久后推出了专属于自己的小米论坛,以此聚拢了一批MIUI操作系统的铁杆用户。最令人惊讶的是,这些粉丝中的一些人,一开始只是小米的用户,然后成了狂热的粉丝,最后直接加入了小米,成了论坛的版主或者运营人员。

小米的这些铁杆粉丝都是其朋友圈里的公认的技术宅。他们朋友的手机出现问题的时候,往往都找他们来解决。这些铁杆粉丝由此成了其小圈子里的"手机专家",因此,他们的意见几乎影响了朋友圈里的所有人。

小米论坛是这些技术粉和其他粉丝直言不讳、大展拳脚的天堂。只要粉丝在论坛里抱怨其MIUI系统哪个地方不方便、不完善,小米团队就会迅速反应，并尽快在下一个版本中修改这个问题，不仅如此，他们还会在论坛里公开表扬提出了质疑和问题的粉丝。因此，很多粉丝有了一种主人翁的感觉，这是一种神秘的参与感和心灵的愉悦感。即使只是小米的用户，他们却能够感觉到自己好像参与了小米的开发过程，甚至成了小米的系统检测者。这样，小米手机不仅仅是小米公司的专利，它真正地属于了每一个顾客和粉丝。粉丝们通过这样的参与方式，对小米产生了极大的亲切感。每个操作系统都有漏洞和问题，但是使用MIUI的乐趣就在于能够亲自参与其中，解决问题。

小米在这么短的时间内取得这么大的成功，其营销手段成了各大媒体争相报道的头条。小米的营销思想类似于白酒营销中的盘中盘思想。盘中盘营销思想就是由公关某地的显要阶层带动其他阶层的营销手段。小米正是运用这样的营销思想赢得了"米粉"们的忠诚。小米的新机发布会上，到场的营销商、合作伙伴的人数远远比不过狂热的"米粉"。

在惊叹小米拥有如此之多的忠诚、狂热的粉丝的同时，仔细分析小米对其粉丝的发掘和维持，不得不由衷地赞叹，小米发展到如此地步，的确有很多值得学习的地方。全国各地的小米粉丝组成了一个个小组织，小米的工作人员正是通过这些分散的组织更有效地和小米的铁杆粉丝沟通，并解决其中出现的问题。在小米的论坛上，不同的社区都有各种技术帖。在解决问题的同时，论坛也成了小米向顾客宣传和销售的良好平台。小米的粉丝与其用户的重叠度非常高，为了让更多的用户转变为自己的粉丝，小米组建了专门的团队以保证社区的有效运行。

微博成了如今最流行的社交平台，小米的官方微博上粉丝数量大约300万人，巧合的是，其手机的销售量也是300万，这也非常有力地说明了小米的粉丝和其用户重叠度非常高。和论坛相同，小米同样组建了专门的团队来管理自己的官方微博，以保证和粉丝的及时沟通。

从一开始的被忽略、被质疑，到如今小米已经在其顾客心中占据了重要的位置，制造商小米和它的消费者及粉丝之间的隔阂正在逐渐缩小，他们之间的交集也越来越多。很多粉丝一路伴随着小米成长，最终成了小米的员工。没有成为小米员工的粉丝，也通过社区积极地加入了小米的研发和测试环节之中。消费者和制造商之间形成了如此亲密的关系，小米如何不壮大？这两股相互促进的力量，正是帮助和推动小米发展的最大动力。

小米和其消费者之间的关系是一种新型的买卖关系，这种良好的关系中，小米做到了以消费者为中心，以消费者的需求为标准定制化生产自己的产品，也因此获得了更广阔的顾客群。和其他企业不同的是，小米的客服不仅限于其全国统一电话，其微博、论坛都是有效的客服部门。

小米的成功使得它的这种运营模式被很多企业争相模仿，不仅要让顾客知道企业能够听到他们的声音，更要让顾客知道自己可以介入企业的各个环节。很多企业的公共平台，例如微博和官方网站都只是宣传的摆设，不起任何实质性的作用。这也正是这些企业需要向小米学习并改正的地方。

数据应用的周期或许可以划分为七个步骤：发现、获取、加工、帅选、集成、分析和揭露。其中每一个步骤都至关重要，每一个有效用的策略也许都是建立在由上述七个步骤组成的数据体系之上的。云计算公司LiasonTechnologies的首席执行官Bob Renner对此做出了总结性分析："人们大部分的注意力(市场价值观)都放在了分析和结果量化的最后阶段——蕴藏着商务决策的阶段。这也确实是数据分析在历经万难之后最终的价值所在。但是，没有了前面的准备步骤，我们也不可能一步登天地就能在最后一步获得想要的结果。事实上，在开始使用分析算法来对数据进行解读之前，数据科学家都要花费大量的时间进行数据清理，以保证数据的质量。"

良好的数据科学离不开高质量的数据资料和管控数据质量的必要步骤，尤其是往往遭到忽视的数据集成。通常来说，有价值的大数据都是在这一个步骤里发现的。如果组织在一开始就以另一种心态(非如今固化的理念)来着手数据管理，他们就能够在控制成本和效用上掌握主动权。

大数据需要一个独特的基础，正如数据分析公司Green House Data的首席技术官科特妮·汤普森(Cortney Thompson)所言："大数据可能意味着你需要大幅修正自家的IT基础设施，传统IT的配置并不能支持大数据。"据悉，有些公司会为了实现质的飞跃而新任命一名数字业务总监。而一个优秀的数字业务经理需要知道如何确保将那些非结构化的数据转化为可操作的信息材料。

那么，我们将如何可以从当前宣传大于实用的状况中获得突破呢？首先，如前文所述，充分理解大数据应用完整的操作周期，做到不忽视任何一个步骤的重要性，然后从传统的以应用为中心的传统思想中解放出来，建立灵活的、可持续利用的数据分析框架。"数据驱动的发现从根本上改变了我们工作和生活的方式，而那些掌握了大数据应用的人可以说是掌握了一项和同龄人竞争的优势。"

那些在大数据技术迸发时期就获得了巨大利益价值的组织，他们不仅关注那些外界一直在炒作的功能，而且对想要实现的营收、利润以及其他业务成果都投入了认真的思考。尽管周围对大数据的好处仍然描绘得多么天花乱坠，但不得不说，当前指导数据架构的理念体系其实已经过时了。如今大数据的情形已在近期发生了极大的改变。

数据正在每天为你做着网络生活笔记：你喜欢什么?看到了什么?做出了怎样的反应?你的性格喜好?心情如何? 生活中，我们在每一时刻，每个行为都产生着数据。我们的网络浏览痕迹、电商购物喜好、社交网络习惯等网络"足迹"都以数据的形式存储了下来。它们精准及时、事无巨细。而借助于对这些数据的研究和分析，就可以拼出一个比你更了解自己的"你"。

这样由一个个数据构筑的世界，引领我们进入大数据时代。

大数据被认为是人类文明第三次浪潮的主角，将改变人类的思考模式、生活习惯和商业法则，被美国定位为未来最重要的国家战略之一，是未来大国博弈的决胜关键……

商人们很快将它变为真金白银的生意。Amazon和Facebook用它卖出了更多的广告；Netflix用它创造了《纸牌屋》的收视奇迹；ZARA用它实现了比LV还高的利润率；奥巴马用它赢得了总统选举，但又为因它而起的"棱镜门"事件而焦头烂额……

然而，世界对于"大数据所带来的机遇是否被过分炒作"的质疑从未停歇。有关"大数据还是大忽悠"的辩论也异常激烈。

数据 "大爆炸"

你可能并不一定知晓下面这些数字，但你也一定会感受到 "数据" 正在呈几何级数的爆炸性增长，因为10亿台电脑、40亿部手机、无数的互联网终端……正在使得我们生活的世界高速数字化，"信息爆炸" 早已从抽象的概念变为现实的描述。

从出现文字记录到2003年，人类总共创造出的数据量只相当于现在全世界两天创造出的数据量；在如此大的基数之上，全球的数据量仍然每18个月就会翻一番；预计到2020年，全球数据规模会达到今天的44倍；如今人们在一天之内上传的照片数量就相当于柯达发明胶卷之后拍摄的所有图像的总和……

就在10年前，1.44M的3.5寸盘还是我们装机的必备；几年前，体积不大但容量数百M的移动存储还曾让人们兴奋不已；而现在，GB级别的小U盘和TB级别的移动硬盘早已是普通用户的寻常之物。

数据分析并不是一个新概念，也有人会因此对于大数据不以为然，认为这只不过是新瓶老酒而已。但是，量变引发质变传统数据所采用的获取、存储、分析和解释的方法和技术，早已无法应对现在的数据规模、产生速度和复杂程度了。

"大数据发展有一个最大的特点，就是它会自己促进自己，数据量越大，你越想去算，算完了你就会想采集更多的数据，来验证你的想法，周而复始数据量又会上去，它就是一个正循环。"数据的规模越大，就令洪倍越兴奋。2006年，洪倍和闫先生共同创建AdMaster，主要专注于广告监测技术的探索、数字广告投资回报率的整体研究和监测数据的分析挖掘。"从公司刚创立一直到今天，随着生意规模的上升，数据量也随之上升。数据规模大了之后，存储或者清洗、挖掘都有着较高的技术要求，那时我已经意识到这是一个大数据问题了。"

"数据的获取和挖掘都已找到解决方法了，AdMaster拥有了庞大的数据量。AdMaster每天从互联网上获取的数据都是以T计算的。那么怎么'玩'这些数据呢?只有把庞大的数，变成有用的据，才能被称为'大数据'。"洪倍一直强调这才是大数据的价值。

大数据中潜伏着很多潜在的规律，只有找到这些规律，大数据才有价值。建设新数据时代和平台的必要手段，就是通过积累数据，预测提升服务和管理水平来实现。

此前，在大数据中，有两个较为突出的定律：一秒定律或秒级定律和摩尔定律。

什么叫一秒定律或秒级定律呢？指的是对处理速度有要求，一般要在秒级时间给出准确的分析结果。如果时间过长，就会失去原有的"一秒定律或秒级定律"的价值。也正是这个速度要求，才区分出大数据挖掘技术和传统的数据挖掘技术的不同。

那什么叫摩尔定律呢？指的是简单地评估出半导体技术进展的经验法则，其重要的意义是对于长期来说的，IC制程技术是以一直线的

方式向前推展，使得IC产品能持续降低成本，增加功能和提升性能。

1998年，台湾积体电路制造公司董事长张忠谋曾说过：摩尔定律在过去30年是非常有效的，在未来10～15年也依然适用。但很快，就有新的研究结果推翻了他的言论。研究发现，摩尔定律的时代将会结束。由于研究和实验室的成本需求非常高昂，而有财力投资在创建和维护芯片工厂的企业少之又少。再加上，制程越来越接近半导体的物理极限，将很难再缩小化。

大数据时代正在聚集改变的能量，其定律也在发生着一定的变化。社科院世界经济与政治研究所副所长何帆在一次讲座中，曾说过这样的话：大数据时代，人们更要重视统计学。比如说，随着大数据时代的来临，人们开始重视大数据，要重视统计学。可当数据变得足够强大后，人们突然发现，社会上的一切现象都是有一定的统计规律的。它无法像物理学可以准确地描述出前后的因果关系，而只是一个统计的规律。关于这点，有人就玩笑似的说过：只要统计学学好了，再去学别的都战无不胜，因为社会上的一切现象都有一个统计规律。

与此同时，有人就提出疑问：为什么要强调统计学呢？那是因为人们在认知能力中，统计思维算是最差劲的。要知道，人的大脑中有一些功能比较优良，甚至超过人们自身的想象，比如人们的语言能力。著名的语言学家乔姆斯基就曾经说过："语言不是你学来的，而是你天生就会的。要是从一出生，开始学语言的话，那是根本学不会的。事实上，一个人在出生的时候，大脑中就已经预装了一套操作系统，那就是语言的操作系统。因此可以说，语言是人们天生就会的。再比如，人们察言观色的能力，也是天生就会的，但有一些是人们不会或不愿意学的。"

诺贝尔经济学奖得主美国心理学家丹尼尔·卡尼曼写过一本书，书名是《思考，快与慢》。在这本书中，有这样的言论，大致意思是说：人有很多思维都是靠直觉的快思维，这是人们经过数百年、千年慢慢演化而来的，最终被留下和被记忆的直接感受，就是所谓的第六感觉。举个例子：当一个人在深夜行走时，会敏锐地察觉到周边的变化。一旦感受到危险或不安的情绪时，就会立即逃跑，甚至大喊大叫。而与此同时，人的大脑之中还有另外一套操作系统，是用来做逻辑推理以及进行统计分析的，只是这个系统不怎么完善。于是，人们天生就缺乏逻辑推理能力和统计思维能力。

所以，在大数据飞速发展的今天，人们应该锻炼自己的逻辑推理能力和统计思维能力！

为什么大数据变成了一个最热门的词汇？能够让大数据变成一个热门词汇，主要的原因有两个。

第一个原因是，由于IT革命后，人们有了处理数据的多方面能力，有对计算机数据的处理能力、对计算机的存储能力以及对计算机的计算的能力，等等。再加上，人类储存信息量的增长速度要比世界经济增长的速度快四倍（这仅仅是在金融危机爆发之前的世界经济增长的速度）。而计算机数据处理能力的增长速度，要比世界经济增长的速度快九倍。

第二个原因是，社会上的一切现象以及企业的发展，能够被数据化的东西越来越多。在最早时，仅仅是数字可以被数据化，于是就有了阿拉伯的计数，后来又出现了二进位，再后来人们发现文字也可

以处理成数据，于是又发现图像也可以处理成数据。比如，有人要去旅行，但是不知道要去的地方的具体位置和周边的信息，那就可以利用搜索引擎搜索；当人们在与微信中的朋友聊天，用微博分享一天的见闻……就已经被数据化了。因此，这就是为什么现在要谈大数据时代，那是因为大数据能够处理和分析的东西太多了，多到人们无可预计。

中国社科院世界经济与政治研究所副所长何帆说："当你能够被数据化的东西越来越多，当你能够拿到的数据越来越多时，就跟原来不一样了。原来的统计学得有一个抽样，因为你不可能拿到整体，因为整体太多了，而且无法去计算。而现在，当存储能力无限扩大，处理数据的计算能力不断进步，致使我们所处理的往往不是一个样本数据，而是一个整体的数据。"

不仅如此，何帆还总结出了大数据的三个规律：第一个规律是知其然而不必知其所以然，外行打败内行；第二个规律是彻底的价格歧视，商家比你更了解你自己；第三个规律是打破专家的信息优势，病人给医生解惑。

关于第一个规律，他先举了一个葡萄酒的案例——如何品葡萄酒。

在以往，靠品酒方面的专家拿起葡萄酒时，会先闻一闻，准确说出酒的什么味道、富有什么样的香味。接着，品酒专家会看是不是挂杯。最后，他会准确地说出：葡萄酒的产地，大约是什么年份的。但是，当品酒师在品新酒的时候，由于葡萄酒真正的品质还没有形成，因此，他的鉴定是不那么准确的。此外，当一个品酒师的声誉越来越高的时候，由于要顾及自己声誉和名望，所以在大多情况下，他不敢做大胆的推测和判断。

在普林斯顿大学，有一位经济学家很喜欢收藏葡萄酒。有一天，他想试试自己能不能预测出某年某地的葡萄酒品质如何，于是，他就去查找大量的数据，经过分析和研究后得出一个秘诀——葡萄酒的品质与冬天的降雨量、收获季节的降雨量、生长期的平均气温、土壤的成分等因素有关。1989年，葡萄酒的新酒刚刚下来，他就大胆预测：今年的葡萄酒是世纪佳酿。在1990年，他又大胆地预测出：今年的葡萄酒比1989年的好。要知道，一般的品酒师都不敢如此判断，但他却如此大胆，因而着实为自己带来了一些非议。不过事实证明，他说的完全正确！

有句话叫：要知其然，还要知其所以然。但是在大数据时代，人们可以知其然，却不一定非要知其所以然。如果你去问普林斯顿大学的教授：为什么说这个酒好？这个酒到底有什么香味？酒回甘是什么？他未必会说得很清楚。但是他能够知其然，所以才能够大胆地做判断。这是为什么呢？这或许是人们以往的认知里，执意去要寻找一些线性的、双边的直接因果关系，而忽略了其他方面的东西。而人们忽略的方面，恰恰又是最需要的。事实告诉人们：万物之间的联系比人们想象中的要复杂得多，它可能是非线性的，也可能是多元化的。所以说，出问题的不是大数据，而是人们原来的认知模式。那么，在这个时候，人们怎么办呢？最佳的办法，就是退而求其次，要先去寻找相关关系，再去找是否有因果关系。

第二个规律，是彻底的价格歧视。商家比你更了解你自己，他也有着自己的见解。比如说，一个机构是专门做信用卡的刷卡记录的，当他们积累了大量的数据后，经过分析和处理，就会找到很多规律。在大数据时代，比较有名的规律就是：尿布和啤酒的销售量有一定的关系。啤酒和尿布怎么会联系在一起？市场调查人员经过一番调查后才发现：原来当有新生儿出世后，买尿布的这个任务就给新爸爸了。尽管新生的宝贝出世以后，爸爸亲手照顾孩子的机会并不多，但他也有一种自豪感。在去买尿布的时候，为了庆祝，他会顺手去买啤酒。如果店家在尿布货架的旁边直接摆上啤酒，啤酒的销量就会提高；专门卖母婴用品的部门会搜集一些顾客的信息，然后分析研究得出一些结论。比如，一位女性大约在什么时间段会怀孕，她可能会买更多的母婴用品以及一些营养品，甚至会购买一些没有香味的洗发剂，最后预测出潜在的客户到底在哪里。

可以说，在大数据时代，一切预测和分析都动摇了人们以往的方法论。原来经济学里说过，商家不能搞价格歧视。这不是从道义上来说，而是因为，在过去，商家很难对不同的顾客进行价格歧视，所以要制定统一的价格。不过，这是过去的规律，在大数据的时代，这个规律被彻底颠覆。在大数据的时代，商家可以针对每一个个体的消费者定价，因为他比消费者更了解消费者自身的行为。比如说，某天你会收到一条信息，说是你的车很久没去做保养了，希望你能够重视这件事，并快去店里给爱车做保养并消费；在你准备去旅行，搜索旅行资料时，一些旅行社就会给你打电话，给你推荐适合你的旅行方案。此时，你肯定会感到疑问：他们怎么知道这些事？或者，他们怎么会这么了解你的状态？其实，这都是大数据在帮他们的忙。能够合理运用大数据的商家，都是一个合格的"偷心"者，会抓住你的喜好，然后偷走你的"心"。

第三个规律，就是打破专家的信息优势，病人给医生解惑。在这个规律中，中国社科院世界经济与政治研究所副所长何帆说："我们接着再讲一个案例，电视连续剧《豪斯医生》的医学顾问是《纽约时报》的一位专栏作家。他是倡导寻证医学的一个代表人物，寻证医学就是根据证据来治病。过去看病时，要先研究病理学，再研究治疗办法，而且有很多是一代一代口传下来的。老师告诉我们说，维生素B12口服的效果不好，必须打针。为什么？不知道，反正当年，老师的老师就是这么告诉老师的。所以，你的老师也这么告诉你，你就这么再告诉你的学生。但是后来发现，这里头有很多问题。"

的确，这也是医患之间的纠纷如此之多的原因之一。实际上，医院的误诊比例是比较高的。在美国，有一份研究称：美国医院误诊比例是1/3，有20%的人由于误诊死亡。为什么医院的误诊概率会如此之高？那是因为过去的一些医生在治疗中完全靠经验，有很多想法和判断都是主观的。确实，医学并不是一门科学，而是一个个复杂的生命体，医生没办法精确到把每一位病人治好。后来，医生也开始另辟蹊径，通过数据找出规律。很快，在19世纪，就有一位医生发现这样的一个规律：如果医生先去了停尸房，再回来给产妇接生的话，那产妇的死亡率就会增高。而医生在清洁手以后再接生的话，产妇的死亡率就会下降。在那个时代，人们还不知道细菌和病菌的危害，只知道在手术前后都要洗手。当然，也没有哪个病理学能够告诉医生"洗手跟降低死亡率有很大的关系"。慢慢地，病人的死亡率大幅度下降。而这，就是寻找依据的思路，减少医生的自主权利，让一切变得有规律起来。

由于互联网的存在，再加上大数据的帮助，有时，病人对病情的掌握程度比医生还要高。

在美国曾有这样的一个报道：有个病人被推到病房里头后，一群医生给他会诊，经过一番研究后，医生们都说不出个所以然来。最后，当主治医生问这个病人"你认为自己得的是什么病"的时候，病人立即回答：我这个病就是IPEX！对此，医生很是疑问，就问病人是怎么知道的。病人说很简单，"我只是将自己的症状在搜索引擎中一搜，就知道了"。

相信有不少人听到这个结果时，啼笑皆非。医生都不知道的病情和结果，病人竟能准确地说出来。可见，大数据有强大的传播和分析能力。在以往，医生能够治病，是因为他有着专业的知识、专业的见解以及实践性。而现在，除了实践性以外，病人也会知道很多信息。当遇到一些庸医时，你完全可以拿着自己打印出来的资料跟他说："你的诊断错了，根据我的症状看，应该是这个病，而不是你所说的那个病。"这完全颠覆了原来信息不对称的情况。所以，大数据时代的第三个规律就是打败、打破了专家的信息优势。

最后，何帆还说："对于大数据，很多企业都认为，拥有大量的数据才是获得价值的根本。然而，事实并非如此，拥有大数据思维，远比大量的数据更有价值，这才是大数据的王牌定律。"

"大数据"的量到底有多大？根据2012年3月的一份调查结果显示：在短短的一天之内，互联网产生的资料内容可以刻满1.68亿张

DVD；发出的社区帖子高达200万个，相当于《时代》杂志770年的文字数量；发出的邮件高达2940亿封，相当于美国两年的纸质信件数量；卖出的手机为37.8万台，高于全世界每天出生的婴儿数量37.1万……

截止到2012年，数据量已经从TB级别跃升到PB、EB乃至ZB级别。（1024GB=1TB，1024TB=1PB，1024PB=1EB，1024EB=1ZB）。国际数据公司（IDC）经过详细的调查研究，得出一个结论：2008年，全球产生的数据量为0.49ZB；2009年的数据量为0.8ZB；2010年的数据量为1.2ZB；2011年的数据量更是持续增长，竟高达1.82ZB。这个数据量，相当于全世界的每个人产生200GB以上的数据。可见，大数据的信息量有多大。

IBM公司称，截止到2013年10月，全世界所获得的数据中，有90%都是过去两年内产生的。预计到2020年时，全世界所产生的数据规模将达到今天的44倍。

当然了，"大数据"不仅是量大而已，它还具有多样化、快速化、价值化等优势。

多样化：数据的类型繁多。这种特质也让数据被分为两部分——结构化数据和非结构化数据。相对于以往那些以文本为主的结构化数据，非结构化数据越来越多，包括日志、图片、音频、视频、地理位置信息等。

快速化：处理的速度快。这是大数据区分于传统数据挖掘的最明显的特征。根据IDC的一份名为"数字宇宙"的报告，预计到2020年，全世界的数据使用量将高达35.2ZB。在如此浩瀚的数据面前，处理数

据的效率快慢决定了企业生命的长短。

价值化：价值密度低。价值密度的高低与数据总量的大小成反比。

我们来举个例子：一部时长为一小时的视频，在持续不间断的监控中，有用的数据仅仅有那么一两秒而已。因此，如何通过强大的计算方式迅速地完成数据的价值"精纯度"，已成为目前"大数据"背景下需要解决的难题。

第二章
大数据是一场革命

　　大数据时代对社会现有结构、体制、文化和生活方式的冲击，远大于计算机和互联网时代。对中国而言，拒绝走向大数据时代，消极保护部门利益或其他既得利益集团垄断地位，将迟滞国家现代化进程，付出更高代价。

从概念到革命

在2012年，大数据才逐渐被中国产业界接受和关注。赛迪顾问统计数据显示，2012年我国大数据市场规模为4.5亿元，同比增长40.6%。到2016年，大数据行业规模已突破百亿元。

从古至今，从未有一个时代出现过如此大规模的数据爆炸。如今的商业世界，已经变成了漂浮在数据海洋上的巨轮，而那些通过大数据能力驶入蓝海的企业，将会赢得丰厚的回报。

还记得美国情景喜剧《六人行》（又名《老友记》）吗？在这部美国NBC电视台从1994年开播到2004年落幕的经典之作中，6位主人公从姓名、职业到个人喜好至今都还能被粉丝们津津乐道。

这部美剧中有一个颇受观注的传奇谜团，那就是钱德勒到底是干什么的？——虽然他解释过很多次自己的工作，但是从来没有人真正弄明白过他所做的那个全称叫做"an executive specializing in statistical analysis and data reconfiguration"是个什么东西。

在该剧热播的10多年前，想要跟一个陌生人讲清楚这样一个与数据统计分析有关的岗位确实不是一件容易的事情，以至于到了《老友记》的最后两季，"生不逢时"的钱德勒不得不转行干起了广告。不过到了今天，钱德勒们的职业却正变得炙手可热。

如今，在数字方面拿手，对于数据分析着迷不仅不会让一个人再成为社会的另类，相反这意味着无数条件优厚的工作机会正在招手。

根据麦肯锡旗下研究部门麦肯锡全球学会(McKinsey Global Institute)2011年发布的一份报告显示，预计美国需要14万—19万名拥有"深度分析"专长的工作者，以及150万名更加精通数据的经理人，无论是已退休人士还是已受聘人士。

造成数据人才供不应求的一个显著的背景就是如今"大数据"的爆发正在得到从企业界到政府层面越来越多的重视。

2012年2月，《纽约时报》撰文称，"大数据"正在对每个领域都造成影响，在商业、经济和其他领域中，决策行为将日益基于数据分析做出，而不是像过去更多凭借经验和直觉。而在公共卫生、经济预测等领域，"大数据"的预见能力已经开始崭露头角。

一个例子就是Facebook在2014年5月18日的IPO。在5月18日之前，几乎没有人敢说自己有把握去预测Facebook上市当天股价的走势，但是Twitter却神奇地做到了。

社交媒体监测平台DataSift监测了Facebook IPO当天Twitter上的情感倾向与Facebook股价波动的关联。例如，在Facebook开盘前Twitter上的情感逐渐转向负面，25分钟之后，Facebook的股价便开始下跌。而当Twitter上的情感转向正面时，Facebook股价在8分钟之后也开始了回弹。最终，当股市接近收盘时，Twitter上的情感转向负面，10分钟后Facebook的股价又开始下跌。最终的结论是：Twitter上每一次情感倾向的转向都会影响Facebook股价的波动，延迟情况只有几分钟到20多分钟。

这仅仅只是基于社交网络产生的大数据进行"预见未来"的众多案例之一，事实上"大数据"所能带来的巨大商业价值已经被人认为将引领一场足以匹敌20世纪计算机革命的巨大变革。

2012年2月，《华尔街日报》发表文章《科技变革即将引领新的经济繁荣》，文中罕见地做出大胆预见："我们再次处于三场宏大技术变革的开端，他们可能足以匹敌20世纪的那场变革，这三场变革的震中都在美国，他们分别是大数据、智能制造和无线网络革命。"

《华尔街日报》的断言并非无的放矢。在2012年年初的瑞士达沃斯论坛上，一份题为《大数据，大影响》(Big Data，Big Impact)的报告宣称，数据已经成为一种新的经济资产类别，就像货币或黄金一样。

更加值得关注的则是，奥巴马政府已经把"大数据"上升到了国家战略的层面。根据美国白宫2012年3月29日新闻，奥巴马政府宣布投资2亿美元启动"大数据研究和发展计划"。希望增强收集海量数据、分析萃取信息的能力。

上一次白宫亲自参与推动信息技术产业的大手笔还是2010年希拉里提出的"国家宽带战略"，"大数据研究和发展计划"也被认为是1993年时任美国副总统戈尔宣布的"信息高速公路"计划后美国政府政策层面的一次"狂飙突进"，将"大数据"上升到国家意志将在下一个10年带来深远影响。

在互联网和通信技术飞速发展20年后，一个属于"大数据"的时代，真的来了。

另外，数据丰富的影响延伸到商业之外。比如说，Justin Grimmer

就是新生代的政治学者中的一员。作为斯坦福大学的一名28岁的助理教授，他看到了"一个机遇，因为学科正变得越来越趋于数据密集"，所以在自己的大学及研究生研究当中，他把数学运用到了政治科学里面。他的研究包括对博客发文、国会演讲以及新闻发布、新闻内容的自动计算机分析，以便深入了解政治观念是如何被传播出去的。

其他领域，如科学、体育、广告及公共卫生，发生的故事也类似——即数据驱动发现和决策的趋势。"这是一次革命，"哈佛量化社会科学研究所主任Gary King说，"我们的确正在起航。不过，在庞大的新数据来源的支持下，量化的前进步伐将会踏遍学术、商业和政府领域。没有一个领域可以不被触及。"

里克·斯莫兰（Rick Smolan）是《生活中的一天》（Day in the Life）系列摄影的作者，正计划启动一个名为《大数据的人类面孔》的项目。斯莫兰先生是一位狂热分子，称大数据有可能成为"人类的仪表盘"，能够作为一项智能工具帮助与贫穷、犯罪以及污染作战。隐私的倡导者则持怀疑的态度，警告说大数据就是老大哥（Big Data is Big Brother，看过乔治·奥威尔的《1984》的对"Big Brother"应该不会感到陌生），只不过是披上了企业的外衣。

"大数据"全在于发现和理解信息内容及信息与信息之间的关系，然而直到最近，我们对此似乎还是难以把握。IBM的资深"大数据"专家杰夫·乔纳斯（Jeff Jonas）提出要让数据"说话"。从某种层面上来说，这听起来很平常。人们使用数据已经有相当长一段时间了，无论是日常进行的大量非正式观察，还是过去几个世纪里在专业层面上用高级算法进行的量化研究，都与数据有关。

在数字化时代，数据处理变得更加容易、更加快速，人们能够在瞬间处理成千上万的数据。但当我们谈论能"说话"的数据时，我们指的远远不止这些。

实际上，大数据与三个重大的思维转变有关，这三个转变是相互联系和相互作用的。

首先，要分析与某事物相关的所有数据，而不是依靠分析少量的数据样本。

其次，我们乐于接受数据的纷繁复杂，而不再追求精确性。

最后，我们的思想发生了转变，不再探求难以捉摸的因果关系，转而关注事物的相关关系。

随着技术的革新，我们已经踏进大数据时代，而数据背后潜藏着巨大的商业机会，值得我们去挖掘。

苹果公司的传奇总裁史蒂夫·乔布斯在与癌症斗争的过程中采用了不同的方式，成为世界上第一个对自身的DNA和肿瘤DNA进行排序的人。为此，他支付了高达几十万美元的费用，这是23andme报价的几百倍之多。所以，他得到的不是一个只有一系列标记的样本，他得到了包括整个基因密码的数据文档。

对于一个普通的癌症患者，医生只能期望他的DNA排列同试验中使用的样本足够相似。但是，史蒂夫·乔布斯的医生们能够基于乔布斯的特定基因组成，按所需效果用药。如果癌症病变导致药物失效，医生可以及时更换另一种药，也就是乔布斯所说的，"从一片睡莲叶跳到另一片上"。乔布斯开玩笑说："我要么是第一个通过这种方式

战胜癌症的人，要么就是最后一个因为这种方式死于癌症的人。"虽然他的愿望都没有实现，但是这种获得所有数据而不仅是样本的方法还是将他的生命延长了好几年。

根据技术研究机构IDC的研究结果可知，近年来，大量的新数据无孔不入，它们以每年50%的速度在增长。或者说，它们每两年就要翻一番，完全超出人们的预料。

事实上，我们生活的方方面面，都会因大数据的存在而发生变化。如消费习惯、兴趣爱好、人际关系，以及整个互联网的走向与潮流等，都将成为IT行业所关注的重点。当然了，这一切的获取和分析都与大数据息息相关。

我们不能说数据的圈子越来越大，而是全新的圈子越来越多。比如，全世界有数不清的数字传感器依附在汽车、工业设备、电表和板条箱上，它们能准确地掌握方位、温度、湿度、运动、振动，以及大气中的化学变化。

从一方面来说，大众媒体基础上的大数据挖掘和分析，将衍生出令人意想不到的应用；从另一方面来说，基于数据分析的营销和咨询服务也正在崛起。这些专注于数据挖掘和数据服务的公司，将成为IT行业乃至互联网服务业中的新兴力量。

以往，只有像谷歌、微软这样的全球化公司能做关于大数据的深挖和分析。但现在，大数据偏向平民化，让越来越多的IT公司有机会进入这个领域。也因此，大数据领域有了不同的数据分析和服务，促使人们不断地创新商业模式。比如在一分钟内，用户就会在Facebook（脸谱网）上发布近70万条信息；在一分钟内，用户会在Flicker（雅虎旗下图片分享网站）上传3125张照片；在一分钟内，用户就会在YouTube（世界上最大的视频网站）上点击200万次观赏……

铁一般的事实告诉互联网从业人员，这些庞大数字意味着一种全新的致富手段。可以说，它的价值不可估量。

虽然在目前来说，大数据在中国还处于初级阶段，但是它的商业价值已经告诉人们——凡是掌握大数据的公司，就相当于站在"金库的门口"。基于数据交易产生的经济效益和创新商业模式的诞生，能帮助企业进行内部数据挖掘，以便更准确地找到潜在客户，从而降低营销成本，提高企业的销售利润。

百分点信息科技的联合创始人苏萌曾说过："未来，数据可能成为最大的交易商品。但数据量大并不能算是大数据，大数据的特征是数据量大、数据种类多、非标准化数据的价值最大化。因此，大数据的价值是通过数据共享、交叉复用后获取的最大的数据价值。"在他看来，未来，大数据将会如基础设施一样，有数据提供方、管理者、监管者，数据的交叉复用将大数据变成一大产业。

据一项统计结果显示：截至到2012年10月，大数据所形成的市场规模在51亿美元左右。到了2017年，此数据预计会上涨到530亿美元。

由此，可见"大数据"的价值所在。

成立于2006年的AdMaster致力于通过技术驱动的SaaS平台为广告主提供数据应用服务。目前，AdMaster服务于快消、IT、汽车等多个行业80%的世界100强品牌及众多国内知名品牌，占超过50%的市场份额。同时，也在推动行业发展和变革中不断努力。例如，AdMaster作为主要技术支持协助MMA(中国无线营销联盟)发布了国内第一个开源

的Mobile SDK解决方案，统一了国内移动营销的监测机制。

"在多年前，手机刚刚出来的时候，我们就在做跨多屏数据应用模型，如何完成跨电视和PC、手机和PC、手机和电视等跨多屏营销的分析和优化。比如看电视的时候同时玩手机，会不会降低对电视节目的认知?消费者多屏的使用习惯如何?哪些屏幕在哪些时间的品牌传播效果最好?与之相关的，我们已经做了很多的研究，我们也是国内第一个实现跨多屏评估和优化的数据应用公司。跨屏数据的应用是AdMaster数据应用的一部分，AdMaster的数据应用主要还包括广告数据、社交媒体数据、品牌电商数据及把前端广告数据、社交媒体数据及后端品牌电商数据整体打通分析和应用的全流程数据应用服务。目前，这在国内也是只有AdMaster的技术才可以实现的。"

随着技术的革新，我们已经踏进大数据时代，而数据背后潜藏着巨大的商业机会，值得我们去挖掘。

大数据开启时代革命

这里，我想系统回顾一下工业文明的发展历程。

我们知道，自从人类进入工业社会以来，科学技术的发展越来越快，社会形态升级的周期也越来越短。第三次科技革命的浪潮席卷世界还不满100年，第四次工业革命的涛声已经不绝于耳。

以蒸汽动力应用为标志的第一次工业革命（工业1.0），为世界开启了机械化生产之路。而第二次工业革命（工业2.0）不但让人类学会了使用电力，还催生了流水生产线与大规模标准化生产。以电子信息技术为核心的第三次工业革命（工业3.0），制造业出现了自动化控制技术。已经席卷全球的工业4.0，又将为世界带来什么新变化呢？当人们还在为第三次工业革命的信息化与自动化感叹不已时，第四次工业革命已经悄然降临，并正在逐步向全世界蔓延。

18世纪末期，第一次工业革命始于英国，蒸汽机的发明标志着机械逐步取代了人力，人类由此进入"蒸汽时代"。

这次工业革命的标志是瓦特改良蒸汽机的使用。蒸汽机是将蒸汽的能量转换为机械功的往复式动力机械。直到20世纪初，蒸汽机仍然是世界上最重要的原动机，后来才逐渐让位于内燃机和汽轮机等。蒸汽机的改良与使用不仅用于纺织工业，而且普遍使用于机械制造业，这对整个工业化来说是一个巨大的推动，并使交通运输业的发展掀开了新篇章。

以水力为动力有很大的局限性，这就需要一种更方便且更有效的动力来带动机器。解决机器动力这一问题的人是学徒出身的瓦特。瓦特童年时就善于观察事物。经过20多年的研究，同时吸收前人成果。他终于在1785年制成了改良蒸汽机。这一机器是把热能转变为机械能的装置，把它装到纺纱机中，就能带动机器纺纱；把它装到织布机中。就可以带动机器织布。后来，不仅纺织工业使用蒸汽动力，采用机器生产，而且冶金、采矿等领域也都广泛采用机器进行生产。到19世纪上半期，机器生产基本上代替了工场手工业，英国完成了其工业

革命，随即法国、美国等资本主义国家也都开始进行了工业革命。

第二次工业革命源起于19世纪70年代，其主要标志是电力的广泛应用（即电气时代）。1870年以后，科学技术的发展突飞猛进，各种新技术、新发明层出不穷，并被迅速应用于工业生产，大大促进了经济的发展。当时，科学技术的突出发展主要表现在四个方面，即电力的广泛应用、内燃机与新交通工具的创制、新通信手段的发明和化学工业的建立。

第二次工业革命在生产过程中产生的高度自动化，引发了第三次工业革命，它始于20世纪70年代并一直延续到21世纪头10年。电子与信息技术的广泛应用，使得制造过程不断实现自动化，机械设备开始替代人类作业。

作为工业革命的发源地，英国的科技创新能力和科学研究团队仍然在世界上首屈一指，它有着世界上最优秀的高等学府，其计算机处理能力研究、人工智能自动化、计算机软硬件开发等高科技领域专业的科研实力和成果都名列前茅。良好的科研基础和技术储备加上率先开启的大数据国家战略让英国人确实有理由相信，在新的科技革命中他们仍可占有一席之地。

2012年5月世界上首个非营利性的开放式数据研究所ODI(The Open Data Institute)在英国成立。它利用互联网技术将全世界人们提供的数据汇总到一个平台上，利用云存储等新兴技术手段达到海量存储的目的。这一平台对于融合来自不同国家、不同行业、不同类型的人们感兴趣的所有数据具有很大的帮助。同时，ODI的研究范围非常广泛，它不仅仅接收和存储数据，更重要的是面对大数据的应用展开研究。

大数据革命已经触及英国的各行各业，政府公开财政数据，研究机构纷纷成立，商业运作逐步展开，英国人已经开始拥抱大数据技术。"大数据时代将开启下一次工业革命"，英国政府内阁办公厅大臣弗朗西斯·莫德说，"两百年前的工业革命用前所未有的方式开创了历史，现在我们用大数据的形式来进行生产和提供服务同样是在创造历史"。经过了近年来的没落，当年的日不落帝国渴望在大数据时代建立他们曾经的辉煌。

工业4.0最早是由《德国高技术战略2020》一书中提出来的，该战略是利用智能化生产来促进国家发展的新型战略。德国将其定义为"以信息物理系统为基础的智能化生产"。这也证明在工业4.0时代，将以实现生产智能化为目标。

在德国，关于工业4.0这一概念最早是在2011年的汉诺威工业展上提出，它描绘了全球价值链将发生怎样的变革。第四次工业革命通过推动"智能工厂"的发展，在全球范围实现虚拟和实体生产体系的灵活协作。这有助于实现产品生产的彻底定制化，并催生新的运营模式。

在2012年年初，德国产业界提出了工业4.0计划，认为当前世界正处在"信息网络世界与物理世界的结合"，即第四次工业革命的进程中。德国表示要积极参与第四次工业革命，并重点围绕"智慧工厂"和"智能生产"两大方向，巩固和提升其在制造业的领先优势。

德国政府认识到，网络技术在工业生产中的应用具有非常大的潜力，德国有强大的机械制造和自动化工业，在软件领域也有一定的实力，这三方面共同决定了德国在工业4.0时代的优势地位。"这一发展将在接下来的几十年里影响工业生产的发展。"德国电子电气工业协会预测，工业4.0将使工业生产效率提高30%。德国经济部为此设立了专项资金，支持该计划的实施，第四次工业革命已上升为德国的国家战略。

第一次工业革命使19世纪的世界发生了翻天覆地的变化，第二次工业革命为20世纪的人们开创了新世界，第三次工业革命同样也将对21世纪产生极为重要的影响，它将从根本上改变人们生活和工作的方方面面。以化石燃料为基础的第二次工业革命给社会经济和政治体制塑造了自上而下的结构，如今第三次工业革命所带来的绿色科技正逐渐打破这一传统，使社会向合作和分散关系发展。如今我们所处的社会正经历深刻的转型，原有的纵向权力等级结构正向扁平化方向发展。而第四次工业革命的新兴技术和各领域创新成果传播的速度和广度要远远超过前几次革命。事实上，在世界上部分地区，以前的工业革命还在进行之中。全球仍有13亿人无法获得电力供应，也就是说，仍有17%的人尚未完整体验第二次工业革命。第三次工业革命也是如此。全球一半以上的人口，也就是40亿人，仍无法接入互联网，其中的大部分人都生活在发展中国家。纺锤是第一次工业革命的标志，它走出欧洲、走向世界花了120年。相比之下，互联网仅用了不到10年的时间，便传到了世界各个角落。

总之，我们可以这样说，人类工业文明的变迁，首先是物理世界的工业文明，典型是蒸汽机的发明，使汽车、轮船进入生活；然后是数字世界的工业文明，就是IT技术的使用，使PC及各种电子产品进入生活，以及企业数字化系统的建立，使沃尔玛这样的巨型企业产生成为可能；下一步就是物理世界和数字世界的融合，这也就是业界热炒的"工业互联网"、"IT 3.0"，而这里面除了数字技术在传统行业的使用（这个事实上已经在广泛使用）、电子商务在渠道的广泛推行，更重要的就是大数据的产生及挖掘、使用，使企业在管理方式、市场机会挖掘、产品设计、营销、服务、商业模式等发生巨大的变化，这种巨大的变化带来了很多行业的革命性变局，也就是颠覆与改造。这种变化在所谓的低效率的大行业将最为明显与直接。这些所谓的的低效率大行业，就是垄断特征明显、产业规模大、产业链长、历史悠久但长时间变化少、IT应用水平低的行业，如汽车、金融、保险、医疗等。

大数据开启了一次重大的时代转型。与其他新技术一样，大数据也必然要经历硅谷臭名昭著的技术成熟度曲线：经过新闻媒体和学术会议的大肆宣传之后，新技术趋势一下子跌到谷底，许多数据创业公司变得岌岌可危。当然，不管是过热期还是幻想破灭期，都非常不利于我们正确理解正在发生的变革的重要性。

就像望远镜能够让我们感受宇宙，显微镜能够让我们观测微生物，这种能够收集和分析海量数据的新技术将帮助我们更好地理解世界——这种理解世界的新方法我们现在才意识到。

2003年，人类第一次破译人体基因密码的时候，辛苦工作了10年才完成了30亿对碱基对的排序。大约10年之后，世界范围内的基因仪每15分钟就可以完成同样的工作。在金融领域，美国股市每天的成交量高达70亿股。而其中三分之二的交易都是由建立在算法公式上的计算机程序完成的。这些程序运用海量数据来预测利益和降低风险。

互联网公司更是要被数据淹没了。谷歌公司每天要处理超过24拍（等于2的50次方）字节的数据，这意味着其每天的数据处理量是美国国家图书馆所有纸质出版物所含数据量的上千倍。Facebook这个创立时间不足10年的公司，每天更新的照片量超过1000万张，每天人们在网站上点击"喜欢"（like）按钮或者写评论次数大约有30亿次，这就为Facebook公司挖掘用户喜好提供了大量的数据线索。与此同时，谷歌子公司Youtube每月接待多达8亿的访客，平均每一秒钟就会有一段长度在一小时以上的视频上传。Twitter上的信息量几乎每年翻一倍，截至2012年，每天都会发布超过4亿条微博。

从科学研究到医疗保险，从银行业到互联网，各个不同的领域都在讲述着一个类似的故事，那就是爆发式增长的数据量。这种增长超过了我们创造机器的速度，甚至超过了我们的想象。

我想以对未来汽车行业的狂野想象来讨论一下本节所要讨论的问题。

在人的一生中，汽车是一项巨大的投资。以一部30万元的车、7年换车周期来算，每年折旧费4万多（这里还不算资金成本），加上停车、保险、油、维修、保养等各项费用，每年耗费应在6万左右。汽车产业也是一个很长产业链的龙头产业，这个方面只有房地产可以媲美。但同时，汽车产业链是一个低效率、变化慢的产业。汽车一直以来就是四个轮子、一个方向盘、两排沙发（李书福语）。这么一个昂贵的东西，围绕车产生的数据却少得可怜，行业产业链之间几无任何数据传递。

我们在这里狂野地想象一番，如果将汽车全面数字化，都大数据了，会产生什么结果？有些人说，汽车数字化，不就是加个MBB模块吗？不，这太小儿科了。在我理想中，数字化意味着汽车可以随时联上互联网，意味着汽车是一个大型计算系统加上传统的轮子、方向盘和沙发，意味着可以数字化导航、自动驾驶，意味着你和汽车相关的每一个行动都数字化，包括每一次维修、每一次驾驶路线、每一次事故的录像、每一天汽车关键部件的状态，甚至你的每一个驾驶习惯（如每一次的刹车和加速）都记录在案。这样，你的车每月甚至每周都可能产生T比特的数据。

那么，保险公司会怎么做呢？保险公司把你的所有数据拿过去建模分析，发现几个重要的事实：一是你开车主要只是上下班，南山到坂田这条线路是非繁华路线，红绿灯很少，这条路线过去一年统计的事故率很低；你的车况（车的使用年限、车型）好，此车型在全深圳也是车祸率较低；甚至统计你的驾驶习惯，加油平均，临时刹车少，超车少，和周围车保持了应有的车距，驾驶习惯好。最后结论是你车型好，车况好，驾驶习惯好，常走的线路事故率低，过去一年也没有出过车祸，因此可以给予更大幅度的优惠折扣。这样保险公司就完全重构了它的商业模式了。在没有大数据支撑之前，保险公司只把车险客户做了简单的分类，一共分为四种客户，第一种是连续两年没有出车祸的，第二种过去一年没有出车祸，第三种过去一年出了一次车祸，第四种是过去一年出了两次及以上车祸的，就四种类型。这种简单粗暴的分类，就好像女人找老公，仅把男人分为没有结过婚的、结过一次婚的、结过两次婚的、结过三次婚以上的四种男人，就敢嫁人一样。在大数据的支持下，保险公司可以真正以客户为中心，把客户分为成千上万种，每个客户都有个性化的解决方案，这样保险公司经营就完全不同，对于风险低的客户敢于大胆折扣，对于风险高的客户报高价甚至拒绝，一般的保险公司就完全难以和这样的保险公司竞争了。拥有大数据并使用大数据的保险公司比传统公司将拥有压倒性的竞争优势，大数据将成为保险公司最核心的竞争力，因为保险就是一个基于概率评估的生意，大数据对于准确评估概率毫无疑问是最有利的武器，而且简直是量身定做的武器。

在大数据的支持下，4S店的服务也完全不同了。车况信息会定期传递到4S店，4S店会根据情况提醒车主及时保养和维修，特别是对于可能危及安全的问题，在客户同意下甚至会采取远程干预措施，同时还可以提前备货，车主一到4S店就可以维修而不用等待。

对于驾驶者来说，不想开车的时候，在大数据和人工智能的支持下，车辆可以自动驾驶，并且对于你经常开的线路可以自学习自优化。谷歌的自动驾驶汽车，为了对周围环境作出预测，每秒钟要收集差不多1GB的数据，没有大数据的支持，自动驾驶是不可想象的；在和周围车辆过近的时候，会及时提醒车主避让；上下班的时候，会根据实时大数据情况，对于你经常开车的线路予以提醒，绕开拥堵点，帮你选择最合适的线路；在出现紧急状况的时候，比如爆胎，自动驾驶系统将自动接管，提高安全性（人一辈子可能难以碰到一次爆胎，人在紧急时的反应往往是灾难性的，只会更糟）；到城市中心，寻找车位是一件很麻烦的事情，但未来你可以到了商场门口后，让汽车自己去找停车位，等想要回程的时候，提前通知让汽车自己开过来接。

车辆是城市最大最活跃的移动物体，是拥堵的来源，也是最大的污染来源之一。数字化的车辆、大数据应用将带来很多的改变。红绿灯可以自动优化，根据不同道路的拥堵情况自动进行调整，甚至在很多地方可以取消红绿灯；城市停车场也可以大幅度优化，根据大数据的情况优化城市停车位的设计，如果配合车辆的自动驾驶功能，停车场可以革命性演变，可以设计专门为自动驾驶车辆的停车楼，地下、地上楼层可以高达几十层，停车楼层可以更矮，只要能高于车高度即可（或者把车竖起来停），这样将对城市规划产生巨大的影响；在出现紧急情况，如前方塌方的时候，可以第一时间通知周围车辆（尤其是开往塌方道路的车辆）；现在的燃油税也可以发生革命性变化，可以真正根据车辆的行驶路程，甚至根据汽车的排污量来收费，排污量少的车甚至可以搞碳交易，卖排放量卖给高油耗的车；政府还可以每年公布各类车型的实际排污量、税款、安全性等指标，鼓励民众买更节能、更安全的车。

电子商务和快递业也可能发生巨大的变化。运快递的车都可以自动驾驶，不用赶白天的拥堵的道路，晚上半夜开，在你家门口设计自动接收箱，通过密码开启自动投递进去，就好像过去报童投报一样。

这么想象下来，我认为，汽车数字化、互联网化、大数据应用、人工智能，将对汽车业及相关的长长的产业链产生难以想象的巨大变化和产业革命，具有无限的想象空间，可能完全被重构。当然，要实现我所描述的场景，估计至少50年、100年之后的事情了。

下面一个想象是围绕着人本身来展开的。人的数字化生存也就是这几十年的事情。我爷爷奶奶那辈子，是在人生末年的时候有照片，算是初步在个人形象方面有了一点数字化，让我们及后代还可以知道爷爷奶奶的光辉形象。而我们从小就有照片，这些年我们的数字化就越来越多了，身份是数字的（就是身份证），银行存款是数字的，照片是全数字，体检单也数字化，购物数字化（淘宝上有我的几十个地址、几百条购物信息、上万次搜索信息），沟通数字化（微信上有新的朋友圈生态），初步构建了一个数字化生存的状态。而我们的下一辈或下下一辈将进入完全的数字化生存，人从一出生就有基因图谱，到后续的每一次体检、每一次化验，到每一年、每一个月、每一个日子的活动，到相关亲戚的轨迹，从每一个人，到每一代人，到整个族谱，到整个国家，到整个全球，这些海量数据的产生将从量变到质变，这些数据的挖掘与使用将对人类本身产生革命性的影响。

又比如，在你找工作的时候，可能会有这么一天，当你面试时，HR会淡定地告诉你，对不起，经过我们的大数据分析，你历来的网贴、微博、微信总体负面情绪过多，不符合我们企业阳光乐观积极向上的主题，出门左拐就有地铁站，慢走。

再比如，在你过生日的那天，朋友们生日祝福之后，大数据分析系统会告诉你，你的生命将进入倒计时，根据过去几年的身体数字化大数据，根据基因图谱，根据你亲戚的相关情况统计，你有80%的概率在20年内死去，有30%概率在60岁左右因基因缺陷发生脑溢血，因此你要改善生活习惯，并重点加强监控脑溢血发生的可能性。这些事情如果都发生，会出现什么情况？第一，估计人类的生命普遍将延长10年以上，因为很多潜在的突发性恶性疾病爆发的概率大幅度降低了。第二，和上面的汽车故事一样，保险公司也可以基于大数据重构商业模型，可以对每个人的大数据进行分析，对每个人进行针对性的保险业务设计。第三，药厂的商业模式可能也改变了，药厂拥有你相关的大数据，可以为你量身定做药品，西服都能量身定做，药品为什么不能呢？定制的西服更合身，定制的药品肯定针对性更强、副作用更少。西服能量身定做，是因为有你三围的数据，药品能量身定做也是因为有你身体的数据，道理是一样的。第四，国家的医保政策也可能重构，国家能根据大数据系统，分析整体国民素质，分析老龄化情况，分析养老金系统的承受能力，针对性地增强某些区域的医疗资源，或者动态调整养老保险费率，或者动态调整退休年限，等等。

对汽车产业和数字化人生的想象告一段落。在这里，我想总结一下自己对大数据的看法。

第一，大数据使企业真正有能力从以自我为中心改变为以客户为中心。企业是为客户而生，目的是为股东获得利润。只有服务好客户，才能获得利润。但过去，很多企业是没有能力做到以客户为中心的，原因就是相应客户的信息量不大，挖掘不够，系统也不支持，目前的保险业就是一个典型。大数据的使用能够使企业的经营对象从客户的粗略归纳还原成一个个活生生的客户，这样经营就有针对性，对客户的服务就更好，投资效率就更高。

第二，大数据一定程度上将颠覆了企业的传统管理方式。现代企业的管理方式是来源于对先进企业的模仿，依赖于层层级级的组织和严格的流程，依赖信息的层层汇集、收敛来制定正确的决策，再通过决策在组织的传递与分解，以及流程的规范，确保决策得到贯彻，确保每一次经营活动都有质量保证，也确保一定程度上对风险的规避。过去这是一种有用而笨拙的方式。在大数据时代，我们可能重构企业的管理方式，通过大数据的分析与挖掘，大量的业务本身就可以自决策，不必要依靠庞大的组织和复杂的流程。大家都是基于大数据来决策，都是依赖于既定的规则来决策，是高高在上的CEO决策，还是一线人员决策，本身并无大的区别，那么企业是否还需要如此多层级的组织和复杂的流程呢？

第三，大数据另外一个重大的作用是改变了商业逻辑，提供了从其他视角直达答案的可能性。现在人的思考或者是企业的决策，事实上都是一种逻辑的力量在主导起作用。我们去调研，去收集数据，去进行归纳总结，最后形成自己的推断和决策意见，这是一个观察、思考、推理、决策的商业逻辑过程。人和组织的逻辑形成是需要大量的学习、培训与实践，代价是非常巨大的。但是否这是唯一的道路呢？大数据给了我们其他的选择，就是利用数据的力量，直接获得答案。就好像我们学习数学，小时候学九九乘法表，中学学几何，大学还学微积分，碰到一道难题，我们是利用了多年学习沉淀的经验来努力求解，但我们还有一种方法，在网上直接搜索是不是有这样的题目，如果有，直接抄答案就好了。很多人就会批评说，这是抄袭，是抄袭。但我们为什么要学习啊？不就是为了解决问题嘛。如果我任何时候都可以搜索到答案，都可以用最省力的方法找到最佳答案，这样的搜索难道不可以是一条光明大道吗？换句话说，为了得到"是什么"，我们不一定要理解"为什么"。我们不是否定逻辑的力量，但是至少我们有一种新的巨大力量可以依赖，这就是未来大数据的力量。

第四，通过大数据，我们可能有全新的视角来发现新的商业机会和重构新的商业模式。我们现在看这个世界，比如分析家中食品问题，主要就是依赖于我们的眼睛再加上我们的经验，但如果我们有一台显微镜，我们一下就看到坏细菌，那么分析起来完全就不一样了。大数据就是我们的显微镜，它可以让我们从全新视角来发现新的商业机会，并可能重构商业模型。我们的产品设计可能不一样了，很多事情不用猜了，客户的习惯和偏好一目了然，我们的设计就能轻易命中客户的心窝；我们的营销也完全不同了，我们知道客户喜欢什么、讨厌什么，更有针对性。特别是显微镜再加上广角镜，我们就有更多全新的视野了。这个广角镜就是跨行业的数据流动，使我们过去看不到的东西都能看到了，比如前面所述的汽车案例，开车是开车，保险是保险，本来不相关，但当我们把开车的大数据传递到保险公司，那整个保险公司的商业模式就全变了，完全重构了。

最后一点，我想谈的是大数据发展对IT本身技术架构的革命性影响。大数据的根基是IT系统。我们现代企业的IT系统基本上是建立在IOE（IBM小型机、Oracle数据 库、EMC存储）+Cisco模型基础上的，这样的模型是Scale-UP型的架构，在解决既定模型下一定数据量的业务流程是适配的，但如果是大数据时代，很快会面临成本、技术和商业模式的问题，大数据对IT的需求很快就会超越了现有厂商架构的技术顶点，超大数据增长将带来IT支出增长之间的线性关系，使企业难以承受。因此，目前在行业中提出的去IOE趋势，利用Scale-out架构+开源软件对Scale-up架构+私有软件的取代，本质是大数据业务模型所带来的，也就是说大数据将驱动IT产业新一轮的架构性变革。去IOE潮流中的所谓国家安全因素，完全是次要的。

所以，美国人说，大数据是资源，和大油田、大煤矿一样，可以源源不断挖出大财富。而且和一般资源不一样，它是可再生的，是越挖越多、越挖越值钱的，这是反自然规律的。对企业如此，对行业、对国家也是这样，对人同样如此。这样的东西谁不喜欢呢？因此，大数据这么热门，是完全有道理的。

那么，我们周围到底有多少数据？增长的速度有多快？许多人试图测量出一个确切的数字。尽管测量的对象和方法有所不同，但他们都获得了不同程度的成功。南加利福尼亚大学安嫩伯格通信学院的马丁·希尔伯特（Martin Hilbert）进行了一个比较全面的研究，他试图得出人类所创造、存储和传播的一切信息的确切数目。他的研究范围不仅包括书籍、图画、电子邮件、照片、音乐、视频（模拟和数字），还包括电子游戏、电话、汽车导航和信件。马丁·希尔伯特还以收视率和收听率为基础，对电视、电台这些广播媒体进行了研究。

有趣的是，在2007年，只有7%是存储在报纸、书籍、图片等媒介上的模拟数据，其余全部是数字数据。但在不久之前，情况却完全不是这样的。虽然1960年就有了"信息时代"和"数字村镇"的概念，但实际上，这些概念仍然是相当新颖的。甚至在2000年的时候，数字存储信息仍只占全球数据量的四分之一；当时，另外四分之三的信息都存储在报纸、胶片、黑胶唱片和盒式磁带这类媒介上。

早期数字信息的数量是不多的。对于长期在网上冲浪和购书的人来说，那只是一个微小的部分。早在1986年的时候，世界上约40%的计算机技术都被运用在便携计算机上，那时候，所有个人电脑的处理能力之和都没有便携计算机高。但是因为数字数据的快速增长，整个局势很快就颠倒过来了。按照希尔伯特的说法，数字数据的数量每三年多就会翻一倍。相反，模拟数据的数量则基本上没有增加。

　　事情真的在快速发展。人类存储信息量的增长速度比世界经济的增长速度快4倍，而计算机数据处理能力的增长速度则比世界经济的增长速度快9倍。难怪人们会抱怨信息过量，因为每个人都受到了这种极速发展的冲击。

　　把眼光放远一点，我们可以把时下的信息洪流与1439年前后古登堡发明印刷机时造成的信息爆炸相对比。历史学家伊丽莎白·爱森斯坦（Elizabeth Eisenstein）发现，1453—1503年，这50年之间大约有800万本书籍被印刷，比1200年之前君士坦丁堡建立以来整个欧洲所有的手抄书还要多。换言之，欧洲的信息存储量花了50年才增长了一倍（当时的欧洲还占据了世界上大部分的信息存储份额），而如今大约每三年就能增长一倍。

　　这种增长意味着什么呢？彼特·诺维格（Peter Norvig）是谷歌的人工智能专家，也曾任职于美国宇航局喷气推进实验室，他喜欢把这种增长与图画进行类比。首先，他要我们想想来自法国拉斯科洞穴壁画上的标志性的马。这些画可以追溯到1.7万年之前的旧石器时代。然后，再想想一张马的照片，想想毕加索的画也可以，看起来和那些洞穴壁画没有多大的差别。事实上，毕加索看到那些洞穴壁画的时候就曾开玩笑说："自那以后，我们就再也没有创造出什么东西了。"

　　他的话既正确又不完全正确。你回想一下壁画上的那匹马。当时要画一幅马的画需要花费很久的时间，而现在不需要那么久了。这就是一种改变，虽然改变的可能不是最核心的部分，毕竟这仍然是一幅马的图像。但诺维格说，想象一下，现在我们能每秒钟播放24幅不同

形态的马的图片，这就是一种由量变导致的质变：一部电影与一幅静态的画有本质的区别！大数据也一样，量变导致质变。物理学和生物学都告诉我们，当我们改变规模时，事物的状态有时也会发生改变。

我们就以纳米技术为例。纳米技术就是让一切变小而不是变大。其原理就是当事物到达分子的级别时，它的物理性质就会发生改变。一旦你知道这些新的性质，你就可以用同样的原料来做以前无法做的事情。铜本来是用来导电的物质，但它一旦到达纳米级别就不能在磁场中导电了。银离子具有抗菌性，但当它以分子形式存在的时候，这种性质会消失。一旦到达纳米级别，金属可以变得柔软，陶土可以具有弹性。同样，当我们增加所利用的数据量时，我们就可以做很多在小数据量的基础上无法完成的事情。

预测是大数据的核心

窥探历史的档案，我们可以看见，第三次工业革命中，技术脱颖而出担当了变革主要推手：生产工具进化之下，从产业到社会、从意识到理念都发生了颠覆性的变化。

而如今，当互联网成为改革的主角，硬件终端与信息技术爆发式进化，以"互联网＋""工业4.0"为核心的"第四次工业革命"也正悄然到来。

6月19日，由《浙商》杂志、浙商全国理事会主办的浙商大会暨"互联网＋峰会"在杭州举行，围绕捕捉"互联网＋"风口，推动传统企业与互联网融合创新主题，本次大会邀请到了中国工程院原常务副院长潘云鹤、《数据新常态》作者克里斯托弗·苏达克等多位国内外知名专家学者到场，共同探讨"互联网＋"风口之上产业战略转型和持续发展相关的前沿话题。

大数据的核心就是预测。它通常被视为人工智能的一部分，或者更确切地说，被视为一种机器学习。但是这种定义是有误导性的。大数据不是要教机器像人一样思考。相反，它是把数学算法运用到海量的数据上来预测事情发生的可能性。一封邮件被作为垃圾邮件过滤掉的可能性，输入的"teh"应该是"the"的可能性，从一个人乱穿马路时行进的轨迹和速度来看他能及时穿过马路的可能性，都是大数据可以预测的范围。当然，如果一个人能及时穿过马路，那么他乱穿马路时，车子就只需要稍稍减速就好。但是这些预测系统之所以能够成功，关键在于它们是建立在海量数据的基础之上的。此外，随着系统接收到的数据越来越多，通过记录找到的最好的预测与模式，可以对系统进行改进。

在不久的将来，世界许多现在单纯依靠人类判断力的领域都会被计算机系统所改变甚至取代。计算机系统可以发挥作用的领域远远不止驾驶和交友，还有更多更复杂的任务。别忘了，亚马逊可以帮我们推荐想要的书，谷歌可以为关联网站排序，Facebook知道我们的喜好，而Linkedin可以猜出我们认识谁。当然，同样的技术也可以运用到疾病诊断、推荐治疗措施，甚至是识别潜在犯罪分子上。

就像互联网通过给计算机添加通信功能而改变了世界，大数据也将改变我们生活中最重要的方面，因为它为我们的生活创造了前所未有的可量化的维度。大数据已经成为新发明和新服务的源泉，而更多的改变正蓄势待发。

有时候，我们认为约束我们生活的那些限制，对于世间万物都有着同样的约束力。事实上，尽管规律相同，但是我们能够感受到的约束，很可能只对我们这样尺度的事物起作用。对于人类来说，唯一一个最重要的物理定律便是万有引力定律。这个定律无时无刻不在控制着我们。但对于细小的昆虫来说，重力是无关紧要的。对它们而言，物理宇宙中有效的约束是地表张力，这个张力可以让它们在水上自由行走而不会掉下去。但人类对于地表张力毫不在意。

对于万有引力产生的约束效果而言，生物体的大小是非常重要的。类似的，对于信息而言，规模也是非常重要的。谷歌能够几近完美地给出和基于大量真实病例信息所得到的流感情况一致的结果，而且几乎是实时的，比疾控中心快多了。同样，Farecast可以预测机票价格的波动，从而让消费者真正在经济上获利。它们之所以如此给力，都因为存在供其分析的数千亿计的数据项。

尽管我们仍处于大数据时代来临的前夕，但我们的日常生活已经离不开它了。垃圾邮件过滤器可以自动过滤垃圾邮件，尽管它并不知道"发#票#销#售"是"发票销售"的一种变体。交友网站根据个人的性格与之前成功配对的情侣之间的关联来进行新的配对。具有"自动改正"功能的智能手机通过分析我们以前的输入，将个性化的新单词添加到手机词典里。然而，对于这些数据的利用还仅仅只是一个开始。从可以自动转弯和刹车的汽车，到IBM沃特森超级电脑在游戏节目《危险边缘》（Jeopardy）中打败人类来看，这项技术终将会改变我们所居住的星球的许多东西。

如果说石油是20世纪经济发展的助推剂，那么，数据将成为21世纪经济发展的助推剂。

"近年来信息力量迅速壮大并成长为物理世界、人类社会两极之外的新一极信息世界。"潘云鹤在题为《中国大数据时代的战略》演讲中称，大数据已经成为全世界面临的挑战和机遇。"2012年奥巴马政府投入2亿美元研究大数据；2013年英国政府投入大量资金到8个领域进行重点研究，大数据排在第一。"

大数据在新知识和新服务领域应用广泛，可用于知识新编、事件预测、传感器网和众包的联合、认知深化等多方面，在研究宏观、中观、微观经济和社会运行问题上都有重要作用。

谈到中国的大数据战略，我认为大数据是中国发展的一大机遇。要充分利用这一机遇，中国需要抓好三类大数据应用，一是城市大数据应用，包括城市建设、环境、经济等数据，这需要权威、技术和市场的合作；二是经济与企业大数据，如物流、考勤、微观市场研究等；三是科技大数据应用，"这三类是最重要的大数据"。

"这是一个最好的时代，也是一个最坏的时代，是好是坏则取决于你的态度和抉择。"

下一步向互联网转型，不是简单地把传统产品互联网化，要利用互联网特征，解决你所感触到的，行业里边最大的社会问题在哪里，正如阿里巴巴的支付宝"微博"解决了中国人不讲信用的问题，中国的信用体系要建立需要N年，但是信用体系没有建立之前，中国人就没有进行信用管理较差的支付吗？阿里巴巴的支付宝巧妙解决了这个问题，支付完了之后要压一段时间，保证你收到的产品是合格的。这就是创新。

今天用互联网到底解决什么问题，现在还是偏狭窄，一个是新模式，把消费品领域电商化，这个深刻反映了中华民族的智慧未能因互联网获得优势，我们老说中华民族是最聪明的，我们没有智力银行，我们没有话题互动机制，我们未能把互联网打造成一个国家决策的智囊。

互联网在企业当中没有到战略位置是非常可惜的。在海量信息大数据背景下，这是我们战略变革的最好时期。用金融信息、金融产品、金融人才优化企业的生态链、价值链、供应链，这是它的本质，但是我们没能应用。

我们朝互联网转型有两个途径，一个途径是分析，我有什么能力和资源，有什么优势，就近转，这个非常可怕，传统优势越大越会转死。还有一个途径是构建型。未来最大的利益在哪里，未来可管理的智慧区在哪里，在分析转型和构建型转型两个途径中做一个选择。构建型转型其中一个纬度要解决当下的问题。攻击传统行业的缺陷，你是颠覆者，但是还有人颠覆你，螳螂捕蝉黄雀在后。如何找出传统行业不能转型的纠结点，这是未来很多企业一条重要的战略。

全数据模式的分析方式

在信息处理能力受限的时代，世界需要数据分析，却缺少用来分析所收集数据的工具，因此随机采样应运而生，它也可以被视为那个时代的产物。如今，计算和制表不再像过去一样困难。感应器、手机导航、网站点击和Twitter被动地收集了大量数据，而计算机可以轻易地对这些数据进行处理。

采样的目的就是用最少的数据得到最多的信息。当我们可以获得海量数据的时候，它就没有什么意义了。数据处理技术已经发生了翻天覆地的改变，但我们的方法和思维却没有跟上这种改变。

然而，采样一直有一个被我们广泛承认却又总有意避开的缺陷，现在这个缺陷越来越难以忽视了。采样忽视了细节考察。虽然我们别无选择，只能利用采样分析法来进行考察，但是在很多领域，从收集部分数据到收集尽可能多的数据的转变已经发生了。如果可能的话，我们会收集所有的数据，即"样本=总体"。

正如我们所看到的，"样本=总体"是指我们能对数据进行深度探讨，而采样几乎无法达到这样的效果。上面提到的有关采样的例子证明，用采样的方法分析整个人口的情况，正确率可达97%。对于某些事物来说，3%的错误率是可以接受的。但是你无法得到一些微观细节

的信息，甚至还会失去对某些特定子类别进行进一步研究的能力。正态分布是标准的。生活中真正有趣的事情经常藏匿在细节之中，而采样分析法却无法捕捉到这些细节。

谷歌流感趋势预测并不是依赖于对随机样本的分析，而是分析了整个美国几十亿条互联网检索记录。分析整个数据库，而不是对一个样本进行分析，能够提高微观层面分析的准确"性"，甚至能够推测出某个特定城市的流感状况，而不只是一个州或是整个国家的情况。farecast的初始系统使用的样本包含12000个数据，所以取得了不错的预测结果。但是随着奥伦·埃齐奥尼不断添加更多的数据，预测的结果越来越准确。最终，farecast使用了每一条航线整整一年的价格数据来进行预测。埃齐奥尼说："这只是一个暂时性的数据，随着你收集的数据越来越多，你的预测结果会越来越准确。"

所以，我们现在经常会放弃样本分析这条捷径，选择收集全面而完整的数据。我们需要足够的数据处理和存储能力，也需要最先进的分析技术。同时，简单廉价的数据收集方法也很重要。过去，这些问题中的任何一个都很棘手。在一个资源有限的时代，要解决这些问题需要付出很高的代价。但是现在，解决这些难题已经变得简单容易得多。曾经只有大公司才能做到的事情，现在绝大部分的公司都可以做到了。

通过使用所有的数据，我们可以发现如若不然则将会在大量数据中淹没掉的情况。例如，信用卡诈骗是通过观察异常情况来识别的，只有掌握了所有的数据才能做到这一点。在这种情况下，异常值是最有用的信息，你可以把它与正常交易情况进行对比。这是一个大数据问题。而且，因为交易是即时的，所以你的数据分析也应该是即时的。

然而，使用所有的数据并不代表这是一项艰巨的任务。大数据中的"大"不是绝对意义上的大，虽然在大多数情况下是这个意思。谷歌流感趋势预测建立在数亿的数学模型上，而它们又建立在数十亿数据节点的基础之上。完整的人体基因组有约30亿个碱基对。但这只是单纯的数据节点的绝对数量，并不代表它们就是大数据。大数据是指不用随机分析法这样的捷径，而采用所有数据的方法。谷歌流感趋势和乔布斯的医生们采取的就是大数据的方法。

日本国民体育运动"相扑"中非法"操纵"比赛结果的发现，就恰到好处地说明了使用"样本=总体"这种全数据模式的重要性。消极比赛一直被极力禁止，备受谴责，很多运动员深受困扰。芝加哥大学的一位很有前途的经济学家斯蒂夫·列维特（Steven Levitt），在《美国经济评论》上发表了一篇研究论文，其中提到了一种发现这个情况的方法：查看运动员过去所有的比赛资料。他的畅销书《魔鬼经济学》（Freakonomics）中也提到了这个观点，他认为检查所有的数据是非常有价值的。

列维特和他的同事马克·达根（Mark Duggan）使用了11年中超过64000场摔跤比赛的记录，来寻找异常性。他们获得了重大的发现。非法操纵比赛结果的情况确实时有发生，但是不会出现在大家很关注的比赛上。冠军赛也有可能被操纵，但是数据显示消极比赛主要还是出现在不太被关注的联赛的后几场中。这时基本上没有什么风险，因为选手根本就没有获奖的希望。

但是相扑比赛的一个比较特殊的地方是，选手需要在15场联赛中的大部分场次取得胜利才能保持排名和收入。这样一来就会出现利益不对称的问题。当一个7胜7负的摔跤手碰到一个8胜6负的对手时，比赛结果对第一个选手来说极其重要，对他的对手则没有那么重要。列维特和达根发现，在这样的情况下，需要赢的那个选手很可能会赢。这看起来像是对手送的"礼物"，因为在联系紧密的相扑界，帮别人一把就是给自己留了一条后路。

有没有可能是要赢的决心帮助这个选手获胜呢？答案是，有可能。但是数据显示的情况是，需要赢的选手的求胜心也只是比平常高了25%。所以，把胜利完全归功于求胜心是不妥当的。对数据进行进一步分析可能会发现，与他们在前三四次比赛中的表现相比，当他们再相遇时，上次失利的一方要拥有比对方多3~4倍的胜率。

这个情况是显而易见的。但是如果采用随机采样分析法，就无法发现这个情况。而大数据分析通过使用所有比赛的极大数据捕捉到了这个情况。这就像捕鱼一样，开始时你不知道是否能捕到鱼，也不知道会捕到什么鱼。

一个数据库并不需要有以太字节（一般记做TB，等于2的40次方字节）计的数据。在这个相扑案例中，整个数据库包含的字节量还不如一张普通的数码照片包含得多。但是大数据分析法不只关注一个随机的样本。这里的"大"取的是相对意义而不是绝对意义，也就是说这是相对所有数据来说的。

很长一段时间内，随机采样都是一条好的捷径，它使得数字时代之前的大量数据分析变得可能。但就像把一张数码照片或者一首数码歌曲截取成多个小文件似的，在采样分析的时候，很多信息都无法得到。拥有全部或几乎全部的数据，我们就能够从不同的角度，更细致地观察研究数据的方方面面。

我们可以用Lytro相机来打一个恰当的比方。Lytro相机具有革新性的，因为它把大数据运用到了基本的摄影中。与传统相机只可以记录一束光不同，Lytro相机可以记录整个光场里所有的光，达到1100万之多。具体生成什么样的照片则可以在拍摄之后再根据需要决定。用户没必要在一开始就聚焦，因为该相机可以捕捉到所有的数据，所以之后可以选择聚焦图像中的任意一点。整个光场的光束都被记录了，也就是收集了所有的数据，"样本=总体"。因此，与普通照片相比，这些照片就更具"循环性"。如果使用普通相机，摄影师就必须在拍照之前决定好聚焦点。

同理，因为大数据是建立在掌握所有数据，至少是尽可能多的数据的基础上的，所以我们就可以正确地考察细节并进行新的分析。在任何细微的层面，我们都可以用大数据去论证新的假设。是大数据让我们发现了相扑中的非法操纵比赛结果、流感的传播区域和对抗癌症需要针对的那部分DNA。它让我们能清楚分析微观层面的情况。

当然，有些时候，我们还是可以使用样本分析法，毕竟我们仍然活在一个资源有限的时代。但是更多时候，利用手中掌握的所有数据成为最好也是可行的选择。

社会科学是被"样本=总体"撼动得最厉害的学科。随着大数据分析取代了样本分析，社会科学不再单纯依赖于分析经验数据。这门学科过去曾非常依赖样本分析、研究和调查问卷。当记录下来的是人们

的平常状态，也就不用担心在做研究和调查问卷时存在的偏见了。现在，我们可以收集过去无法收集到的信息，不管是通过移动电话表现出的关系，还是通过Twitter信息表现出的感情。更重要的是，我们现在也不再依赖抽样调查了。

艾伯特·拉斯洛·巴拉巴西和他的同事想研究人与人之间的互动，于是他们调查了四个月内所有的移动通信记录——当然是匿名的，这些记录是一个为全美五分之一人口提供服务的无线运营商提供的。这是第一次在全社会层面用接近于"样本=总体"的数据资料进行网络分析。通过观察数百万人的所有通信记录，我们可以产生也许通过任何其他方式都无法产生的新观点。

有趣的是，与小规模的研究相比，这个团队发现，如果把一个在社区内有很多连接关系的人从社区关系网中剔除开来，这个关系网会变得没那么高效但却不会解体；但如果把一个与所在社区之外的很多人有着连接关系的人从这个关系网中剔除，整个关系网很快就会破碎成很多小块。这个研究结果非常重要也非常的出人意料。谁能想象一个在关系网内有着众多好友的人的重要性还不如一个只是与很多关系网外的人联系的人呢？这说明，一般来说，无论是一个集体还是一个社会，多样性是有额外价值的。这个结果促使我们重新审视一个人在社会关系网中的存在价值。

大数据引发的产业转变

"大数据"可能带来的巨大价值正渐渐被人们认可，它通过技术的创新与发展，以及数据的全面感知、收集、分析、共享，为人们提供了一种全新的看待世界的方法。更多地基于事实与数据做出决策，这样的思维方式，可以预见，将推动一些习惯于靠"差不多"运行的社会发生巨大变革。

应对：一个好的企业应该未雨绸缪，从现在开始就应该着手准备，为企业的后期的数据收集和分析做好准备，企业可以从下面五个方面着手，这样当面临铺天盖地的大数据的时候，以确保企业能够快速发展，具体为下面几点。

目标：几乎每个组织都可能有源源不断的数据需要收集，无论是社交网络还是车间传感器设备，而且每个组织都有大量的数据需要处理，IT人员需要了解自己企业运营过程中都产生了什么数据，以自己的数据为基准，确定数据的范围。

准则：虽然每个企业都会产生大量数据，而且互不相同、多种多样的，这就需要企业IT人员在现在开始收集确认什么数据是企业业务需要的，找到最能反映企业业务情况的数据。

重新评估：大数据需要在服务器和存储设施中进行收集，并且大多数的企业信息管理体系结构将会发生重要大变化，IT经理则需要准备扩大他们的系统，以解决数据的不断扩大，IT经理要了解公司现有IT设施的情况，以组建处理大数据的设施为导向，避免一些不必要的设备的购买。

总之，"大数据"是20世纪中期以来人类信息革命发展的必然结果，人类所掌握的信息不仅规模急剧膨胀、类型丰富多样，并且呈加速度发展。大规模各种类型的数据使得数据对于人类的意义发生革命性变化，从而使人类进入所谓的"大数据时代"。在这样一个新时代，"数据成为重要的社会资源和生产资料……通过分析、挖掘数据可以获得新的知识，可以创造价值。学习、工作、生产、投资、理财、管理等都离不开数据，人人都要收集数据、使用数据。管理社会，治国安邦更需要用先进技术处理庞大的数据。谁拥有数据、掌握数据、主导数据并加以整合应用，谁就在社会中占据着重要地位。"因此，所谓"大数据"，并不仅仅是指数据的规模大，而是这种大规模的数据达到了足以引发质变的程度。

大数据的核心代表着我们分析信息时的三个转变。这些转变将改变我们理解和组建社会的方法。

第一个转变就是，在大数据时代，我们可以分析更多的数据，有时候甚至可以处理和某个特别现象相关的所有数据，而不再依赖于随机采样。

19世纪以来，当面临大量数据时，社会都依赖于采样分析。但是采样分析是信息缺乏时代和信息流通受限制的模拟数据时代的产物。以前我们通常把这看成理所当然的限制，但高性能数字技术的流行让我们意识到，这其实是一种人为的限制。与局限在小数据范围相比，使用一切数据为我们带来了更高的精确性，也让我们看到了一些以前无法发现的细节——大数据让我们更清楚地看到了样本无法揭示的细节信息。

第二个改变就是，研究数据如此之多，以至于我们不再热衷于追求精确度。当我们测量事物的能力受限时，关注最重要的事情和获取最精确的结果是可取的。如果购买者不知道牛群里有80头牛还是100头牛，那么交易就无法进行。直到今天，我们的数字技术依然建立在精准的基础上。我们假设只要电子数据表格把数据排序，数据库引擎就可以找出和我们检索的内容完全一致的检索记录。

这种思维方式适用于掌握"小数据量"的情况，因为需要分析的数据很少，所以我们必须尽可能精准地量化我们的记录。在某些方面，我们已经意识到了差别。例如，一个小商店在晚上打烊的时候要把收银台里的每分钱都数清楚，但是我们不会、也不可能用"分"这个单位去精确计算国民生产总值。随着规模的扩大，对精确度的痴迷将减弱。

达到精确需要有专业的数据库。针对小数据量和特定事情，追求精确性依然是可行的，比如一个人的银行账户上是否有足够的钱开具支票。但是，在这个大数据时代，在很多时候，追求精确度已经变得不可行，甚至不受欢迎了。当我们拥有海量即时数据时，绝对的精准不再是我们追求的主要目标。

大数据纷繁多样，优劣掺杂，分布在全球多个服务器上。拥有了大数据，我们不再需要对一个现象刨根究底，只要掌握大体的发展方

向即可。当然，我们也不是完全放弃了精确度，只是不再沉迷于此。适当忽略微观层面上的精确度会让我们在宏观层面拥有更好的洞察力。

第三个转变因前两个转变而促成，即我们不再热衷于寻找因果关系。寻找因果关系是人类长久以来的习惯。即使确定因果关系很困难而且用途不大，人类还是习惯性地寻找缘由。相反，在大数据时代，我们无须再紧盯事物之间的因果关系，而应该寻找事物之间的相关关系，这会给我们提供非常新颖且有价值的观点。相关关系也许不能准确地告知我们某件事情为何会发生，但是它会提醒我们这件事情正在发生。在许多情况下，这种提醒的帮助已经足够大了。

如果电子医疗记录显示橙汁和阿司匹林的特定组合可以治疗癌症，那么找出具体的致病原因就没有这种治疗方法本身来得重要。同样，只要我们知道什么时候是买机票的最佳时机，就算不知道机票价格疯狂变动的原因也无所谓了。大数据告诉我们"是什么"而不是"为什么"。在大数据时代，我们不必知道现象背后的原因，我们只要让数据自己发声。

我们不再需要在还没有收集数据之前，就把我们的分析建立在早已设立的少量假设的基础之上。让数据发声，我们会注意到很多以前从来没有意识到的联系的存在。

例如，对冲基金通过剖析社交网络Twitter上的数据信息来预测股市的表现；亚马逊和奈飞（Netflix）根据用户在其网站上的类似查询来进行产品推荐；Twitter，Facebook，Llinkedin通过用户的社交网络图来得知用户的喜好。

当然，人类从数千年前就开始分析数据。古代美索不达米亚平原的记账人员为了有效地跟踪记录信息发明了书写。自从圣经时代开始，政府就通过进行人口普查来建立大型的国民数据库。两百多年来，精算师们也一直通过搜集大量的数据来进行风险规避。

模拟时代的数据收集和分析极其耗时耗力，新问题的出现通常要求我们重新收集和分析数据。数字化的到来使得数据管理效率又向前迈出了重要的一步。数字化将模拟数据转换成计算机可以读取的数字数据，使得存储和处理这些数据变得既便宜又容易，从而大大提高了数据管理效率。过去需要几年时间才能完成的数据搜集，现在只要几天就能完成。但是，光有改变还远远不够。数据分析者太沉浸于模拟数据时代的设想，即数据库只有单一的用途和价值，而正是我们使用的技术和方法加深了这种偏见。虽然数字化是促成向大数据转变的重要原因，但仅有计算机的存在却不足以实现大数据。

我们没有办法准确描述现在正在发生的一切，但是在后面即将提到的"数据化"概念可以帮助我们大致了解这次变革。数据化意味着我们把一切都透明化，甚至包括很多我们以前认为和"信息"根本搭不上边的事情。比方说，一个人所在的位置、引擎的振动、桥梁的承重等。我们要通过量化的方法把这些内容转化为数据。这就使得我们可以尝试许多以前无法做到的事情，如根据引擎的散热和振动来预测引擎是否会出现故障。这样，我们就激发出了这些数据此前未被挖掘的潜在价值。

大数据时代开启了一场寻宝游戏，而人们对于数据的看法以及对于由因果关系向相关关系转化时释放出的潜在价值的态度，正是主宰这场游戏的关键。新兴技术工具的使用使这一切成为可能。宝贝不止一件，每个数据集内部都隐藏着某些未被发掘的价值。这场发掘和利用数据价值的竞赛正开始在全球上演。

20世纪，价值已经从实体基建转变为无形财产，从土地和工厂转变为品牌和产权。如今，一个新的转变正在进行，那就是电脑存储和分析数据的方法取代电脑硬件成为价值的源泉。数据成为有价值的公司资产、重要的经济投入和新型商业模式的基石。虽然数据还没有被列入企业的资产负债表，但这只是一个时间问题。

虽然有些数据处理技术已经出现了一段时间，但是它们只为调查局、研究所和世界上的一些巨头公司所掌握。沃尔玛和美国第一资本银行（Capitalone）率先将大数据运用在了零售业和银行业，因此改变了整个行业。如今这种技术大多都实现了大众化。

大数据对个人的影响是最惊人的。在一个可能性和相关性占主导地位的世界里，专业性变得不那么重要了。行业专家不会消失，但是他们必须与数据表达的信息进行博弈。如同在电影《点球成金》（Moneyball）里，棒球星探们在统计学家面前相形见绌——直觉的判断被迫让位于精准的数据分析。这将迫使人们调整在管理、决策、人力资源和教育方面的传统理念。

我们大部分的习俗和惯例都建立在一个预设好的立场上，那就是我们用来进行决策的信息必须是少量、精确并且至关重要的。但是，当数据量变大、数据处理速度加快，而且数据变得不那么精确时，之前的那些预设立场就不复存在了。此外，因为数据量极为庞大，最后做出决策的将是机器而不是人类自己。后面将会讨论大数据的负面影响。

在了解和监视人类的行为方面，社会已经有了数千年的经验。但是，如何来监管一个算法系统呢？在信息化时代的早期，有一些政策专家就看到了信息化给人们的隐私权带来的威胁，社会也已经建立起了庞大的规则体系来保障个人的信息安全。但是在大数据时代，这些规则都成了无用的马其诺防线。人们自愿在网络上分享信息，而这种分享的能力成了网络服务的一个中心特征，而不再是一个需要规避的薄弱点了。

对我们而言，危险不再是隐私的泄露，而是被预知的可能性——这些能预测我们可能生病、拖欠还款和犯罪的算法会让我们无法购买保险、无法贷款，甚至在实施犯罪前就被预先逮捕。显然，统计把大数据放在了首位，但即便如此，个人意志是否应该凌驾于大数据之上呢？就像出版印刷行业的发展推动国家立法保护言论自由（在此之前没有出台类似法律的必要，因为没有太多的言论需要保护），大数据时代也需要新的规章制度来保卫权势面前的个人权利。

政府机构和社会在控制和处理数据的方法上必须有多方位的改变。不可否认，我们进入了一个用数据进行预测的时代，虽然我们可能无法解释其背后的原因。如果一个医生只要求病人遵从医嘱，却没法说明医学干预的合理性的话，情况会怎么样呢？实际上，这是依靠大数据取得病理分析的医生们一定会做的事情。还有司法系统的"合理证据"是不是应该改为"可能证据"呢？如果真是这样，会对人类自由和尊严产生什么影响呢？大数据标志着人类在寻求量化和认识世界的道路上前进了一大步。过去不可计量、存储、分析和共享的很多东西都被数据化了。拥有大量的数据和更多不那么精确的数据为我们理解世界打开了一扇新的大门。社会因此放弃了寻找因果关系的传统偏好，开始挖掘相关关系的好处。

寻找原因是一种现代社会的一神论，大数据推翻了这个论断。但我们又陷入了一个历史的困境，我们曾经坚守的信念动摇了。讽刺的是，这些信念正在被"更好"的证据所取代。那么，从经验中得来的与证据相矛盾的直觉、信念和迷惘应该充当什么角色呢？当世界由探求因果关系变成挖掘相关关系，我们怎样才能既不损坏建立在因果推理基础之上的社会繁荣和人类进步的基石，又取得实际的进步呢？

2014年9月24日，2014中国互联网安全大会(ISC 2014)在北京国家会议中心召开。360公司董事长兼CEO周鸿祎在主题演讲中表示，随着IoT（Internet of Things）万物互联时代的到来，任何设备都将接入互联网，由此带来的信息安全将面临前所未有的挑战！

以下为周鸿祎先生演讲的主要内容：

前一段我干了很多和安全没有关的事情，因为最近有很多企业都得了一种病，特别是很多传统行业的大佬们，他们都从瞧不上互联网变成了互联网焦虑，大家都觉得互联网成了一种颠覆的力量，成了一个价值的毁灭者。所以，我就和他们沟通，讲讲如何理解互联网。最近互联网思维这个词特别热，后来很多骗子也都开始举办互联网思维的讲座，写了各种书。

很多人问我互联网思维是什么？如果用一个字总结是什么？我想了想，在过去的20年里，互联网最大的力量就是实现了网聚人的力量，互联网把我们很多人连接起来。

在互联网第一代的时候是PC互联网，我们每个人的电脑连接起来，这时候安全问题还OK，当时有防病毒和查杀流氓软件，或者我们有很多边界和防火墙的防御，但到了互联网的新阶段，我们每个人都用手机了，今天手机已经变成我们每个人手上的一个器官，我们每个人有一种新的"病"，几分钟不看手机觉得心里很失落，手机变成了一个新的连接点。手机打破了我们原来对边界的定义，手机更多和我们的个人隐私信息联结在一起，所以，安全的问题变得更加严重。

下面有一个好消息，也是一个坏消息，手机互联网之后，下一个五到十年我们的互联网将会往何处去？其实我觉得一个最重要的时代可能要开始，那就是IoT——万物互联。互联网不仅仅是人和人连起来，也不仅仅是手机之间的连接，而是互联网能够把今天我们所有能看到、能想到、能碰到的各种各样的设备，大到工厂里的这种发电机、车床，小到你家里的冰箱、插座、灯泡，到每个人身上带的这种戒指、耳环、手表、皮带所有的东西都可以连接起来。过去中国有一个和它相对的概念叫做物联网，但物联网这个概念我不是很喜欢，可能在过去几年里把它更多解释成一个叫做传感器网络，我觉得这个和IoT不太一样。第一，所有的设备，它都会内置一个智能的芯片和内置的智能操作系统，所以你可以说，看到的所有的东西，实际上都变成了一个手机，只不过它的外形不是手机，它可能没有手机的屏幕。举个最简单的例子，如果各位比较喜欢拉风，你开了一个智能汽车，在我看来您就是骑在一部有四个轮子的大手机上。

第二，所有的设备通过3G、4G的网络，通过Wi-Fi、蓝牙等各种各样的协议都要和互联网、云端7×24小时相连，这里面就会产生真正大量的海量数据，所以我说大数据时代其实刚刚开始。过去我们用电脑的时候一天也就用几个小时，所以这里产生的数据量还是非常有限的，而手机，除了我们睡觉的时候不用，基本上用手机的时间已经比用电脑时间要长很多，而且手机里有各种各样的传感器，所以大家手机里的信息基本都被上传到云端。但我觉得这个数据还不够大，到IoT时代这个数据才真正足够大。比如说电脑，中国可能有5亿台，电脑市场已经不增长了，手机中国人有15亿，一般人拿一部手机就足够了，有的人会拿两到三部手机，这样算下来中国有20亿部手机，我觉得差不多是手机市场的一个数目了。但如果像IoT来讲，在你身上可能就有五六部设备连接互联网，你回到家里，你家里所有的智能电器，你回家路上开的汽车等都连上互联网以后，我估计未来五年内至少有100~200亿智能设备连接互联网，这个设备的数量会远超过今天我们人口的数目，会远远超过我们现在电脑和手机的数目。

这些智能设备其实在你睡觉的时候，它也无时不在工作，所以它基本上是7×24小时记录和产生数据，而且这些智能设备本地的存储能力一般都比较弱，因为它会装在各种各样的微小设备里，所以，大量的数据会被传到云端，你想象一下，比如说有人带了一个手环，这个手环现在不仅提供运动的监测，还能够提供很多参数的，可能你在睡觉的时候，它也不断产生数据，所以你把这两个因素一乘起来，就会发现这是真正的大数据时代。

还有两个问题，一个是大数据带来的用户隐私问题。最近美国机器人很热，坦率说我觉得也是代表了一个趋势，当大数据产生了人工智能之后很有可能人类技术发展会到达一个新的基点，当能够控制很多设备的时候，我觉得有两种可能，一种是我们的家庭生活会变得更加幸福，一种是黑客帝国的时代会来临。

比如说你以后设想看到的机器人和智能汽车，我有一个断言，它未必是由这个设备里的智能系统单独做智能判断，它一定是和云端一个更大的智能系统相连，比如在你真正的智能驾驶，你何止需要这一部汽车的数据才能做判断，你可能需要路边很多传感器和很多其他汽车发来的信息，你需要在云端进行高速的分析，再反馈过去。所以，将来有一天可能不仅仅是这台车上的电脑在指挥，很有可能是云端的一个东西在指挥，所以你看到各种各样无论是专用机器人还是通用机器人，我相信在几年以后也会越来越普及，它都会和互联网相连，这样当真正云端安全出现问题以后，这些自动驾驶汽车，包括有些人觉得说变形金刚这个电影完全是瞎扯，我不这么看，比如现在很多人在研究无人机，亚马逊用无人机送货，无人机加上智能传感器的判断，无人机就是飞机人，所以，机器智能带来的转换这是我们下一个五到十年所谓做网络安全的人需要考虑的问题。

最重要的一个挑战是用户隐私的挑战，在这样一个IoT和大数据的时代，我们每个人的数据，实际上只要你用网络服务就会被传到云端，就会被储存到各个提供互联网的，不一定是互联网公司，可能是所有的公司都有它的云端数据的收集，每个人会变得更加透明。这时候我觉得法律和规则的制定是落后的，有很多问题是不清楚的，怎样在这种情况下更好的去保护我们个人的隐私，我可以举两个例子，比如对很多公司来讲，大数据时代是他们梦寐以求的最好的黄金时期，过去做广告都不知道你是谁，不知道你喜欢什么，当然所有的广告效果都很难评估，但今天有了大数据，可以7×24小时的不断的采集，这些在云端，当这些数据看起来是碎片，再把它汇总起来，你会发现说可能我们每个人就变成了透明人，我们每个人在干什么，在想什么，可能这时候云端全部都知道，在这种情况下，除非你不用任何先进的设备，除非你不用网络，除非你不用手机，否则的话你怎样解决在这种情况下对个人隐私数据的保护。

美国有一家公司，他说你只要给他的试管吐一口吐沫，他们就可以免费测出你的基因组。我相信未来测基因一定会成本很低，如果有这样一家免费测基因的公司，他就拿到了大家最隐私的数据，过了20年以后，他就上门来找你了，说从你的基因看，你就会得老年痴呆症，所以我们给你卖药，他掌握了你很多的最隐私的信息，所有的商业模式就会建立起来，这对公司是一个黄金时代，但对我们个人来说可能每个人都会觉得自己很脆弱。所以我提出了一个新的想法，在大数据时代，我提出了如何保护用户隐私的三原则。

第一，虽然这些信息储存在不同的服务器上，但你们觉得这些数据的拥有权究竟属于这些公司还是属于用户自己？我的答案是这些数据应该是用户的资产，这是必须明确的，我希望将来在打很多官司的时候会出来，关于财产所有权一样，以后这种个人隐私数据也会有一个所有权，我希望我们的立法专家能够考虑这个所有权应该属于用户所有，这是第一个原则。

第二，不仅是今天的互联网公司，更不仅仅是今天的网络安全公司，甚至包括很多要进入互联网要利用IoT技术，要给用户提供这些信息服务的公司来讲，你要有相应的安全能力，你要把你收集到的用户数据进行安全存储和安全的传输，这是企业的责任和义务。如果你这个企业没有足够的安全能力，你收集了用户的信用卡资料，比如你是一个网店卖东西的，你拿到了用户的账号，你这些信息的丢失，都会给整个社会带来很灾难的结果。举个例子，一家网站被拖库，所有的用户口令都要改，因为用户在很多网站上都用一个用户名和一个口令。所以我也讲，可能未来五到十年网络安全的责任不仅仅是我们今天这些安全从业人员的责任，我觉得每一个想做互联网业务的公司，每一个有用户资料的公司，每一个要把自己的服务摆到互联网上去的公司，你都要提升你的安全能力，提升你的安全防护水平，你要收集用户的数据，必须要先解决安全可靠的传输存储的基础。

第三，所谓你使用用户的信息，一定你要让用户有知情权，你要让用户有选择权，所谓叫做平等交换、授权使用，你不能未经用户的授权就去采集他的信息。比如今天在手机上有很多数据，有很多应用，它根本和短信毫无关系，它却要把你的短信记录传到网上，这种就没有让用户有知情权，还有很多用户可以选择说，我不需要你提供这个服务，我可以把它关掉，我可以拒绝你采集我的数据，用户一定要有这种选择权。事实上像今天，我刚才说的手环业务、智能家电业务和汽车的业务，很多时候用户没有选择，因为当你选用了这样一个智能产品，你在使用它的服务时，它这个服务先天功能的设计就不可避免的把你一些数据会上传，这里面实际上是用户用自己的数据交换了可能对这种服务的使用，这种数据被企业拿到之后，企业可以利用他来做一些所谓对用户的推广，但一定要获得用户的授权，这种未

经用户授权对用户数据的泄露，把这种数据卖给别人利用这种数据牟利，我觉得将来不仅要被视作不道德的行为，而且要看成是非法的行为。

大数据时代下的三种存储架构

大数据时代，移动互联、社交网络、数据分析、云服务等应用的迅速普及，对数据中心提出革命性的需求，存储基础架构已经成为IT核心之一。政府、军队军工、科研院所、航空航天、大型商业连锁、医疗、金融、新媒体、广电等各个领域新兴应用层出不穷。数据的价值日益凸显，数据已经成为不可或缺的资产。作为数据载体和驱动力量，存储系统成为大数据基础架构中最为关键的核心。

尽管周围对大数据的好处仍然描绘得多么天花乱坠，但不得不说，当前指导数据架构的理念体系其实已经过时了。如今大数据的情形已在近期发生了极大的改变。

在如今科技快速发展的时代，较之以往企业已经能够以更快的速度和更低的成本来获取和储存大量的数据。有人甚至认为，科技很快就能让大数据分析变得"像使用Excel一样容易"。在其他如潮水般涌起的革命性数据科学当中，最令人感到兴奋的莫过于能够实时掌握消费者和物联网的动态，但是，这恐怕容易使得企业陷于另一种困境。

日本信息通信技术（ICT）企业美国公司首席信息官尼尔·贾维斯（Neil Jarvis）表示："企业已经知道他们能够越来越容易地获取和储存大量自身业务和世界范围内产生的数据。而所谓公司的麻烦是指，该如何正确利用这些数据——判断出哪些才是相关的、有用的，哪些是需要过滤掉的。最重要的是，哪些才是有助于推动业务发展的。"

因此，思想转变的第一步应是观察数据的方式。如今数据不再是一种静态的可支配资源，其意义不再像以往那样局限于一种单一的目的，而是或许已经成为延伸至多种功能用途的数据处理了。作为一种可再生资源，其价值的衡量不应是视其底线而定，而是应该将其视为一种不仅能带来价值增长，而且能够提供价值增长的机会的资产。数据作为商业的一种原材料也和其他生产的原材料一样，正是它能够被应用于各种各样的领域而使得其价值超越了作为原始产品本身。

以IBM对从美国本田汽车公司和太平洋电力公司收集而来的数据的应用为例，最初，太平洋煤气电力公司收集数据是为了管理其服务的稳定性，而本田收集电动汽车的数据是为了提高经营效率，但是，IBM则能够将两者建成数据集并整合成一个数据系统；通过这个系统，本田的车主能够从中掌握何时何地需要为汽车充电的节奏，能源供应商则能够对电力负荷进行相应的调整。

传统的数据中心无论是在性能、效率，还是在投资收益、安全，已经远远不能满足新兴应用的需求，数据中心业务急需新型大数据处理中心来支撑。除了传统的高可靠、高冗余、绿色节能之外，新型的大数据中心还需具备虚拟化、模块化、弹性扩展、自动化等一系列特征，才能满足具备大数据特征的应用需求。这些史无前例的需求，让

存储系统的架构和功能都发生了前所未有的变化。

基于大数据应用需求，"应用定义存储"概念被提出。存储系统作为数据中心最核心的数据基础，不再仅是传统分散的、单一的底层设备。除了要具备高性能、高安全、高可靠等特征之外，还要有虚拟化、并行分布、自动分层、弹性扩展、异构资源整合、全局缓存加速等多方面的特点，才能满足具备大数据特征的业务应用需求。

尤其在云安防概念被热炒的时代，随着高清技术的普及，720P、1080P随处可见，智能和高清的双向需求，动辄500W、800W甚至上千万更高分辨率的摄像机面市，大数据对存储设备的容量、读写性能、可靠性、扩展性等都提出了更高的要求，需要充分考虑功能集成度、数据安全性、数据稳定性，系统可扩展性、性能及成本各方面因素。

云计算公司Replicon联合创始人兼CEO Raj Narayanaswamy指出："今天，每一个行业和企业都面临着将数据转化为明确的成果的艰巨任务。数据的指数级增长意味着，每一个组织都极其有必要去建立合适的体系结构来使得数据的利用达到最大化。获得成功的关键是建立一个全面的数据产业价值链，包括数据发掘、集成和评估，而不是按照传统的做法部署以应用程序为中心的模式。"

对于一个企业来说，理解数据集成的重要性是创造新的价值的前提。假若对数据的理解仍然维持在单一和特定用途的层面，那么在数据开发过程中容易出现缺乏灵活性、信息不全面的情况，在利用数据开发未来机遇方面，组织或将会陷于被动的境地。而成功的例子则要数亚马逊和Salesforce了，这两家公司借助策略性的数据管理方式在短期内获得了规模式的增长。

数据应用的周期或许可以划分为七个步骤：发现、获取、加工、帅选、集成、分析和揭露。其中每一个步骤都至关重要，每一个有效用的策略也许都是建立在由上述七个步骤组成的数据体系之上的。云计算公司Liason Technologies的首席执行官Bob所Renner对此作出了总结性分析："人们大部分的注意力（市场价值观）都放在了分析和结果量化的最后阶段——蕴藏着商务决策的阶段。这也确实是数据分析在历经万难之后最终的价值所在。但是，没有了前面的准备步骤，我们也不可能一步登天地就能在最后一步获得想要的结果。事实上，在开始使用分析算法来对数据进行解读之前，数据科学家都要花费大量的时间进行数据清理，以保证数据的质量。"

良好的数据科学离不开高质量的数据资料和管控数据质量的必要步骤，尤其是往往遭到忽视的数据集成。通常来说，有价值的大数据都是在这一个步骤里发现的。如果组织在一开始就以另一种心态（非如今固化的理念）来着手数据管理，他们就能够在控制成本和效用上掌握主动权。

目前市场上的存储架构如下：

(1)基于嵌入式架构的存储系统

节点NVR架构主要面向小型高清监控系统，高清前端数量一般在几十路以内。系统建设中没有大型的存储监控中心机房，存储容量相对较小，用户体验度、系统功能集成度要求较高。在市场应用层面，超市、店铺、小型企业、政法行业中基本管理单元等应用较为广泛。

(2)基于X86架构的存储系统

平台SAN架构主要面向中大型高清监控系统，前端路数成百上千甚至上万，一般多采用IPSAN或FCSAN搭建高清视频存储系统。作为监控平台的重要组成部分，前端监控数据通过录像存储管理模块存储到SAN中。

此种架构接入高清前端路数相对节点NVR有了较高提升，具备快捷便利的可扩展性，技术成熟。对于IPSAN而言，虽然在ISCSI环节数据并发读写传输速率有所消耗，但其凭借扩展性良好、硬件平台通用、海量数据可充分共享等优点，仍然得到很多客户的青睐。FCSAN在行业用户、封闭存储系统中应用较多，比如县级或地级市高清监控项目，大数据量的并发读写对千兆网络交换提出了较大的挑战，但应用FCSAN构建相对独立的存储子系统，可以有效解决上述问题。

面对视频监控系统大文件、随机读写的特点，平台SAN架构系统不同存储单元之间的数据共享冗余方面还有待提高；从高性能服务器转发视频数据到存储空间的策略，从系统架构而言也增加了隐患故障点、ISCSI带宽瓶颈导致无法充分利用硬件数据并发性能、接入前端数据较少。上述问题催生了平台NVR架构解决方案。

该方案在系统架构上省去了存储服务器，消除了上文提到的性能瓶颈和单点故障隐患。大幅度提高存储系统的写入和检索速度；同时也彻底消除了传统文件系统由于供电和网络的不稳定带来的文件系统损坏等问题。

平台NVR中存储的数据可同时供多个客户端随时查询，点播，当用户需要查看多个已保存的视频监控数据时，可通过授权的视频监控客户端直接查询并点播相应位置的视频监控数据进行历史图像的查看。由于数据管理服务器具有监控系统所有监控点的录像文件的索引，因此通过平台CMS授权，视频监控客户端可以查询并点播整个监控系统上所有监控点的数据，这个过程对用户而言也是透明的。

(3)基于云技术的存储方案

当前，安防行业可谓"云"山"物"罩。随着视频监控的高清化和网络化，存储和管理的视频数据量已有海量之势，云存储技术是突破IP高清监控存储瓶颈的重要手段。云存储作为一种服务，在未来安防监控行业有着客观的应用前景。

与传统存储设备不同，云存储不仅是一个硬件，而是一个由网络设备、存储设备、服务器、软件、接入网络、用户访问接口以及客户端程序等多个部分构成的复杂系统。该系统以存储设备为核心，通过应用层软件对外提供数据存储和业务服务。一般分为存储层、基础管理层、应用接口层以及访问层。存储层是云存储系统的基础，由存储设备(满足FC协议、iSCSI协议、NAS协议等)构成。基础管理层是云存储系统的核心，其担负着存储设备间协同工作，数据加密，分发以及容灾备份等工作。应用接口层是系统中根据用户需求来开发的部分，根据不同的业务类型，可以开发出不同的应用服务接口。访问层指授权用户通过应用接口来登录、享受云服务。其主要优势在于：硬件冗余、节能环保、系统升级不会影响存储服务、海量并行扩容、强大的负载均衡功能、统一管理、统一向外提供服务，管理效率高，云存储系统从系统架构、文件结构、高速缓存等方面入手，针对监控应用进行了优化设计。数据传输可采用流方式，底层采用突破传统文件系统限制的流媒体数据结构，大幅提高了系统性能。

高清监控存储是一种大码流多并发写为主的存储应用，对性能、并发性和稳定性等方面有很高的要求。该存储解决方案采用独特的大缓存顺序化算法，把多路随机并发访问变为顺序访问，解决了硬盘磁头因频繁寻道而导致的性能迅速下降和硬盘寿命缩短的问题。

针对系统中会产生PB级海量监控数据，存储设备的数量达数十台上百台，因此管理方式的科学高效显得十分重要。云存储可提供基于集群管理技术的多设备集中管理工具，具有设备集中监控、集群管理、系统软硬件运行状态的监控、主动报警，图像化系统检测等功能。在海量视频存储检索应用中，检索性能尤为重要。传统文件系统中，文件检索采用的是"目录–》子目录–》文件–》定位"的检索步骤，在海量数据的高清视频监控，目录和文件数量十分可观，这种检索模式的效率就会大打折扣。采用序号文件定位可以有效解决该问题。

云存储可以提供非常高的的系统冗余和安全性。当在线存储系统出现故障后，热备机可以立即接替服务，当故障恢复时，服务和数据回迁；若故障机数据需要调用，可以将故障机的磁盘插入到冷备机中，实现所有数据的立即可用。

对于高清监控系统，随着监控前端的增加和存储时间的延长，扩展能力十分重要。市场中已有友商可提供单纯针对容量的扩展柜扩展模式和性能容量同步线性扩展的堆叠扩展模式。

云存储系统除上述优点之外，在平台对接整合、业务流程梳理、视频数据智能分析深度挖掘及成本方面都将面临挑战。承建大型系统、构建云存储的商业模式也亟待创新。受限于宽带网络、Web2.0技术、应用存储技术、文件系统、P2P、数据压缩、CDN技术、虚拟化技术等的发展，未来云存储还有很长的路要走。

　　总之，大数据需要一个独特的基础，正如数据分析公司Green House Data的首席技术官科特妮·汤普森（Cortney Thompson）所言："大数据可能意味着你需要大幅修正自家的IT基础设施，传统IT的配置并不能支持大数据。"据悉，那些在大数据技术迸发时期就获得了巨大利益价值的组织，他们不仅关注那些外界一直在炒作的功能，而且对想要实现的营收、利润以及其他业务成果都投入了认真的思考。有些公司会为了实现质的飞跃而新任命一名数字业务总监。而一个优秀的数字业务经理需要知道如何确保将那些非结构化的数据转化为可操作的信息材料。

　　那么，我们将如何可以从当前宣传大于实用的状况中获得突破呢？首先，如前文所述，充分理解大数据应用完整的操作周期，做到不忽视任何一个步骤的重要性，然后从以应用为中心的传统思想中解放出来，建立灵活的、可持续利用的数据分析框架。这正如《大交易：市场回报最大化的简单策略》的作者彼得·范所说："数据驱动的发现从根本上改变了我们工作和生活的方式，而那些掌握了大数据应用的人可以说是掌握了一项和同龄人竞争的优势。"

第三章
大数据大思维

大数据思维也好，互联网思维也好，产业互联网也好，其背后的实质还是商业思维。

改变思维模式，用数据说话

人类世界，有很多个"时代"。如原始社会时代、奴隶主时代、封建帝国时代、资本主义时代、社会主义时代。拿器物来说，石器时代、铜器铁器时代、蒸汽时代、电气时代、信息时代。信息时代是我们目前所处的时代。在这个时代，信息（也是数据）极大膨胀和爆炸，因此诞生了"数据大时代"。

数据大时代，电子化数据（信息）极度膨胀，世间万物都能在电子数据中找到踪迹，抽象的再加工的、虚拟的数据大量产生，人类进入了一个被数据、信息包围的时代。人类的生产、工作、生活、学习、娱乐、政治、科技研究，样样离不开计算机、离不开电子化数据信息。人成了数据人、信息人。人消耗数据、生产数据，产生数据垃圾，制造数据问题。在这个时代，数据的处理、加工、生产、流通、管理成了数据人必不可少的一部分。是生活，也是工作，更是娱乐。数据是人的一部分，人也是数据的一部分。

可以说，人类在这个"数据大时代"，任何行为、任何事物、任何人类信息都被数据化、电子化了。云计算、云存储是应对数据大膨胀而提出的数据存储、管理、计算所提出的优化的解决方案。而物联网则是将人类行为、物品行为信息收集起来，存放在网络中的一种终

端解决方案。不管是哪一个解决方案，都是将人类世界信息化、数据化、电子化进行到底的解决方案！

那么，大数据究竟改变了什么呢？在人们的头脑中，这个问题仍然是一个乱糟糟的毛线团，想要找到毛线的一头，却又不知道从哪里入手。

在"第五届中国云计算大会"的第二天，中国电子学会云计算专家委员会候任主任委员、中国科学院院士怀进鹏发表了一篇演讲，题为《大数据及大数据的科学与技术问题》。在演讲中，他表示："大数据的发展可能会改变经济和社会生活，可能会改变科学研究的途径，甚而改变人类的思维方式。"

或许你还有疑问，大数据真的能获得最全面的信息，能够找到信息的源头和结果吗？

我们举个简单的例子：

如果你上淘宝，登录支付宝账户，点开电子对账单，你是不是能够看到自己一年的消费曲线图？是不是能够看到每个月的支出和收入？是不是能够看到自己的钱花到哪里去了？是不是比拿笔记账清晰和准确得多？根据网络购物的数据，你还会发现：哪个城市的男人比女人购买的东西还要多；哪个城市的人用支付宝缴纳水电费的频率最高；什么星座的男性或女性在某年的消费额最高；在一年里，在父母或亲友身上花费了多少；节假日时，什么东西最畅销……

这样庞大的数据分析，在过去单一的小数据时代根本无法做到，甚至想都想不到。大数据专家维克托·迈尔·舍恩伯格在《大数据时代》中是这样解释的：云计算在获取海量数据的同时，也带来了数据的混杂性，这会给传统的数据分析带来一些困扰。在以往，我们习惯于由数据得出具体结果。而在大数据时代，我们应当关注的是数据之间的相关关系，而不是数据之间的因果关系。

数据之间的相关关系可以帮助我们捕捉现在的线索和预测未来。如A和B的情况经常一起发生，那么只要注意到B情况发生，就能预测A的情况是怎么样的。这种"A和B"的关系在零售行业和IT行业中已被广泛运用。7-11便利店通过分析零售终端的数据，得出了这样的一个相关关系——温度低于15摄氏度，暖宝宝的销售量便增加5%。于是，只要温度低于这一度数，7-11便利店内的暖宝宝就会上架；豆瓣电台会推荐一些你可能会喜欢的音乐；当你在当当网买某本书后，系统就会提醒你——购买这本书的人中，有30%也购买了另外一本书……

这些结论或预测，都是基于大数据分析而来的。当然了，大数据也为我们带来了另一种生活方式，那就是还有更多的事物都可以数据化。通过对关键词的分析和搜索，我们可以看到购物的习惯被数据化、人际关系被数据化、社会热点和考试重点的走向也被数据化。这些数据可以导出商业潜能，更能导出社会走向。

阿里巴巴创始人马云敏锐地捕捉到大数据的巨大潜能。在2012年，他提出大数据战略，通过资源共享与数据互通创造商业价值。在每年一度的"双十一"销售热潮中，阿里巴巴以云计算为基础的数据服务，对数以亿万计的消费者需求信息进行详细的捕捉，并帮助电商随时调整销售决策。

提到数据化运营，很多企业花费了大部分的时间思考要去做什么的问题。但国内电子商务行业的龙头老大阿里巴巴却没有走这条"寻

常路"，当阿里巴巴开始数据化运营的时候，他们想到的是"人"。的确，首先要从"人"做起，才能让数据化运营落地。阿里巴巴的秘密就是简单又有效的三招。

第一招，找数据。

企业要实现其经营目标，离不开数据分析，因此也就离不开能够胜任数据分析的数据分析师，这一类人最懂分析什么样的数据，如何分析。但是并不是去找一个专业理论非常丰富的数据分析师，就可以高枕无忧了。很多数据分析师，在专业领域数一数二，但是空有一肚子的理论，缺乏商业意识。他们为企业分析数据的时候，不懂得究竟要运用哪些数据去分析，于是就成了"盲人"。这种数据分析师对企业是有害的，因为他们的分析结果对企业决策层没有任何的参考价值。

很多数据师仅仅把没有整理或者初步整理的不具代表性的数据直接交给了CEO，并且他们没有向管理层解释这些数据背后的含义、体现了什么用户什么样的行为、数据的横向和纵向比较有什么结论，等等。这也是导致了很多CEO每天都因为要看一大堆零碎的数据而一直抱怨的原因。

CEO需要知道的是这些数据是否精确有意义、反映了哪些问题，数据中反映了哪些市场的新现象以及需要做出什么样的决策来应对，而不是花费多余的精力来查阅资料解读数据。这就需要企业拥有一名具有商业意识的数据分析师，对商业数据有敏感的触觉。例如，看到网络上婴儿奶粉的销量忽然增高的时候，就可以预测到其他婴儿用品：婴儿推车、婴儿纸尿裤等的销量会随之上升。

数据师的商业意识并非天生的，没有任何一项技能是与生俱来的。因此，和很多其他技能一样，数据师想要拥有敏锐的商业触觉是需要锻炼的。

这个锻炼包含了很多层意思，对于数据分析师来说，他们需要多和业务部门的人接触，因为这样他们才会知道业务部门的员工每天面对的业务是什么样的。要坚持不断地进行这种锻炼，商业触觉才会逐渐增加。此外，如果数据分析师能够经常参加业务部门的周会、规划会议等活动，就能够尽快地开发自己的商业触觉。很多数据师甚至选择去业务部门轮岗，和他们一起上班、午休、喝茶聊天等，以最近距离了解业务部门，以便最快地了解市场。

企业高管需要的数据分析师，是能够在每周发给CEO的周报里看到对数据的分析，能够准确地把握市场的方向。没有任何一个CEO喜欢只有数据没有任何分析和结论的周报，这就要求数据分析师一定要有意识地和业务部门的人沟通，经常了解企业业务的情况。

第二招，沟通数据。

这一招是三招里面最重要、最关键的，并且是将前两招联系在一起的纽带。数据分析师能够从数据中看出业务的问题，或者根据业务来分析数据，这就做到了第二点。如果数据师和业务部门的员工经常联系、经常向他们了解情况，那么就会在看到数据之后，很快分析出数据背后的含义。

很多行业都非常重视数据分析及其结果，尤其是电子商务行业。随着互联网购物的普及，电子商务行业对数据的要求越来越高，也越来越依赖于数据。但遗憾的是，即使在电子商务如此发达的今天，也很少有电子商务企业能够在数据分析的环节上做到尽善尽美。很多公司的专业人员在收集数据的时候，会发现数据非常混乱，并且不同的数据杂乱地分散在很多人员和主管手中，给分类和整理造成了很大的麻烦。并且，很难将这些非常凌乱的数据联系起来并分析出其中隐含的内容。

当然，必须承认的是，在数据运营的时候，会存在很多主客观的因素，影响数据和数据分析的精准度。数据本身是没有思想的，对数据的解读在某些程度上也会受到和产品相关的各个部门的人员偏好的影响，这样，数据就有了思想和针对性。分析这样的数据，就会有不同的结果。例如，市场部门和运营部门对"产品转化率"的理解有很大的不同，如果这样的分歧一直存在，那么企业进行数据分析，其结果的波动性就会很大。

正是因为这些不稳定因素的存在，很多问题最后都要归结到"人"和"企业"这两方面来。如果数据分析师不能和其他部门的人产生良好的沟通，不能深入地了解业务部门的每天情况的变化，那么即使再多良好的数据也只会被浪费。数据分析师必须做到以一个业务员的身份来客观地分析手中的数据，才能给管理层一个较为真实的分析结果。很多有经验的数据分析师，面对数据，能够在很短的时间内给出中肯的分析建议，这正是将第二招牢牢掌握的表现。

不得不提的是，第二招有两个具体的场景。例如，面临一堆数据和一个特定的商业场景的时候，当能够准确地把握二者之间的关系时，就表示能够实现对二者之间存在的"数据中间层"进行准确地把握。

第二招的另外一个层面，存在于企业中不同组织的数据之中。即当存在某一个特定的商业情景或问题的时候，需要对甲、乙、丙、丁四个不同组织之间的数据进行互相联系并分析，才能得出结论或解决问题。例如，某一个销售日，由于UV一下子有很大的增长，那么一定要去看退款的数量，如果退款的数量在这一天之内也有很大的增长，那么这就是一个正常的现象。当然，如果这一天的UV并没有不寻常的增加，但退款的数目却异常地增加了，那么就要考虑到可能是少数买家为之，此时，就要综合其他各方面的原因进行全面的分析。这就是将不同组织之间的数据融会贯通之后分析的必要性。

很多企业，在对这至关重要的第二招的把握上存在很大的问题。主要表现在两个方面。第一，从人的角度来说，即数据分析师的主观原因造成的数据分析的不合理。如果数据分析师对企业不同组织架构中的数据不能明确地分辨，那么不仅会造成分析结果的偏差，还会导致更加严重的后果。然而，很多企业之中都有这样的情况，部门与部门之间沟通不畅，导致数据和数据之间关联性较小或者立足点不同，这就给分析造成了极大的困难，更别说得出有意义的结果了。

第二招，即打通数据与数据之间的联系，是在数据分析中非常重要的一点，也是能够进行准确数据分析的基础。因此，事先做好一系列铺垫工作非常重要，例如保证数据的安全性，统一不同部门统计数据的标准，以免造成更大的工作量。最后要保证不同部门数据之间能够顺利地相互交换，使得部门之间有较好的沟通和了解。第二招可谓是三招之中的核心，尤其是在现今每个企业的数据都越来越复杂，基数越来越大的时候。完全凭感觉去分析数据的时代已经过去了，面

对海量数据，必须做好打通数据之间联系的工作，才能更好地分析数据，使企业做正确的有益的决策。

第三招，对数据进行运营和分享。

用好第三招的主要内容就是能够通过对数据的分析得出这样几点结论：企业的业务是否正常，如何对数据进行优化来促进企业业务的优化，如何通过对数据的分析来找到有益于企业发展的方法，帮助企业创造新的商业价值。这些问题之间看似存在明显的递进关系，但实际上却不是如此简单的逻辑关系就能够解释的。对待这三个问题，要根据不同的场景来具体分析。不同的问题有不同的解决方法，要具体问题具体对待，做到对症下药。以下就是几种能够解决不同问题的不同方法。

任何事物的发展都需要一个范围作为约束，数据也一样，需要一个具体的框架来具体分析企业的业务水平究竟如何。因此，给数据搭建框架非常重要，有了合适的框架，才能对数据进行更加准确的分析，也就能更加直观地分析企业业务的好坏。数据的框架，就是一个标准，能够将数据在同样的层面下进行分解的标准。指标化分解是一种重要的分解方式，能够将混乱的数据整理出条理，并客观地分析企业的业务。

这样的方式就类似于生活中，因为感冒而去医院检查，医生首先要求验血来判断是不是病毒性感冒一样。根据客观的数据得出真实的结论，然后对症下药，效果才会立竿见影。看数据要能够看到数据背后隐藏的信息，而不只是被表面的信息所迷惑。对数据进行真正的分析，就会发现很多数据和其表面所代表的内容差别很大。例如，一个网站当天成交额增加到百分之二十，表面上这是个值得兴奋的数据。但是，具体分析才发现，销售额的增加是因为企业加大了对广告的投入，一对比发现，成交额的提升带来的收入增加不足以覆盖增加的广告费用，那么这个看似可喜的消息就立刻变成了一个可悲的消息，这说明企业的广告效果非常差。

很多电子商务企业，在评价自己的业务水平时，通常用到以下两套指标。第一套是企业用来计算其成交额的，公式为成交额=流量×转化率×单价；另一套指标多用于企业对商品进行促销的时候，公式为，即大促成交额=预热期加入购物车的商品数×商品单价×经验转化率×经验成交额占比。前者是用来评价企业的某一类商品或单个商品的健康度的，后者则是在企业促销的前提下，用来预测大概成交额的。

业务水平的好坏是通过对数据分析之后进行比较才能得出的，单个的数据分析得到的结论是不具备代表性的。不能够进行横向和纵向比较的数据是没有任何意义的。比较的实质就是找一个参照物，参照物的不同，会导致结果有很大的差别，因此进行比较不仅必要而且重要。寻找合适的比较对象是比较重要的一个环节，例如，当企业进行促销的时候，需要和往期的促销活动销售额、促销幅度、顾客对促销的评价等方面进行比较。而不是和上一个季度的正常销售进行比较，因为毫无可比性。选错了比较对象，会导致数据分析产生极大的偏差，影响对某一决策内容的判断从而影响以后的决策方向。

当然，除了对数据框架的构造之外，能够使数据分析锦上添花的一个方式就是好的展现形式。常见的数据分析展现形式就是表格和图

形。但是这两种展现形式在某些特定的情境下是不可以互换的，否则会造成分析结果的不直观和偏颇。使用了不恰当的表现形式，会使得对数据分析结果的分析产生障碍甚至误解。那么如何选择合适的数据展示形式呢？有几种便捷的选择原则：当需要对精确的数据有展示的时候，应该用表格，此时用图就显得非常不合适。好的数据展示形式有利于决策者根据数据做出更加合理的决策。

数据分析的最终目的就是通过对数据的分析，发现并解决问题。那么，这样的目标就要求数据分析要切中问题要害。以下，举一个例子来解释如何利用数据为企业发现更多的商机。

想要利用数据帮助业务让企业发现并抓住更多的机会，就必须了解，这样做的价值点在于通过这样的方式，使得企业的数据变成了人人都必须使用的数据。长此以往，企业的每个人都会变成数据分析师。这正是最理想的状态，每个人都能够对数据做出分析并给出判断和结论。客观的数据是最好的指示器，如果能够对数据进行客观敏锐的分析，那么每个员工都可以成为企业决策的参与者。

当员工积极地参与进了数据分析的工作中之后，就能够对企业出谋划策。帮助专业人员在产品的个性化设计、销量预测等方面出一份力。这样的模式也减轻了数据分析师的前期工作，使得数据分析师能够对数据做出更加精确的分析。如此一来，数据的运营就进入了一个良性循环，有助于企业快速地提升自己的业务水平。

在阿里巴巴流传着这样一句话："让信用变成财富。"的确，阿里巴巴也在践行这句话。阿里巴巴所有运营程序的核心就是通过数据来计算客户的信用水平，并且通过对客户信用的评估来为客户进行授信。一系列流程之后，通过审核的顾客就会获取他所需要的资金。正是这样一个良好的信用模式，使得阿里巴巴越来越成功，旗下的产品也越来越多，深受顾客的喜爱。

数据分析师工作的一个重要环节就是通过对数据的分析和对市场的预测，说服产品经理某样东西可以被列为产品出售。但是这样一个看似简单的环节在实际操作中却很难顺利地实行。尤其是公司对于新产品的开发和上架没有任何问题，但是如果数据的分析达不到这个效果，一切都是空谈。

因此，如果不能有效地获取、使用、分享、协同、连接数据，数据化运营就会受到很大的阻碍。于是，数据分析师是否能将数据简化，留下最重要的部分就变得尤为重要了。千万不能出现收集了很多的数据不知道怎么用，不知道用的数据是怎么来的等情况。这就要求能够熟练掌握前文提到的数据化运营的三招，让每个员工都成为数据分析师。

的确，大数据的出现，不仅改变了人们的思维方式，还让更多的企业和社会决策有足够的力量和依据——以数据说话。

大数据时代的思维变革：

1.更多。

由传统的随机样本预测，到全体预测的转变。

当数据处理技术已经发生了翻天覆地的变化时，在大数据时代进行抽样分析就像在汽车时代骑马一样。一切都改变了，我们需要的是所有的数据，"样本＝总体"。

传统"样本"数据是我们基于传统的统计学，利用小样本事件

来预测全集发生的概率。而在大数据的思维中，既然是"样本"，那定时存在误差，有误差定会对预测结果产生影响，那就不能称之为准确。随着信息数据采集的便捷性，数据的规模也远远超过我们的想象。采样分析的精确性随着采样随机性的增加而大幅提高，但与样本数量的增加关系却不大，而样本的选择的随机性比样本数量更重要。但这又提出了新的问题，如何有效地选择样本，如何选择样本和全局数据更匹配？在我们遇到各种各样的问题的同时，增加样本空间，看似一个解决问题的办法，但这同样会出现上面的问题。那我们接下来要做什么？大数据是指不再采用随机分析法，而是采用所有数据的方法。其实，这样的处理方法，在具体实现的过程中也会遇到一些问题，但相比于随机抽取"样本"，准确率已不可同日而语。

2.更杂。

不再是精确性，而是混杂性。

执迷于精确性是信息缺乏时代和模拟时代的产物。只有5%的数据是结构化且能适用于传统数据分析利用的。如果不接受混乱，剩下95%的非结构化数据都无法被利用，只有接受不精确性，我们才能打开一扇从未涉足的世界的窗户。

"大数据"通常用概率说话，而不是板着"确凿无疑"的面孔。整个社会要习惯这种思维需要很长的时间，其中也会出现一些问题。但现在，有必要指出的是，当我们视图扩大数据规模的时候，要学会拥抱混乱。这里谈到数据的混杂，必然会牵扯到混杂数据的存储。传统关系型数据库已经无法满足我们的需求，随之NoSql（非关系型数据）应运而生。随着待处理数据量逐渐增多，大家越来越需要一种在集群环境中易于编程且执行效率高的大数据处理技术——NoSql。NoSql不在局限于传统关系型数据库的条条框框，而只是一个key，一个vlaue，最大的特点准许数据的冗余与混杂。这里不再多探讨非关系型数据库的特点。

大数据要求我们有所改变，我们必须能够接受混乱和不确定性。确定性似乎一直是我们生活的支撑，就像我们常说"丁是丁，卯是卯"。但认为每个问题只有一个答案的想法已经站不住脚了，不管我们承认不承认。一旦我们承认了这个事实甚至拥护这个事实的话，我们离真相又近了一步。

3.更好。

不是因果关系，而是相关关系。

知道"是什么"就够了，没必要知道"为什么"。在大数据时代，我们不必非得知道现象背后的原因，而是要数据自己"发声"。

其实上述前两个思想的重大转变导致第三个变革，这个变革有望颠覆很多传统观念。而这些传统观念更加基本，往往被认为是社会建立的基础：找到一切事情发生背后的原因。而在更多的时候，寻找数据间的关联并利用这种关联就足够了。这种关联，决定了预测的关键。相关关系的核心是量化两个数据值之间的数理关系。相关关系强调的是指一个数据值增加时，另一个数据只很有可能随着增加。例如谷歌流感趋势：在一个特定的地理位置，越多的人通过谷歌搜索特定的词条，该地区就有更多的人患了流感。相反，相关关系弱，就意味着当一个数据值增加时，另一个数据值不会发生变化。例如：我们可以寻找关于个人的鞋码和幸福的相关关系，但会发现几乎扯不上什么

关系。

当我们找到一个现象的良好的关联物，相关关系可以帮助我们捕捉现在和预测未来。如果，A和B经常一起发生，我们只需要注意到B发生了，就可以预测A也发生了。我们已经有了太多的数据和更好的工具，我们要找到事物之间的相关性，就变得更容易、更快。这也意味着我们必须关注：当数据点以数量级方式增长的时候，我们会观察到许多似是而非的相关关系。而如何获得可利用的相关关系，就是我们再进一步探讨的问题了。建立在相关关系分析法基础上的预测是大数据的核心。

在大数据的背后，我们关注的"是什么"，而不再是"为什么"。我们跳开追本溯源的探究，开始不再纠结与因果的论断，从而颠覆了传统的理念，从关系入手，开启大数据的探索。

大数据时代需新思维

"大数据"全在于发现和理解信息内容及信息与信息之间的关系，然而直到最近，我们对此似乎还是难以把握。IBM的资深"大数据"专家杰夫·乔纳斯（Jeff Jonas）提出要让数据"说话"。从某种层面上来说，这听起来很平常。人们使用数据已经有相当长一段时间了，无论是日常进行的大量非正式观察，还是过去几个世纪里在专业层面上用高级算法进行的量化研究，都与数据有关。

在数字化时代，数据处理变得更加容易、更加快速，人们能够在瞬间处理成千上万的数据。但当我们谈论能"说话"的数据时，我们指的远远不止这些。

实际上，大数据与三个重大的思维转变有关，这三个转变是相互联系和相互作用的。

首先，要分析与某事物相关的所有数据，而不是依靠分析少量的数据样本。

其次，我们乐于接受数据的纷繁复杂，而不再追求精确性。

最后，我们的思想发生了转变，不再探求难以捉摸的因果关系，转而关注事物的相关关系。

日本信息通信技术(ICT)企业美国公司首席信息官尼尔·贾维斯(Neil Jarvis)表示："企业已经知道他们能够越来越容易地获取和储存大量自身业务和世界范围内产生的数据。而所谓公司的麻烦是指，该如何正确利用这些数据——判断出哪些才是相关的、有用的，哪些是需要过滤掉的。最重要的是，哪些才是有助于推动业务发展的。"

因此，思想转变的第一步应是观察数据的方式。如今数据不再是一种静态的可支配资源，其意义不再像以往那样局限于一种单一的目的，而是或许已经成为延伸至多种功能用途的数据处理了。作为一种可再生资源，其价值的衡量不应是视其底线而定，而是应该将其视为一种不仅能带来价值增长，而且能够提供价值增长的机会的资产。数据作为商业的一种原材料也和其他生产的原材料一样，正是它能够被应用于各种各样的领域而使得其价值超越了作为原始产品本身。

以IBM近期对从美国本田汽车公司和太平洋电力公司收集而来的数据的应用为例，最初，太平洋煤气电力公司收集数据是为了管理其服务的稳定性，而本田收集电动汽车的数据是为了提高经营效率，但是，IBM则能够将两者建成数据集并整合成一个数据系统，通过这个系统，本田的车主能够从中掌握何时何地需要为汽车充电的节奏，能源供应商则能够对电力负荷进行相应的调整。

"今天，每一个行业和企业都面临着将数据转化为明确的成果的艰巨任务。数据的指数级增长意味着，每一个组织都极其有必要去建立合适的体系结构来使得数据的利用达到最大化。获得成功的关键是建立一个全面的数据产业价值链，包括数据发掘、集成和评估，而不是按照传统的做法部署以应用程序为中心的模式。"

很长一段时间以来，准确分析大量数据对我们而言都是一种挑战。过去，因为记录、储存和分析数据的工具不够好，我们只能收集少量数据进行分析，这让我们一度很苦恼。为了让分析变得简单，我们会把数据量缩减到最少。这是一种无意识的自省：我们把与数据交流的困难看成是自然的，而没有意识到这只是当时技术条件下的一种人为的限制。如今，技术条件已经有了非常大的提高，虽然人类可以处理的数据依然是有限的，也永远是有限的，但是我们可以处理的数据量已经大大地增加，而且未来会越来越多。

在某些方面，我们依然没有完全意识到自己拥有了能够收集和处理更大规模数据的能力。我们还是在信息匮乏的假设下做很多事情，建立很多机构组织。我们假定自己只能收集到少量信息，结果就真的如此了。这是一个自我实现的过程。我们甚至发展了一些使用尽可能少的信息的技术。别忘了，统计学的一个目的就是用尽可能少的数据来证实尽可能重大的发现。事实上，我们形成了一种习惯，那就是在我们的制度、处理过程和激励机制中尽可能地减少数据的使用。为了理解大数据时代的转变意味着什么，我们需要首先回顾一下过去。

小数据时代的随机采样，最少的数据获得最多的信息。

直到最近，私人企业和个人才拥有了大规模收集和分类数据的能力。在过去，这是只有教会或者政府才能做到的。当然，在很多国家，教会和政府是等同的。有记载的、最早的计数发生在公元前8000年，当时苏美尔的商人用黏土珠来记录出售的商品。大规模的计数则是政府的事情。数千年来，政府都试图通过收集信息来管理国民。

现在，人们不再认为数据是静止和陈旧的。但在以前，一旦完成了收集数据的目的之后，数据就会被认为已经没有用处了。比方说，在飞机降落之后，票价数据就没有用了（对谷歌而言，则是一个检索命令完成之后）。

信息社会所带来的好处是显而易见的：每个人口袋里都揣有一部手机，每张办公桌上都放有一台电脑，每间办公室内都有一个大型局域网。但是，信息本身的用处却并没有如此引人注目。半个世纪以来，随着计算机技术全面融入社会生活，信息爆炸已经积累到了一个开始引发变革的程度。它不仅使世界充斥着比以往更多的信息，而且其增长速度也在加快。信息总量的变化还导致了信息形态的变化——量变引发了质变。最先经历信息爆炸的学科，如天文学和基因学，创造出了"大数据"这个概念。如今，这个概念几乎应用到了所有人类致力于发展的领域中。

大数据并非一个确切的概念。最初，这个概念是指需要处理的信息量过大，已经超出了一般电脑在处理数据时所能使用的内存量，因此工程师们必须改进处理数据的工具。这导致了新的处理技术的诞生，例如谷歌的mapreduce和开源hadoop平台（最初源于雅虎）。这些技术使得人们可以处理的数据量大大增加。更重要的是，这些数据不再需要用传统的数据库表格来整齐地排列——一些可以消除僵化的层次结构和一致性的技术也出现了。同时，因为互联网公司可以收集大量有价值的数据，而且有利用这些数据的强烈的利益驱动力，所以互联网公司就顺理成章地成为最新处理技术的领头实践者，它们甚至超过了很多有几十年经验的线下公司，成为新技术的领衔使用者。

今天，一种可能的方式是，亦是本书采取的方式，认为大数据是人们在大规模数据的基础上可以做到的事情，而这些事情在小规模数据的基础上是无法完成的。大数据是人们获得新的认知，创造新的价值的源泉；大数据还是改变市场、组织机构，以及政府与公民关系的方法。

下面的想象就更狂野了。

从最近一位微软副总裁的演讲说起。瑞克·拉希德（Rick Rashid）是微软研究院的高级副总裁，有一天，他在中国的天津，面对2000名研究人员和学生，要发表演讲，他非常紧张。这么紧张是有原因的。问题在于，他不会讲中文，而他的翻译水平以前非常糟糕，似乎注定了这次的尴尬。

"我们希望，几年之内，我们能够打破人们之间的语言障碍，"这位微软研究院的高级副总裁对听众们说。令人紧张的两秒钟停顿之后，翻译的声音从扩音器里传了出来。拉希德继续说："我个人相信，这会让世界变得更加美好。"停顿，然后又是中文翻译。

他笑了。听众对他的每一句话都报以掌声。有些人甚至流下了眼泪。这种看上去似乎过于热情的反应是可以理解的：拉希德的翻译太不容易了。每句话都被理解，并被翻译得天衣无缝。令人印象最深的一点在于，这位翻译并非人类。

这就是自然语言的机器翻译，也是长期以来人工智能研究的一个重要体现。人工智能从过去到未来都有清晰而巨大的商业前景，是以前IT业的热点，其热度一点不亚于现在的"互联网"和"大数据"。但是，人类过去在推进人工智能的研究遇到了巨大的障碍，最后几乎绝望。

当时人工智能就是模拟人的智能思考方式来构筑机器智能。以机器翻译来说，语言学家和语言专家必须不辞劳苦地编撰大型词典和与语法、句法、语义学有关的规则，数十万词汇构成词库，语法规则高达数万条，考虑各种情景、各种语境，模拟人类翻译，计算机专家再构建复杂的程序。最后发现人类语言实在是太复杂了，穷举式的做法根本达不到最基本的翻译质量。这条道路最后的结果是，1960年后人工智能的技术研发停滞不前数年后，科学家痛苦地发现以"模拟人脑"、"重建人脑"的方式来定义人工智能走入一条死胡同，这导致后来几乎所有的人工智能项目都进入了冷宫。

这里讲个小插曲。我读大学的时候，有个老师是国内人工智能的顶级教授，还是国内某个人工智能研究会的副会长。他评述当时的人工智能打趣说，不是人工智能，而是人工愚蠢，把人类简单的行为分

解、分解再分解，再去笨拙地模拟，不是人怎么聪明怎么学，而是模拟学习最蠢的人的最简单的动作。他说，对于当时人工智能的进步，有些人沾沾自喜，说好像登月计划中人类离月亮更进一步了，其实，就是站上了一块石头对着月亮抒情，啊，我离你更近了。他对自己事业的自我嘲讽，让我至今记忆非常深刻。

后来有人就想，机器为什么要向人学习逻辑呢，又难学又学不好，机器本身最强大的是计算能力和数据处理能力，为什么不扬长避短，另走一条道路呢？这条道路就是IBM"深蓝"走过的道路。1997年5月11日，国际象棋大师卡斯帕罗夫在和IBM公司开发的计算机"深蓝"进行对弈时宣布失败，计算机"深蓝"因此赢得了这场意义深远的"人机对抗"。"深蓝"不是靠逻辑、不是靠所谓的人工智能取胜，而是靠超强的计算能力取胜：思考不过你，但是算死你。

类似的逻辑在后续也用到了机器翻译上。谷歌、微软和IBM都走上了这条道路。就是主要采用匹配法，同时结合机器学习，依赖于海量的数据及其相关统计信息，不管语法和规则，将原文与互联网上的翻译数据对比，找到最相近、引用最频繁的翻译结果作为输出。也就是利用大数据以及机器学习技术来实现机器翻译。现有的数据量越是庞大，那么这个系统就能越好地运行，这也正是为何新的机器翻译只有在互联网出现以后才有可能重新取得突破性进展的原因所在。

因此，目前这些公司机器翻译团队中，有不少计算机科学家，但却连一个纯粹的语言学家也没有，只要擅长数学和统计学，然后又会编程，那就可以了。

总而言之，利用这种技术，计算机教会自己从大数据中建立模式。有了足够大的信息量，你就能让机器学会做看上去有智能的事情，别管是导航、理解话语、翻译语言，还是识别人脸，或者模拟人类对话。英国剑桥微软研究院的克里斯·毕肖普（Chris Bishop）打了个比方："你堆积足够多的砖块，然后退上几步，就能看到一座房子。"

这里我们假设这种技术能够持续进步，未来基于大数据和机器学习基础上的人工智能达到比较流畅地模拟人类对话，就是人类可以和机器进行比较自如的对话。事实上，IBM的"沃森"计划就是这样科技工程，比如试图让计算机当医生，能够对大部分病进行诊断，并和病人进行沟通。另外，也假设目前刚刚兴起的穿戴式计算设备取得巨大的进展。这种进展到什么程度呢？就是你家的宠物小狗身上也装上了各种传感器和穿戴式设备，比如有图像采集，有声音采集，有嗅觉采集，有对小狗的健康进行监控的小型医疗设备，甚至还有电子药丸在小狗的胃中进行消化情况监控。小狗当然也联上网，也一样产生了巨大的数据量。这时，我们假设基于这些大数据建模，能够模拟小狗的喜怒哀乐，然后还能够通过拟人化的处理进行语音表达，换句话说，就是模拟小狗说人话，比如主人回家时，小狗摇尾巴，汪汪叫，那么这个附着于小狗身上的人工智能系统就会说，"主人，真高兴看到你回家"。不仅如此，你还可以和小狗的人工智能系统进行对话，因为这个人工智能系统能基本理解你的意思，又能够代替小狗拟人化表达。以下我们模拟一下可能的对话：

你："小狗，今天过得好？"小狗："不错啊，主人你今天换的新狗粮，味道很好，总觉得没有吃够。"你："那很好。我们以后继续买这种狗粮。对了，今天有什么人来吗？"小狗："只有邮递员来投递报纸。另外，邻居家的小狗玛丽也来串门，我们一起玩了一下午。"你："那你们玩得怎么样？"小狗："很开心啊。我好像又进入了初恋呢。"……

我们可以把上面的模拟对话当成一个笑话。但其实，我们这个时候就会发现一个惊人的事实，就是你其实是面对了两只小狗，一只是物理意义上的小狗，一只是基于大数据和机器学习的人工智能虚拟小狗，而且虚拟小狗比物理小狗还要聪明，真正善解人意。那么，这个虚拟小狗是不是新的智慧生物呢？

我们继续把这个故事来做延伸，把小狗换成未来的人，人在一生中产生大量的数据，根据这些数据建模可以直接推演出很多的结论，比如喜欢看什么样的电影啊，喜欢什么口味的菜啊，在遇到什么问题时会怎么采取什么行动啊。

这些说明什么呢？就是随着大数据和机器学习的进一步进展，这个世界出现了新的智慧生物！大数据和机器学习在改变、重构和颠覆很多企业、行业和国家以后，终于到了改变人类自身的时候了！人类的演进出现了新的分支！

一位科学家画了一张图来描述两种智慧生物。一种是基于生物性的，经过几百万年的进化而来；一种是基于IT技术，基于大数据和机器学习，通过自模拟、自学习而来。前者更有逻辑性，更有丰富的情感，有创造力，但生命有限；后者没有很强的逻辑性，没有生物上的情感，但有很强的计算、建模和搜索能力，理论上生命是无限的。

当然，这些事情要发生都会非常遥远。

我们对未来的认知，主要是基于常识和对未来的想象。根据统计，现在《纽约时报》一周的信息量比18世纪一个人一生所收到的资讯量更大，现在18个月产生的信息比过去5000年的总和更多，现在我家一台5000元电脑的计算能力比我刚入大学时全校电脑的计算能力更强大。科技的进步在很多的时候总会超出我们的想象。试想如果未来我们一个人拥有的电脑设备超过现在全球现在计算能力的总和，一个人产生的数据量超过现在全球数据量的总和，甚至你的宠物小狗产生的信息量都超过现在全球数据量的总和，世界会发生什么呢？那就取决于你的想象力了。

对于未来，你想象到什么了呢？

大数据引领思维变革

大数据是改变人类探索世界的方法。我们回顾历史，会发现：原始社会，数据不过是猎物独特的粪便、气味、踪迹，人类就是依赖于这些非常稀少的不稳定的数据找到了食物。随时时代的流转，人类进入了文字时代，不管是记录在龟甲上的甲骨文，还是手抄在羊皮上的西文，人类进入了数据的"石器时代"。后来，中国的造纸技术、印刷技术传入西方、走向世界。数据的"铜器、铁器"时代到来，人类信息量再膨胀，因此诞生了中国的华夏文化，以及造就西方的文化兴旺时代。工业革命之后，数据在新闻媒体中得到初步膨胀，人类世界极度繁华，此阶段也遭受了两次世界大战的摧残，但数据的膨胀依然在加速。为了应对德国的复杂密码，一种新的数据处理机器诞生了，那就是电子计算机。电子计算机的诞生，使得数据的计算处理能力自动化了。人类进入了数据的"电器化时代"。之后，数据的自动化处理，诞生了软件行业，PC时代，互联网时代。最重要的是互联网时代和电脑进入千家万户。互联网的发明与美国军方有关，而PC的流行离不开苹果公司的乔布斯，微软的比尔·盖茨。互联网的出现使人类真正进入了"信息化大时代"。在这个时代，人类的数据大量进入电子计算机网络，人类的工作、生活、娱乐、商业数据都在这里得到进一步的管理、优化、重新利用。

数据的流转、加工、流通、再生产、复合利用，在互联网时代得到初步的发展。随着互联网时代的发展，数据不仅仅是满足于给予人们信息分享、信息发现、信息管理了。这时候，随着更多的人类世界的行为信息、档案信息、物品信息的加入，虚拟网络越来越多现实的数据映象（如大众点评网、58同城、google地图、去哪儿网、团购网站、Facebook、电子商务网站淘宝）。此时人类世界有多大，信息世界、数据虚拟世界就有多大。互联网不仅仅是人类进入虚拟世界的桥梁，也是人与人、人与物体、人与人类现实世界的桥梁。此时，数据极大膨胀，人类初步进入了"数据大时代"。这个时代的典型特征就是，数据与现实世界一样大！人类与互联网互联影响，现实与虚拟相互融合，现实中有虚拟的数据、虚拟的世界，虚拟的世界中有着现实的世界的影子。

在这个"数据大时代"，凡是你所见的，都能在网上找到。凡是你所想的，也都能在互联网上有所体现。凡是与人相关的所有事物，网上都能找到相关的信息。人类世界的所有信息越来越多地存放于电子世界中，甚至于某一天，通过这些与现实相连的网络（互联网、物联网等），人类可以通过操纵数据、影响改变数据，进而影响改变着现实世界。目前中国网民最崇拜的一句话：围观改变世界。就可以看出互联网对现实世界的影响了。

如果互联网是一个平台，大数据将成为该平台的火箭。雷军常说，站在风口上的猪都能飞起来，大数据就是企业的风口，关键是这大数据人才还相对较少。国内能运用大数据作战略的除了小米，还有百度、阿里巴巴、腾讯等力较大的互联网科技公司。这些大企业更需要运用大数据战略来作企业的升级、转型。

全球最大的信息技术和业务解决方案公司IBM在被联想收购之前，可谓是电子商务行业中的一匹宝马。它始创于1911年，总部位于美国纽约州阿蒙克市。IBM在2011年的净利润达到159亿美元之多。

进入大数据时代之后，IBM积极响应并做出转变。IBM全面整合了公司的内部资源，搭建了全新的数据平台，就此宣告全面升级的大数据战略。IBM的大数据战略体现在三个方面：1.包括掌控信息、获悉洞察、采取行动的全面战略理论（也称3A5步）；2.包括Hadoop系统、数据仓库和信息整合系统、流计算的全面的解决方案；3.全面的落地实践。

马云的阿里巴巴可谓是国内电子商务界的龙头老大，阿里巴巴成功的因素之一就在于该企业非常重视数据。1999年成立的阿里巴巴经过十几年的发展，企业平台上已经积累了大量的数据，目前阿里巴巴拥有阿里巴巴B2B、聚划算、一淘、淘宝网、天猫商城、中国雅虎、阿里云、一达通、中国万网等子公司。

阿里巴巴设立了"首席数据官"一职以充分挖掘大数据的价值，并为自己的网络销售平台提供完善的数据云服务。在2012年的商业大会上，马云表示阿里巴巴将于2013年1月起转型金融、重塑平台和数据三大业务。阿里巴巴希望通过这种方式，分享和挖掘海量的数据并为其他中小企业提供更有价值的信息。

除了IBM、阿里巴巴之外，甲骨文、微软、惠普、百度等公司为了应对大数据时代的挑战和机遇，都在积极挖掘大数据之中的"宝藏"，使得大数据市场一时间热闹非凡。而在这热闹的过程中，众多的电子商务企业在大数据的基础上，开始纷纷涉足互联网金融。网络银行一夜间崛起，网上支付、手机客户端支付已经成为很多人消费的主要支付方式。京东商城选择和中国银行合作，担任着类似的中介角色。通过这样的方式为供货商们提供入库单融资、应收账款融资、订单融资、资产包转移计划等服务。京东商城对供应商提出的融资申请进行核准之后，转交给银行，银行根据相关材料对供货商发放资金。

2013年1月，京东商城的CEO刘强东在公司内部年会上表示，京东商城将以大数据的供应链金融业务为主要战略性业务，以此应对大数据时代的考验。此外，京东商城还将组建京东金融公司等子企业和部门为商家和个人提供融资贷款服务。

阿里巴巴和京东商城这两个老对手，在进入大数据时代之后交手更加频繁。京东并不是首家涉足供应链金融的商家，阿里巴巴在2007

年就已经推出了供应链金融以帮助中小企业进行融资。供应链金融的好处和利润被其他各个企业看中，这些小企业争相挤进这个领域，想要分得一杯羹。

其中最具代表性的就是金银岛。2009年，金银岛通过和中国建设银行、中远物流合作推出了E单通。E单通可以细分为网络订单融资和网络仓单融资两部分。这是合作三方共同建立的一整以实现物流、资金流、信息流的深度融合为目的的服务和风控体系。

如果把毫不相干或紧密相连的数据组合到一个集合中，就能更有效地处理这些相关的数据。这些数据可以清晰地告诉我们：每一个客户的消费观念、倾向、爱好、需求等，哪些可以归为一类，哪些可以归为另一类。

大数据的集合是数据数量上的增加，能够实现从量变到质变的过程。举个简单的例子，这里有一张照片，照片里的每个人都在骑马。每一分钟，每一秒都要拍一张照片。随着处理速度越来越快，照片从一分钟一张，到一秒一张，再到一秒十张，就产生了电影。当照片的数量增长实现质变的时候，这一张张照片就变成了一部完整的电影。

在美国，有一家创新企业叫Decide.com，就是充分运用了大数据的集合功能，在全球的各大网站上搜集数以十亿计的数据，从而预测产品和产品的价格趋势。告诉消费者在什么时间段做购买决策，什么时间该购置什么产品，什么时间购买产品是最实惠的。此外，还帮助一些生产厂家提高生产率，降低交易成本，等等。

除了这家企业外，美国的跨国科技企业谷歌公司（Google公司）也顺应时代，走进了大数据的潮流中。其实，谷歌公司的高管们一直不愿意让公司的任何一款产品与大数据有什么联系，而且禁止公司的员工在对外交流中提到大数据。但是《大数据》作者维克托-舍恩伯格在评价谷歌公司时指出，谷歌公司很清楚自己的位置和处境。实际上，它就是一个大数据公司，因为他们理解大数据的核心所在。如果他们没有看到这些数据的价值，绝对不会迈入这个充满竞争和玄妙的市场。

维克托这话不无道理。早在十多年前，Google公司就已经开始了数据搜集之旅，并利用数据来构建产品。比如，Google搜索，广告，翻译，音乐，趋势以及更多的其他产品，都无法离开海量的大数据。当Google取景车载着全景摄像头满世界跑的时候，Google公司就已搜集到了世界绝大部分城市的街景图；当Google三维红外线照相机不停运作的时候，Google公司已经完成了数千万图书的扫描。

此外，Google还搜集了一些意想不到的数据。比如，用户在进行搜索时打错的字，Google将这些错误的输入存储起来，然后将其和最后正确的输入进行联系，用于开发Google自动更正系统和Google翻译。同样，海量的数据不是关键，重要的是Google公司拥有多项世界领先的大数据技术，如Colossus分布式存储，Big Table列式存储，Caffeine索引系统，Big Query数据分析服务和Cloud SQL。借助强大的技术以及先进的计算模型，Google公司能以一种高效而可靠的方式，充分运用大数据展示成果。

随着大数据的运用广泛，Facebook在互联网大数据搜集方面也后来者居上。如今，每天有500TB以上的数据上传到Facebook。Facebook上已经存储着近十亿用户分享的个人信息，例如，年龄、性别、所在地、兴趣，等等。同时，这些用户还在Facebook的Timeline（个人生活时间轴）页面记录个人生活故事。在通过个人的基础信息和时间线获取了大量的数据后，Facebook就如同一个用户亲密的朋友，清楚地记得用户的过去和现在，并预测着用户的未来。为了处理这些海量的信息，公司配置了最大的分布式处理系统，单个集群中的数据存储容量就超过了100PB。之后，Facebook通过复杂的数据分析来帮助商家接触潜在目标顾客，从而实现投放广告的准确有效。用户留下的数据越多，Facebook就越了解用户，投放的广告就越发精准。Facebook收入的未来在于其对复杂数据的分析，而不是靠输送大量广告来吸引用户的眼球。

此外，大数据的基本结构还分为三个层次，反映出观察数据库的不同角度。

第一层是物理数据层：是数据库最里面的一层，是物理存贮设备上实际存储的数据的集合。这些数据是最原始数据，也是供用户加工的对象。物理数据层由内部模式描述的指令操作处理的位串、字符和字组合而成。

第二层是概念数据层：是数据库置于中间的一层，也是数据库的整体逻辑的部分。这层数据层指出了数据与数据之间的逻辑定义和联系，是存贮资料的整合点。此时要注意的是，这层数据层所涉及的是数据库所有对象的逻辑关系，而不是其物理情况。

第三层是逻辑数据层：是体验用户能够看到和使用的数据库，也是能够证明用户使用过的证明和踪迹。

总之，小数据，大集合就是按照某种数据集中起来并存放二级存

储器中的一种方式。这种数据集合还有着一定的特点，比如尽量不出现重复的情况。

我们需要改变我们的操作方式，使用我们能收集到的所有数据，而不仅仅是使用样本。我们不能再把精确性当做我们探究的重心，我们需要接受混乱和错误的存在。另外，我们应该侧重于分析相关关系，而不再寻求每个预测背后的原因。使我们不再受限于传统的思维模式和特定领域里隐含的固有偏见，大数据才能为我们提供更多更新的深刻洞见。大数据时代将要释放出的巨大价值使得我们选择大数据的理念和方法不再是一种权衡，而是通往未来的必然转变。但是在我们到达目的地之前，我们有必要了解怎样才能到达。在高科技行业里的很多人认为是依靠新的工具，从高速芯片到高效软件等。当然，这可以理解为因为他们自己是工具创造者。这个问题固然重要，但不是我们要考虑的问题。大数据趋势的深层原因，就是海量数据的存储以及越来越多的事物是以什么样的数据形式存在的。

大数据时代下的定律思维

大数据中潜伏着很多潜在的规律，只有找到这些规律，大数据才有价值。建设新数据时代和平台的必要手段，就是通过积累数据，预测提升服务和管理水平来实现。

此前，在大数据中，有两个较为突出的定律：一秒定律（或秒级定律）和摩尔定律。

什么叫一秒定律（或秒级定律）呢？指的是对处理速度有要求，一般要在秒级时间给出准确的分析结果。如果时间过长，就会失去原有的"一秒定律（或秒级定律）"的价值。也正是这个速度要求，才区分出大数据挖掘技术和传统的数据挖掘技术的不同。

那什么叫摩尔定律呢？指的是简单地评估出半导体技术进展的经验法则，其重要的意义是对于长期来说的，IC制程技术是以一直线的方式向前推展，使得IC产品能持续降低成本，增加功能和提升性能。

1998年，台湾积体电路制造公司董事长张忠谋曾说过：摩尔定律在过去30年是非常有效的，在未来10～15年也依然适用。但很快，就有新的研究结果推翻了他的言论。研究发现，摩尔定律的时代很快将会结束。由于研究和实验室的成本需求非常高昂，而有财力投资在创建和维护芯片工厂的企业少之又少。再加上，制程越来越接近半导体的物理极限，将很难再缩小化。

大数据时代正在聚集改变的能量，其定律也在发生着一定的变化。中国社科院世界经济与政治研究所副所长何帆在一次讲座中，曾说过这样的话：

大数据时代，人们更要重视统计学。比如说，随着大数据时代的来临，人们开始重视大数据，要重视统计学。可当数据变得足够强大后，人们突然发现，社会上的一切现象都是有一定的统计规律的。它无法像物理学可以准确地描述出前后的因果关系，而只是一个统计的规律。关于这点，有人就玩笑似的说过：只要统计学学好了，再去学

别的都战无不胜，因为社会上的一切现象都有一个统计规律。

与此同时，有人就觉得疑问：为什么要强调统计学呢？那是因为人们在认知能力中，统计思维算是最差劲的。要知道，人的大脑中有一些功能比较优良，甚至超过人们自身的想象，比如人们的语言能力。著名的语言学家乔姆斯基就曾经说过："语言不是你学来的，而是你天生就会的。要是从一出生，开始学语言的话，那是根本学不会的。事实上，一个人在出生的时候，大脑中就已经预装了一套操作系统，那就是语言的操作系统。因此可以说，语言是人们天生就会的。再比如，人们察言观色的能力，也是天生就会的，但有一些是人们不会或不愿意学的。"

诺贝尔经济学奖获得者美国心理学家丹尼尔·卡尼曼写过一本书，书名是《思考，快与慢》。在这本书中有这样的言论，大致意思是说：人有很多思维都是靠直觉的快思维，这是人们经过数百年、千年慢慢演化而来的，最终被留下和被记忆的直接感受，就是所谓的第六感觉。举个例子：当一个人在深夜行走时，会敏锐地察觉到周边的变化。一旦感受到危险或不安的情绪时，就会立即逃跑，甚至大喊大叫。而与此同时，人的大脑之中还有另外一套操作系统，是用来做逻辑推理以及进行统计分析的，只是这个系统不怎么完善。于是，人们天生就缺乏逻辑推理能力和统计思维能力。

所以，在大数据飞速发展的今天，人们应该锻炼自己的逻辑推理能力和统计思维能力！

为什么大数据变成了一个最热门的词汇？能够让大数据变成一个热门词汇，主要的原因有两个。

第一个原因是，由于IT革命后，人们有了处理数据的多方面能力，有对计算机数据的处理能力、对计算机的存储能力以及对计算机的计算的能力，等等。再加上，人类储存信息量的增长速度要比世界经济增长的速度快四倍（这仅仅是在金融危机爆发之前的世界经济增长的速度）。而计算机数据处理能力的增长速度，要比世界经济增长的速度快九倍。

　　第二个原因是，社会上的一切现象以及企业的发展，能够被数据化的东西越来越多。在最早时，仅仅是数字可以被数据化，于是就有了阿拉伯的计数，后来又出现了二进位，再后来人们发现文字也可以处理成数据，于是又发现图像也可以处理成数据。比如，有人要去旅行，但是不知道要去的地方的具体位置和周边的信息，那就可以利用搜索引擎搜索；当人们在与微信中的朋友聊天，用微博分享一天的见闻……就已经被数据化了。因此，这就是为什么现在要谈大数据时代，那是因为大数据能够处理和分析的东西太多了，多到人们无可预计。

　　中国社科院世界经济与政治研究所副所长何帆说："当你能够被数据化的东西越来越多，当你能够拿到的数据越来越多时，就跟原来不一样了。原来的统计学得有一个抽样，因为你不可能拿到整体，因为整体太多了，而且无法去计算。而现在，当存储能力无限扩大，处理数据的计算能力不断进步，致使现在我们所处理的往往不是一个样本数据，而是一个整体的数据。"

　　不仅如此，何帆还总结出了大数据的三个规律：第一个规律是知其然而不必知其所以然，外行打败内行；第二个规律是彻底的价格歧

视，商家比你更了解你自己；第三个规律是打破专家的信息优势，病人给医生解惑。

关于第一个规律，他先举了一个葡萄酒的案例——如何品葡萄酒。

在以往，靠品酒方面的专家拿起葡萄酒时，会先闻一闻，准确说出酒的什么味道、富有什么样的香味。接着，品酒专家会看是不是挂杯。最后，他会准确地说出葡萄酒的产地，以及判断出大约是什么年份的。但是，当品酒师在品新酒的时候，由于葡萄酒真正的品质还没有形成，因此，他的鉴定是不那么准确的。此外，当一个品酒师的声誉越来越高的时候，由于要顾及自己声誉和名望，所以在大多情况下，他不敢做大胆的推测和判断。

在普林斯顿大学，有一位经济学家很喜欢收藏葡萄酒。有一天，他想试试自己能不能预测出某年某地的葡萄酒品质如何，于是，他就去查找大量的数据，经过分析和研究后得出一个秘诀——葡萄酒的品质与冬天的降雨量、收获季节的降雨量、生长期的平均气温、土壤的成分等因素有关。1989年，葡萄酒的新酒刚刚下来，他就大胆预测：今年的葡萄酒是世纪佳酿。在1990年，他又大胆地预测出：今年的葡萄酒比1989年的好。要知道，一般的品酒师都不敢如此判断，但他却如此大胆，因而着实为自己带来了一些非议。不过事实证明，他说的完全正确！

有句话叫：要知其然，还要知其所以然。但是在大数据时代，人们可以知其然，却不一定非要知其所以然。如果你去问普林斯顿大学的教授：为什么说这个酒好？这个酒到底有什么香味？酒回甘是什么？他未必会说得很清楚。但是他能够知其然，所以才能够大胆地做判断。这是为什么呢？这或许是人们以往的认知里，执意去要寻找一些线性的、双边的直接因果关系，而忽略了其他方面的东西。而人们忽略的方面，恰恰又是最需要的。事实告诉人们：万物之间的联系比人们想象中的要复杂得多，它可能是非线性的，也可能是多元化的。所以说，出问题的不是大数据，而是人们原来的认知模式。那么，在这个时候，人们怎么办呢？最佳的办法，就是退而求其次，要先去寻找相关关系，再去找是否有因果关系。

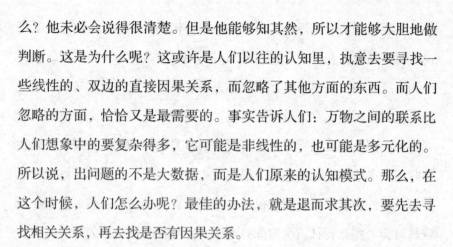

　　第二个规律是彻底的价格歧视。商家比你更了解客户，也有着自己的见解。比如说，一个机构是专门做信用卡刷卡记录的，当他们积累了大量的数据后，经过分析和处理，就会找到很多规律。再比如，一个人的离婚与否，和信用卡上的还款记录以及驾驶车辆出车祸的概率有一定关系。这还真是个奇怪的规律。在大数据时代，比较有名的规律就是：尿布和啤酒的销售量有一定的关系。啤酒和尿布怎么会联系在一起？市场调查人员经过调查后发现：原来当有新生儿出世后，买尿布的这个任务就给新爸爸了。尽管新生的宝贝出世以后，爸爸亲手照顾孩子的机会并不多，但他也有一种自豪感。在去买尿布的时候，为了庆祝，他会顺手去买啤酒。如果店家在尿布货架的旁边直接摆上啤酒，啤酒的销量就会提高；专门卖母婴用品的部门会搜集一些顾客的信息，然后分析研究得出一些结论。比如，一位女性大约在什么时间段会怀孕，她可能会买更多的母婴用品以及一些营养品，甚至会购买一些没有香味的洗发剂，最后预测出潜在的客户到底在哪里。

　　可以说，在大数据时代，一切预测和分析都动摇了人们以往的方法论。原来经济学里说过，商家不能搞价格歧视。这不是从道义上来说，而是因为，在过去，商家很难对不同的顾客进行价格歧视，所以要制定统一的价格。不过，这是过去的规律，在大数据的时代，这个规律被彻底颠覆。在大数据的时代，商家可以针对每一个个体的消费者定价，因为他比消费者更了解消费者自身的行为。比如说，某天你会收到一条信息，说是你的车很久没去做保养了，希望你能够重视这件事，并快去店里给爱车做保养并消费；在你准备去旅行，搜索旅行资料时，一些旅行社就会给你打电话，给你推荐适合你的旅行方案。此时，你肯定会感到疑问：他们怎么知道这些事？或者，他们怎么会这么了解你的状态？其实，这都是大数据在帮他们的忙。能够合理运用大数据的商家，都是一个合格的"偷心"者，会抓住你的喜好，然后偷走你的"心"。

第三个规律，就是打破专家的信息优势，病人给医生解惑。在这个规律中，中国社科院世界经济与政治研究所副所长何帆说："电视连续剧《豪斯医生》的医学顾问是纽约时报的一位专栏作家。他是倡导寻证医学的一个代表人物，寻证医学就是根据证据来治病。过去看病时，要先研究病理学，再研究治疗办法，而且有很多是一代一代口传下来的。老师告诉我们说，维生素B服的效果不好，必须打针。为什么？不知道，反正是当年，老师的老师就是这么告诉老师的。所以，你的老师也这么告诉你，你就这么再告诉你的学生。但是后来发现，这里头有很多问题。

"的确，这也是医患之间的纠纷如此之多的原因之一。实际上，医院的误诊比例是比较高的。在美国，有一份研究称：美国医院误诊比例是1/3，有20%的人由于误诊死亡。为什么医院的误诊概率会如此之高？那是因为：过去的一些医生在治疗中完全靠经验，有很多想法和判断都是主观的。确实，医学并不是一门科学，而是一个个复杂的生命体，医生没办法精确到把每一位病人治好。后来，医生也开始另辟蹊径，通过数据找出规律。很快，在19世纪，就有一位医生发现这样的一个规律：如果医生先去了停尸房，再回来给产妇接生的话，那产妇的死亡率就会增高。而医生在清洁手以后再接生的话，产妇的死亡率就会下降。在那个时代，人们还不知道细菌和病菌的危害，只知道在手术前后都要洗手。当然，也没有哪个病理学能够告诉医生'洗手跟降低死亡率有很大的关系'。慢慢地，病人的死亡率大幅度下降。而这，就是寻找依据的思路，减少医生的自主权利，让一切变得有规律起来。

"由于互联网的存在，再加上大数据的帮助，有时，病人对病情的掌握程度比医生还要高。

"在美国曾有这样的一个报道：有个病人被推到病房里头后，一群医生对他会诊，经过一番研究后，医生们都说不出个所以然来。最后，当主治医生问这个病人'你认为自己得的是什么病'的时候，病人立即回答：我这个病就是IPEX！对此，医生很是疑问，就问病人是怎么知道的。病人说很简单，'我只是将自己的症状在搜索引擎中一搜，就知道了'。

"相信有不少人听到这个结果时啼笑皆非。医生都不知道的病情和结果，病人竟能准确地说出来。可见，大数据有强大的传播和分析能力。在以往，医生能够治病，是因为他有着专业的知识、专业的见

解以及实践性。而现在，除了实践性以外，病人也会知道很多信息。当遇到一些庸医时，你完全可以拿着自己打印出来的资料跟他说：'你的诊断错了，根据我的症状看，应该是这个病，而不是你所说的那个病。'这完全颠覆了原来信息不对称的情况。所以，大数据时代的第三个规律就是打败、打破了专家的信息优势。"

最后，何帆还说："对于大数据，很多企业都认为，拥有大量的数据才是获得价值的根本。然而，事实并非如此，拥有大数据思维，远比大量的数据更有价值，这才是大数据的王牌定律。"

创新思维

随着互联网、物联网等IT行业的蓬勃发展，新数据源如泉水般涌现，GPS、传感器等数据持续并大量产生。而由于数据获取成本、存储成本和处理成本比较低，也推动了数据总量的膨胀。

随着云计算、移动互联网和物联网等新一代信息技术的创新和应用普及，海量数据正在生成。2015年，中国大数据市场规模达到115.9亿元人民币，增速达38%，预计2016至2018年中国大数据市场规模将维持40%左右的高速增长。大数据正从概念向实际应用转移，越来越多的成功案例相继在不同领域涌现。

IBM日本公司的经济指标预测系统，从互联网的新闻中搜索影响制造业的480项经济数据，计算出采购经理人指数PMI（采购经理指数）预测值。IBM根据网上的新闻分析出的这个PMI预测值，准确度相当高；美国印第安纳大学学者利用Google提供的心情分析工具，以用户970万条留言，提前2—6天预测道琼斯工业指数，准确率达到87%。

在中国，"淘宝CPI（居民消费价格指数）"这一指数通过采集、编制淘宝网上成交额比重达57.4%的390个类目的热门商品价格走势，反映网络购物市场整体状况以及城市主流人群的消费状况；阿里公司根据淘宝网上中小企业的交易状况筛选出财务健康和诚信的企业，从而无须担保来放贷。此外，利用对手机用户身份和位置的检测可实时动态掌握流动人口的来源及分布情况，也可实时掌握交通流量情况，可了解突发性事件的聚集情况等。

在各个领域，掌握庞大的数据信息，并对这些含有意义的数据进行专业化处理，大数据就有了不同寻常的商业价值。换言之，如果把大数据比作一种产业，那么这种产业实现盈利的关键，就在于提高对数据的"加工能力"，通过"加工"实现数据的"增值"。当下，大数据的价值已在许多行业被挖掘出来。

对此，中国工程院院士邬贺铨指出，大数据本身服务业的属性大于大数据软硬件的制造业；大数据对其他产业的影响大于对信息产业的影响；大数据的社会效应大于直接经济效益。因此，大数据的影响之大以及受到的广泛重视溢出效益明显。目前来看，大部分企业是把大数据分析用于客户分析，然后是运营分析、诚信分析；此外还应用于新产品和业务的创新，企业数据仓库优化。大数据支出最大的产业，一是离散制造，二是银行，三是流程制造。我们需要加强研究，加大投入，综合运用各方面的技术掌握数据资源，加强大数据的挖掘分析，实现在各个行业的创新应用，挖掘大数据的深层价值。

2016年通过的"十三五"规划中，专门有一章提到促进大数据产业健康发展，并提出要深化大数据在各行业的创新应用，探索和传统行业协同发展的新业态、新模式，加快完善大数据的产业链。

2011年6月，美国麦肯锡公司全球研究院在题为《大数据：下一个创新、竞争和生产力的前沿》的研究报告中指出：大数据时代已经到来。的确，大数据时代的到来势不可挡，它迅速抓紧了时代的前沿和趋势。2012年3月，美国政府宣布"大数据的研究和发展计划"，将大数据视为增强国家竞争力的秘密武器之一。

其实，不仅仅是美国，包括我国在内的很多国家，也都把大数据放置在国家战略层面上，并一致认为：一个国家未来的竞争力将体现在拥有数据的规模及运用数据的能力上。

这一创新思维，已为人们在信息技术领域好好上了一课。更有甚者，将大数据比喻为推动人类社会发展的"新石油"。这一比喻可谓贴切至极。

作为继云计算和物联网后又一次具有颠覆性的技术革命，大数据深受人们的推崇，并被广泛使用。此外，就连当今世界科技创新、国家安全战略以及新军事变革也青睐起大数据来，将其作为极为重要的知识增长点。据国外的媒体爆料：截至2012年年底，全球互联网总数据存储量高达160亿TB，并正以59%以上的年增长率高速增长。有评论指出，每天遍布世界各个角落的传感器、移动设备和在线交易等产生的海量数据昭示世人：人类已加速步入"大数据时代"。

在军事领域，大数据更是充分发挥出独有的能力。在海量的数据库面前，随便打开一座，里面都是有价值的数据。再通过分析发现规律，便能够获取高价值的信息，从而做出重要决策，把握时局。这也是大数据的军事价值。

比如，美国的"海豹"突击队击毙本·拉登事件，于刹那间吸引了全球人的眼光。不过，外军经过深入研究后指出，能够发现本·拉登并将其击毙，靠的是几千名数据分析员和长达十年对海量信息的分析。因此，有人说是"数据抓住了本·拉登"。

无独有偶。在美俄达成有关叙利亚化武换和平协议的时候，美国情报机构列出了叙利亚数十项化武生产和储藏地点清单。可以说，能够发现和锁定目标，是基于美卫星数据情报和分析员长时间的分析。专家告诫：驾驭未来战争，绝不能忽视没有硝烟的大数据战场。

后进国家的追赶式发展往往被描述为"从模仿到创新"的过程，经典理论也从不同角度分析这样一个过程：发展中国家通过采用发达国家已有的技术建设大规模的制造基础；通过不断组织动员，实现企业、产业与国家创新系统的调整与转型；在持续加强本国创新能力的基础上，一些发展中国家抓住了技术变迁的机会窗口或创造新的技术轨道，从而局部地实现从模仿到前沿创新的转变。

但是，从模仿到创新的转变并不是自动发生的。一个国家要从以大规模制造为中心的模式转变为以创新驱动为中心的新模式意味着系统性的变迁，需要制度与技术的协同演进。尽管发展中国家采用各种政策来促进发展转型，也积极地借鉴一些成功国家的具体做法，但各种政策受社会基础和具体工业实践的影响而存在巨大的绩效差异。成

功地跨越"卡夫丁峡谷"的发展中国家依然数量有限。

一个国家的创新系统如何实现转型？一些学者认为，随着发展阶段的演进，原本边缘化的一些制度关系和行为会逐渐得到强调而引致了系统性的变迁。但另一些学者指出，系统之间会因为社会基本的价值观、发展理念、交易规则等的不同而存在根本性的区别，因而发展转型所需要的很可能不仅是某些具体政策措施的调整，而是整个涉及社会基础与发展思路的深刻变迁。

事实上，在发达国家的工业化过程中，同样也曾经历过类似的从生产制造主导到技术创新主导的发展方式转变。从工厂制的出现，到企业内的研发机构兴起，到产学研的广泛结合——每一轮工业革命的变迁，都使得技术和知识在领先国家的经济发展中扮演更重要的角色。虽然从时间维度上，发展中国家的追赶式发展与发达国家的工业革命有差别，但通过学习工业革命的历史经验，也必然能为发展中国家，尤其是中国当前所面临的发展转型的历史任务，找到一些可以借鉴的规律。

看来，数据的创新思维，已经影响到人类生活和生存的方方面面。现在，我们来详细地归纳一下大数据创新思维对人类经济社会发展影响巨大的几个主要方面。

首先，大数据的创新思维可以推动并实现巨大的经济效益。

据麦肯锡公司全球研究院通过研究得出结论：大数据给美国的医疗服务业带来的经济价值高达3000亿美元；大数据使美国零售业净利润增长60%；大数据降低了制造业的产品开发和组装成本，并让其成功下降50%。有专家称，大数据所衍生和产生信息技术的应用需求，将推动整个网络信息技术的发展。2016年，全球大数据在一定的程度上拉动了信息技术，金额支出已经高达2320亿美元。

其次，大数据的创新思维可以增强社会管理水平。

在政府和公共服务领域，大数据的出现有效地推动了政务工作的开展，提高了政府部门的决策水平、服务效率和社会管理水平，并产生了不可估量的社会财富。在大数据的影响和帮助下，欧洲等地的多个城市运用大数据分析，采集到准确的交通流量数据，从而能够及时提醒驾驶者哪条是最佳的出行路线，以此改善交通拥堵的状况。

最后，大数据所具备的创新思维还可以推动和提高安全保障能力。在国防、反恐、安全等领域，大数据应用也起着至关重要的作用。比如，大数据会将各部门搜集到的信息进行自行分类、整理和分析，有效解决情报、监视和侦察系统不足等问题。

因此，人们可以了解到，大数据的创新思维不仅是认识和改造世界的有力工具，还是能掌握事物的发展规律，准确预测未来的好帮手。

如今，在互联网和大数据应用的冲击下，世界数据库格局在发生革命性的变化，通用数据库（OldSQL）一统天下变成了OldSQL、NewSQL、NoSQL共同支撑多类应用的局面。

30年数据库发展和形成的以Oracle、IBM、Microsoft等为代表的强势垄断格局，使得传统国产数据库不仅生不逢时，加上技术上采取跟随战略、在事务处理领域顽强拼杀，虽然产品不断进步、市场应用也不断取得单点突破，但大多处于非核心应用。尽管政府给予了持续的大力支持，但在垄断壁垒和开源软件左右夹击下，除了政策性市场之

外，很难取得规模化突破，尚未形成企业发展良性循环和政府支持的双赢局面。

大数据时代的到来，使得传统数据库在处理百TB以上，特别是PB级数据的查询、统计、分析等应用时，遇到性能上的瓶颈。面对电信、金融、安全、政企等大数据量应用，包括电信话单、金融细帐、智能电网、经营分析、公安网监、舆情监控、审计稽查、应急指挥等，用户体验往往不可接受。海量数据的3V（数量Volume、速度Velocity、多样Variety）挑战着传统数据库曾经非常成功的"一种架构支持多类应用"的模式。

大数据是信息化的一个崭新发展阶段，通过分析各种大数据，人类对知识的认知可以见微知著、集腋成裘、由此及彼，对世界的认知也将更全面、更深入和更具前瞻性。自2011年5月，EMC和IDC在合作研究"数字宇宙"五年之后提出"大数据"概念以来，"大数据经济"的影响力愈发显著，谷歌、Facebook竞相超过微软，曾经的"软件为王"让位于"数据为王"。

可以预见，大数据时代将引发大量应用创新，比如，城市大数据应用将支撑智慧城市建设，还有智慧教育、智慧医疗、智慧交通、智慧金融等；各级政府利用大数据对经济和社会统计、预测和规划，可以提升洞察能力、决策能力和国际竞争力，这将助力我国许多行业创新转型，是中国发展中变道超车的重要机遇。

当前美国、英国、加拿大、新西兰、德国、法国、日本等都在积极推动和布局大数据战略，特别是美国，2012年3月29日奥巴马政府就宣布实施"大数据的研究和发展计划"，美国国家科学基金会（NSF）、国家卫生研究院（NIH）、国防部（DOD）、能源部（DOE）、国防部高级研究局（DARPA）、地质勘探局（USGS）等六个联邦部门和机构联合参与。在我国，多位院士也在积极建言制定大数据国家战略，从国家层面顶层规划，实施"专项计划"，突破关键技术，构建我国大数据良性生态环境。中国的数据优势在于，不仅有海量网民和互联网信息企业，我们省地县各级政府和单位都已建立了"专业数据库"和"数据中心"。当这些数据被打通，当各种"专业知识服务系统"和智能系统被建立起来，我国大有可能登上大数据掌控与应用的战略制高点。2014年，中国大数据市场已近100亿元，并且未来几年将持续保持100%以上的高速增长。

因此，集中政府、地方、企业各方资源，聚焦研发支撑大数据的核心技术和关键产品显得十分急迫：

·数据分析技术、知识计算技术；

·非结构化数据处理技术、新型数据库管理技术；

·数据安全共享技术；

·可视化技术.

如果说过去20年，国产数据库厂商缺少生存空间，那么今天大数据时代，国产数据库则迎来难得的历史发展机遇。以研制承载大数据应用的新型数据库为突破口，以数据价值密度高的行业大数据为重点，首先，聚焦于结构化大数据的应用需求，研发能够支持企业级大数据分析的列存+MPP数据库集群，达到对百TB至PB级结构化数据的分析类应用比传统数据库快10~100倍的性能指标；接着，研发能够对结构化、半结构化和非结构化数据进行统一管理和分析的全数据处理

平台，逐步形成以国产分析型数据库为核心，联合各行业的数据分析类应用开发和集成厂商建设企业级大数据的综合分析与展示平台、商业智能、运营智能和数据辅助的人工智能平台构成的企业级大数据应用产业链。

这对于保障国家数据安全、突破国产基础软件一直以来的被动局面，推动我国软件产业发展都至关重要！

转型思维

早在1996年，美国联邦政府就声称信息是重要的国家资源，并认为自己是美国最大的单个信息生成、搜集、使用和发布方。

以美国人口普查局为例。

它作为美国人口、经济和政府方面重要统计数据的主要来源，目前拥有2560TB（太字节）的数据，如果把这些数据全部打印出来，用四个门的文件柜来装，需要5000万个才能装下。美国国家安全局对全美的电话进行监控，每六小时产生的数据量，就相当于美国国会图书馆（世界上馆藏量最大的图书馆）所有印刷体藏书的信息总量。此外，美国财政部、美国卫生部和美国劳工部也都是数据密集型的行政管理部门。而这，只是美国联邦政府数百个机构当中的几个例子。

为承担这些数据的存储和维护工作，1998年，美国联邦政府共拥有432所数据中心，而到了2010年，数据中心的总数跃升到2094所，翻了几番。1996年，美国联邦政府的年度信息技术预算是180亿美元，10多年来不断上升，到2010年，已经高达784亿美元。据报道，这些投资中的一半以上都用在了购买存储数据的硬件设备上。在大数据转型思维的冲击和配合下，政府不仅仅成为最大的受益者，也成为占有者之一，在诸多方面起到了至关重要的作用，如基础设施方面、大数据产业方面、人才培养上以及完善相关标准和立法方面等。

据说古代埃及曾进行过人口普查，《旧约》和《新约》中对此都有所提及。那次由奥古斯都·凯撒主导实施的人口普查，提出了"每个人都必须纳税"，这使得约瑟夫和玛丽搬到了耶稣的出生地伯利恒。1086年的《末日审判书》对当时英国的人口、土地和财产做了一个前所未有的全面记载。皇家委员穿越整个国家对每个人、每件事都做了记载，后来这本书用《圣经》中的《末日审判书》命名，因为每个人的生活都被赤裸裸地记载下来的过程就像接受"最后的审判"一样。

然而，人口普查是一项耗资且费时的事情。国王威廉一世在他发起的《末日审判书》完成之前就去世了。但是，除非放弃收集信息，否则在当时没有其他办法。尽管如此，当时收集的信息也只是一个大概情况，实施人口普查的人也知道他们不可能准确记录下每个人的信息。实际上，"人口普查"这个词来源于拉丁语的"censere"，意思就是推测、估算。

300多年前，一个名叫约翰·格朗特（John Graunt）的英国缝纫用品商提出了一个很有新意的方法。他采用了一个新方法推算出鼠疫时

期伦敦的人口数，这种方法就是后来的统计学。这个方法不需要一个人一个人地计算。虽然这个方法比较粗糙，但采用这个方法，人们可以利用少量有用的样本信息来获取人口的整体情况。

虽然后来证实他能够得出正确的数据仅仅是因为运气好，但在当时他的方法大受欢迎。样本分析法一直都有较大的漏洞，因此无论是进行人口普查还是其他大数据类的任务，人们还是一直使用具体计数这种"野蛮"的方法。

考虑到人口普查的复杂性以及耗时耗费的特点，政府极少进行普查。古罗马人在人口以万计数的时候每5年普查一次。美国宪法规定每10年进行一次人口普查，因为随着国家人口越来越多，只能以百万计数了。但是到19世纪为止，即使这样不频繁的人口普查依然很困难，因为数据变化的速度超过了人口普查局统计分析的能力。

美国在1880年进行的人口普查，耗时8年才完成数据汇总。因此，他们获得的很多数据都是过时的。1890年进行的人口普查，预计要花费13年的时间来汇总数据。即使不考虑这种情况违反了宪法规定，它也是很荒谬的。然而，因为税收分摊和国会代表人数确定都是建立在人口的基础上的，所以必须要得到正确的数据，而且必须是及时的数据。

美国人口普查局面临的问题与当代商人和科学家遇到的问题很相似。很明显，当他们被数据淹没的时候，已有的数据处理工具已经难以应付了，所以就需要有更多的新技术。

后来，美国人口普查局就和当时的美国发明家赫尔曼·霍尔瑞斯（Herman Hollerith)签订了一个协议，用他的穿孔卡片制表机来完成

1890年的人口普查。

经过大量的努力，霍尔瑞斯成功地在1年时间内完成了人口普查的数据汇总工作。这简直就是一个奇迹，它标志着自动处理数据的开端，也为后来IBM公司的成立奠定了基础。但是，将其作为收集处理大数据的方法依然过于昂贵。毕竟，每个美国人都必须填一张可制成穿孔卡片的表格，然后再进行统计。这么麻烦的情况下，很难想象如果不足十年就要进行一次人口普查应该怎么办。但是，对于一个跨越式发展的国家而言，十年一次的人口普查的滞后性已经让普查失去了大部分意义。

这就是问题所在，是利用所有的数据还是仅仅采用一部分呢？最明智的自然是得到有关被分析事物的所有数据，但是当数量无比庞大时，这又不太现实。那如何选择样本呢？有人提出有目的地选择最具代表性的样本是最恰当的方法。1934年，波兰统计学家耶日·奈曼（Jerzy Neyman）指出，这只会导致更多更大的漏洞。事实证明，问题的关键是选择样本时的随机性。

统计学家们证明：采样分析的精确性随着采样随机性的增加而大幅提高，但与样本数量的增加关系不大。虽然听起来很不可思议，但事实上，一个对1100人进行的关于"是否"问题的抽样调查有着很高的精确性，精确度甚至超过了对所有人进行调查时的97%。这是真的，不管是调查10万人还是1亿人，20次调查里有19次都是这样。为什么会这样？原因很复杂，但是有一个比较简单的解释就是，当样本数量达到了某个值之后，我们从新个体身上得到的信息会越来越少，就如同经济学中的边际效应递减一样。

　　认为样本选择的随机性比样本数量更重要，这种观点是非常有见地的。这种观点为我们开辟了一条收集信息的新道路。通过收集随机样本，我们可以用较少的花费做出高精准度的推断。因此，政府每年都可以用随机采样的方法进行小规模的人口普查，而不是只能每十年进行一次。事实上，政府也这样做了。例如，除了十年一次的人口大普查，美国人口普查局每年都会用随机采样的方法对经济和人口进行200多次小规模的调查。当收集和分析数据都不容易时，随机采样就成为应对信息过量的办法。

　　很快，随机采样就不仅应用于公共部门和人口普查了。在商业领域，随机采样被用来监管商品质量。这使得监管商品质量和提升商品品质变得更容易，花费也更少。以前，全面的质量监管要求对生产出来的每个产品进行检查，而现在只需从一批商品中随机抽取部分样品进行检查就可以了。本质上来说，随机采样让大数据问题变得更加切实可行。同理，它将客户调查引进了零售行业，将焦点讨论引进了政治界，也将许多人文问题变成了社会科学问题。

　　随机采样取得了巨大的成功，成为现代社会、现代测量领域的主心骨。但这只是一条捷径，是在不可收集和分析全部数据的情况下的选择，它本身存在许多固有的缺陷。它的成功依赖于采样的绝对随机性，但是实现采样的随机性非常困难。一旦采样过程中存在任何偏见，分析结果就会相去甚远。

　　2008年在奥巴马与麦凯恩之间进行的美国总统大选中，盖洛普咨询公司、皮尤研究中心（PEW）、美国广播公司和《华盛顿邮报》这些主要的民调组织都发现，如果他们不把移动用户考虑进来，民意测试结果就会出现三个点的偏差，而一旦考虑进来，偏差就只有一个点。鉴于这次大选的票数差距极其微弱，这已经是非常大的偏差了。

更糟糕的是，随机采样不适合考察子类别的情况。因为一旦继续细分，随机采样结果的错误率会大大增加。这很容易理解。倘若你有一份随机采样的调查结果，是关于1000个人在下一次竞选中的投票意向。如果采样时足够随机，这份调查的结果就有可能在3%的误差范围内显示全民的意向。但是如果这个3%左右的误差本来就是不确定的，却又把这个调查结果根据性别、地域和收入进行细分，结果是不是越来越不准确呢？用这些细分过后的结果来表现全民的意愿，是否合适呢？

你设想一下，一个对1000个人进行的调查，如果要细分到"东北部的富裕女性"，调查的人数就远远少于1000人了。即使是完全随机的调查，倘若只用了几十个人来预测整个东北部富裕女性选民的意愿，还是不可能得到精确结果的！而且，一旦采样过程中存在任何偏见，在细分领域所做的预测就会大错特错。

因此，当人们想了解更深层次的细分领域的情况时，随机采样的方法就不可取了。在宏观领域起作用的方法在微观领域失去了作用。随机采样就像是模拟照片打印，远看很不错，但是一旦聚焦某个点，就会变得模糊不清。

随机采样也需要严密的安排和执行。人们只能从采样数据中得出事先设计好的问题的结果——千万不要奢求采样的数据还能回答你突然意识到的问题。所以虽说随机采样是一条捷径，但它也只是一条捷

径。随机采样方法并不适用于一切情况，因为这种调查结果缺乏延展性，即调查得出的数据不可以重新分析以实现计划之外的目的。

我们来看一下DNA分析。由于技术成本大幅下跌以及在医学方面的广阔前景，个人基因排序成了一门新兴产业。2012年，基因组解码的价格跌破1000美元，这也是非正式的行业平均水平。从2007年起，硅谷的新兴科技公司23andme就开始分析人类基因，价格仅为几百美元。这可以揭示出人类遗传密码中一些会导致其对某些疾病抵抗力差的特征，如乳腺癌和心脏病。23andme希望能通过整合顾客的DNA和健康信息，了解到用其他方式不能获取的新信息。

公司对某人的一小部分DNA进行排序，标注出几十个特定的基因缺陷。这只是此人整个基因密码的样本，还有几十亿个基因碱基对未排序。最后，23andme只能回答它们标注过的基因组表现出来的问题。发现新标注时，此人的DNA必须重新排序，更准确地说，是相关的部分必须重新排列。只研究样本而不是整体，有利有弊：能更快更容易地发现问题，但不能回答事先未考虑到的问题。

在我国，政府在资源配置方面起着调配的作用，能够集中力量办大事，并影响和带动大数据加速发展。不过，由于政府在大数据方面的能力以及对大数据的熟悉程度较弱，所以要想真正运用好大数据，要面临的问题也不止一两个。其中，就包括一些转型方面。

比如，大数据推动管理的现代化转型。将大数据的手段及其方式方法引入管理领域，是实现管理现代化的有效路径之一，也是大数据时代必然迈出的一步。

伴随着经济发展的迅速增长，广东省地方税收纳税登记户也增加了不少。在1994年，登记的用户仅有60多万户，税收也只有184亿元。而到了2011年，登记的用户超过285万户，地税收入也增加了不少，增加到4248亿元。此外，地税系统干部人数的增长速度并不像纳税用户和收入的增加速度那么快，只是增加了20%左右。与此同时，如何在海量的信息中及时获取有用的信息，并精确分析结果，就成为摆在管理者面前的一道难题。

不过，在大数据时代，有难题也会一一被解开。为了应对这个难题，广东省通过率先建设省级地税集中征管信息系统，使全省都拥有了同一套程序、一套服务器和一个网络。下面，我们就以广东省地税系统为例子，从几大方面来揭示大数据推动公共管理从传统向现代转型的趋势。

第一个方面就是：从粗放化向精细化转型。通过建立省级数据应用大集中征管信息系统，广东地税摆脱了以往人工操作的粗放型管理模式，真正实现了税款自动入库、自动划解和实时监控，实现了税款的稳定增长以及快速增长。再通过对海量信息的详细分析和研究，广东省对每一个商家或是企业都实现了精细化转型。比如说，在房地产方面，由于建筑行业的人员流动性大，操作的环节复杂，且没有规范性，就形成了一个比较难管的问题。但自从有了这个征管系统以后，大数据就能够实时获取房地产开发项目明细信息，其中包括土地使用权信息、房产销售进度、销售明细建筑工程进度以及各阶段的税款缴纳情况等，实现了项目从产生到消亡的全过程监控。

第二个方面就是：从单兵作战型向协作共享型转型。在以往，不同政府部门拥有着不同的信息系统，但很多数据由于相互独立，所以彼此之间没有共享的信息，这些信息单独拿出去，就没有了任何用处。而大数据应用的出现，就扫除了这个盲点，使其实现了数据信息的共享，从而最大限度地发挥了数据的功效。如今，工商、税务等系统每天都会进行信息实时交换，推动了地税机关在办证服务上的创新，从原来的限时办证，实现了目前的即时办证；从原来填写一百多项登记信息，实现了目前只填写八项必要信息内容，甚至实现了享受免填服务。不仅如此，广东省地税借助大数据平台，积极推进第三方涉税信息共享，还明确了二十多个部门共享信息，真正做到了为每个部门提供便利，为社会经济的发展也提供了更快捷、更便利的服务。

第三个方面就是：从柜台式向自助式全天候转型。根据纳税人的不同类别、涉税业务的不同、办理时段不同等信息，广东地税借助大数据平台，形成了自助式全天候的一种转型。比如，增添了很多服务格局——网上办税、纳税热线、服务大厅、短信服务、自助办税等多种渠道并存的大服务格局。通过自助办税终端系统，为纳税人节时省力，不仅不受地方区域的限制，也可以不受时间的限制，自行完成代开小额发票、打印缴款凭证、清缴税费、申报缴纳车船税等业务。

第四个方面就是：从被动响应型向主动预见型转型。为了能够更好地服务纳税人，广东省地税通过税收大数据平台，还推出了一项特别的服务，那就是全省集中统一的短信服务。这项服务会为六百多万的纳税人提供短信订阅服务，有针对性地对目标群体提供了多项短信服务，如逾期未申报短信提醒、未到期未申报短信提醒，还有发票开具短信提醒等。借助于大数据平台，广东省地税实现了对受众精确式的短信服务，避免了轰炸式、盲目性的短信服务，从而提升了服务质量。据统计称：截止到2011年，短信服务量超过1800万条；到了2012年，短信服务量已经超过5000万条。

第五个方面就是：从纸质文书向电子政务转型。现如今，广东省地税互联网电子税务局已基本建成，纳税人只需要短短的五分钟，就能轻松办税，而且还实现了网上缴纳，足不出户。此外，广东省还率先推行网络开具发票，一方面为纳税人提供了方便，节省了时间。一方面使税务机关能在第一时间掌握每张发票的信息，与企业纳税申报数据比对分析，及时总结出没有缴纳、少缴纳的税款情况。这一行动推广以后，还意外地打击了假发票泛滥的情况，也避免了一些人用假发票报销的现象。也因此，这一措施被国家税务总局誉为"税收管理史上的颠覆性举措"。

第六个方面就是：从风险隐蔽型向风险防范型转型。依托大数据平台，广东省地税建立了惩防体系信息管理系统，对地税干部的税收执法和行政管理实行了全程分析和监控，有效监督和杜绝了一些知法犯法和影响国家荣誉的风险出现。监控预警信息从最初每月收到近7000个，到2012年每月收到不足500个，下降了92%。可以说，自从大数据监控平台出现后，全系统违法违纪发案率大幅度降低，不足5‰，也没有什么重大的违纪案件出现，这就是最大的成功！

当然了，这简单的六个方面不足以全面体现出大数据所影响到的转型思维，但却为互联网以及政府方面竖起了一个指向牌，用最大的能力帮助社会前进。此外，由于转型思维的复制性和推广性，相信在不远的未来，转型思维所赋予的前景更具有升值空间。

战略思维

未来，大数据相关的技术和能力将成为一个国家至关重要的核心战略资源。作为当今最具影响力的社会思想家之一的阿尔文·托夫勒在1980年出版的《第三次浪潮》中，曾说过这样一句话：如果说IBM的主机拉开了信息化革命的大幕，那么大数据才是第三次浪潮的华彩乐章。

很快，事实验证了他的话。虽然大数据时代姗姗来迟，但来得却比托夫勒想象的更为迅速和猛烈。维克托·迈尔·舍恩伯格曾说过，大数据是一场"革命"，会让各行各业有着天翻地覆的改变，甚至改变人们的思维方式。当然，最关键的是，大数据的出现会让人们放弃对原本事物因果关系的追求，随即转变思维关注相关关系。也因此，大数据颠覆了千百年来人们的思维模式，对人们的认知方式和交流方式提出了新一轮的挑战。至此，人们只需要明白"这些是什么"，而不须明白"这是为什么"。

进入21世纪以来，一些崭新的互联网的应用如雨后春笋，纷纷冒了出来。如微博、社交网站、视频通信、医疗影像、地理信息、传感器、无线电射频识别阅读器、导航终端等非传统IT设备和移动设备，等等。它们的出现，都将产生巨大的数据库，从而形成"数据大爆炸"的现象。国际数据公司（IDC）的预测表明，到了2020年，全球的数据产生的量会增长44倍，达到35.2ZB。换一句话说就是，全世界约需要376亿个1TB硬盘来存储数据信息。

当然了，大数据之所以被称为大数据，并不仅仅是因为其数据量大，而是指为了更经济地从高频率获取的、大容量的、不同结构和类型的数据中获取价值而设计的新一代的技术和架构。

鉴于大数据具有的潜在的巨大价值和对世界的影响，有些国家未雨绸缪，将其视作战略资源，并提升为国家战略。

大数据作为云计算、物联网之后IT行业又一大颠覆性的技术革命，在这场技术革命中，我们如何抢占大数据时代的先机占据蓝海空白，这应是广大互联网创业者都在思考的问题。既然是大数据时代，创新空间辽阔，蓝海市场广远，创业者在这其中是有用武之地的。因此创业者要想在互联网创业上出人头地，就必须敢于向茫茫蓝海进发，敢于抢占蓝海先机。

蓝海战略共提出六项原则，四项战略制定原则：重建市场边界、注重全局而非数字、超越现有需求、遵循合理的战略顺序，和两项战略执行原则：克服关键组织障碍、将战略执行建成战略的一部分。这就是蓝海战略的核心所在。

互联网世界无边无界，互联网创业者应敢于重建市场边界，发现新的机遇与市场空白，在大数据时代背景下，超越现有的市场与需求，重构需求或者激发新的需求。马云就曾经说过，淘宝改变了中国人的消费模式和生活模式。也就是说，互联网商业的成功在于改变人们的观点与生活方式，打差异化竞争战略。

蓝海战略（Blue Ocean Strategy）最早是由W.钱·金（W. Chan Kim）和勒妮·莫博涅（Renée Mauborgne）于2005年2月在两人合著的《蓝海战略》一书中提出的。蓝海战略认为，聚焦于红海等于接受了商战的限制性因素，即在有限的土地上求胜，却否认了商业世界开创新市场的可能。

我们把整个市场想象成海洋，这个海洋由红色海洋和蓝色海洋组成，红海代表现今存在的所有产业，这是我们已知的市场空间；蓝海则代表当今还不存在的产业，这就是未知的市场空间。那么所谓的蓝海战略就不难理解了，蓝海战略其实就是企业超越传统产业竞争、开创全新的市场的企业战略。如今这个新的经济理念，正得到全球工商企业界的关注，有人甚至说，接下来的几年注定会成为"蓝海战略"年。

蓝海战略行动（Strategic Move）作为分析单位，战略行动包含开辟市场的主要业务项目所涉及的一整套管理动作和决定，价值创新（Value Innovation）是蓝海战略的基石。价值创新挑战了基于竞争的传统教条即价值和成本的权衡取舍关系，让企业将创新与效用、价格与成本整合一体，不是比照现有产业最佳实践去赶超对手，而是改变产业景框重新设定游戏规则；不是瞄准现有市场"高端"或"低端"顾客，而是面向潜在需求的买方大众；不是一味细分市场满足顾客偏好，而是合并细分市场整合需求。

蓝海战略在中国被企业界、学术界和社团广泛关注。著名的职业经理人苏奇阳先生就蓝海战略结合实际应用出版了《蓝海战略书简》，中国互联网协会还专门开办了定期举办的"蓝海沙龙"。

一个典型的蓝海战略例子是太阳马戏团，在传统马戏团受制于"动物保护"、"马戏明星供方侃价"和"家庭娱乐竞争买方侃价"而萎缩的马戏业中，从传统马戏的儿童观众转向成年人和商界人士，以马戏的形式来表达戏剧的情节，吸引人们以高于传统马戏数倍的门票来享受这项前所未见的娱乐。

我们再来以马云为例，为什么马云的"阿里帝国"如此浩瀚？1999年初马云认为电子商务领域一定会像雨后春笋一样迅猛发展。有人主张做B2C，有人提出做C2C，最后，马云做出决定，他说："我们就做B2B。"大家觉得这个想法不太可能实现，因为当时互联网上还没有这种模式，至少中国的互联网上还没有。

当时在中国已经有了B2C和C2C模式，然而马云并没有为此动容，而是另辟蹊径"我们就做B2B"。马云是有蓝海战略思维的，当时中国互联网商业才刚刚起步，可以说电子商务还是一块处女地，他敢于成为吃螃蟹的人。事实上，马云的蓝海战略思维在后来被证明是对的。我们再来看马云的余额宝、娱乐宝无不是蓝海战略的典范。

如今中国房地产如火如荼，也是中国最赚钱的暴利行业，凭马云及其"帝国"的财力物力完全可以进入这个行业赚得盆满钵盈。然而瘦弱的马云不走寻常路，而是向电子金融和物流方向发展，这就是马云的蓝海战略思维，善于开辟新领地、新战场，但马云总是在蓝海大战中稳坐第一，刘强东、马化腾等人稳居第二的位置。

互联网创业者应该运用蓝海战略，视线将超越竞争对手移向买方需求，跨越现有竞争边界，将不同市场的买方价值元素筛选并重新排序，从给定结构下的定位选择向改变市场结构本身转变，开辟新战

场，抢占处女地，走差异化道路或者走别人没走过的路。这种思维是互联网创业者最该有的。

2012年3月，美国总统奥巴马政府宣布推出一项发展计划——"大数据的研究和发展计划"。这项计划涉及的部门很广，有美国国家科学基金、美国能源部、美国国防部高级研究计划局、美国国家卫生研究院、美国国防部、美国地质勘探局等联邦政府部门。此外，美国政府承诺，将投资2亿多美元，大力推动和改善与大数据相关的资料和信息，以期从这些收集到的信息中获得有用的知识和洞察未来的能力。

美国奥巴马政府宣布投资大数据领域，表明了大数据正式提升到战略层面，带动了其他国家对大数据在经济社会等领域的重视。各国一致认为：未来国家层面的竞争力，将部分体现在对大数据的运用及规模上。

2013年2月，法国政府发布了一项关于《数字化路线图》的技术措施，列出了五项将会大力支持的战略性高新技术，"大数据"位列其中。在这项措施中，法国政府将以软件制造商、工程师、新兴企业、信息系统设计师等为目标，开展一系列投资计划，旨在通过创新型和科学型的解决方案，将大数据运用到实际生活中。

2012年9月，日本总务省也发布了一项行动计划，提出"通过大数据和开放数据开创新市场"，以复苏日本为目的推进"活跃在ICT领域的日本"ICT综合战。以上信息表明，日本政府在新一轮IT振兴计划中，将会把大数据发展作为国家层面战略。

由此可见，各国能够将大数据视作战略资源，也是看到了大数据的潜在及内在价值。大数据的价值主要体现在三个方面。

第一个方面，是能够实现巨大的商业价值。在商业领域，大数据能够通过对顾客群体的分门别类，实现对每个群体量体裁衣般的独特行动，通过虚拟空间来挖掘顾客群体的新需求，通过分析顾客群体的行为特征，进行商业模式化、产品化和服务的创新等举措。别小看这些小小的分析，它将会产生巨大的商业价值。

最早因为利用大数据而受益的企业就是沃尔玛，它通过对顾客群体的购物行为等非结构化数据进行分析，成为一个最了解顾客购物习惯和需求的零售商。

第二个方面是能够增强社会管理水平。在政府和公共服务领域的应用，大数据可以有效地推动政务工作的开展，提高政府部门的服务效率、决策水平和社会管理水平，从而产生不可估量的价值。2009年，Google公司通过分析美国人搜索最多的关键词，以及2003—2008年间，美国疾控中心季节性流感传播时期的5000万数据，成功预测出当年甲型H1N1流感的爆发和传播源头。要知道，这个结果远远要早于疾控中心官方。可见，大数据的效率有多快，有多高。

第三个方面是能够提高安全保障能力。在反恐、安全和国防等各个领域，大数据对各部门搜集到的各类信息进行自动化分类、整理和分析，能够弥补情报、监视和侦察系统不足等问题，从而提高国家安全保障能力。

为了提升中国在第三次工业革命中的发展速度，为进入下一个经济周期做好准备，我们的每一个企业、科研团队和政府，都有责任通过一些计划，有目的地搜集、处理、分析、索引数据。IBM（国际商业机器公司）设立了"智慧地球"项目，现在，中国也有一些行业

（如通信运营商、金融银行企业单位、政府交通部门）在制订类似的行业计划，通过信息化改造实现海量数据的搜集和处理。这些数据在未来可能产生现在所想象不到的价值，也需要现在的企业家、政府部门做好准备。

总之，无论是以智能电网为基础的能源物联网，还是以3D打印为基础的数字化制造，大数据都是以第三次工业革命的"新石油"这一重要战略资源的形态存在。可以想象，未来云计算、物联网和大数据将成为基础设施，移动互联网和3D打印技术将成为共性平台，数据分析和机器人等人工智能控制将成为服务手段，那么数据、知识和价值的按需分配、多次挖掘将成为新经济形态的不竭动力。

颠覆思维

在大数据时代，创新和转变思维就意味着进步，意味着发展。而传统的、守旧的思维已经不适用于这个时代。因此，转变思维是大数据时代的必然趋势。

今天这个时代，有人称之为第三次工业革命和第四次工业革命的交叉时代、新经济时代、互联网时代，或者创客时代、平台时代、大数据时代，不管叫什么，其颠覆性特征越发明显：电商冲击数码城，微信冲击短信，互联网电视冲击传统电视；广告行业里，百度的广告收入首次超过了央视；搜房网二手房的交易金额占100多个城市二手房交易额的一半以上。传统地产巨头万科反复发问：未来颠覆万科的可能是哪家非地产企业？复星集团坚称要向互联网全面投降。

马云认为我们正在经历"天变"。他说到很多人的一生输就输在对新生事物的看法上：第一看不见，第二看不起，第三看不懂，第四来不及。颠覆者的脚步声越来越急促，不会驻停，也由不得你犹豫不决、权衡再三。你的角色是"颠覆者"抑或"被颠覆者"，还是做到不掉队、不落下，跟大趋势、大潮流站在一起？

麦肯锡咨询报告中提出决定未来经济的十二项颠覆性技术，包括移动互联网、人工智能、物联网、云计算、先进机器人、下一代基因组技术、自动化交通工具、能源存储技术、3D打印、先进材料、非常规油气勘探开采和可再生能源。还有众多颠覆者正在引领行业大变革。过去我们看到的大多是单个、局部性企业的衰变或行业周期性调整，而如今呈现得更多的是一个大行业的整体性速变。现在进行投资与产业抉择，一定要做两个分析：一是互联网会给这个行业带来怎样的商业模式变革和创新？二是即将出现或者已经出现的颠覆性技术，会给行业带来怎样的冲击？

对"颠覆"一词应有三点基本认识：一是"颠覆"将贯穿未来数十年全球特别是中国产业变革、企业变革的始终，会成为高频率出现的词汇。二是今天的颠覆者明天就可能会被更新的颠覆者所颠覆。三是"颠覆"不一定意味着一个行业的彻底摧毁，但一定会从根本上改变众多行业的现状、体格与基因，部分行业里的相当一部分传统企业与职业也会快速消失。

云来创始人谌鹏飞曾说过：颠覆，不再来自同一行业的竞争对手，颠覆者的商业模式甚至完全不同于传统公司；颠覆者也不再遵循传统的颠覆路径。

网络上流传着这样一句话——移动说，搞了这么多年，今年才发现腾讯才是我们的竞争对手。

从创新的性质上看，维持性创新往往着眼于现有的业务模式，强调对现有产品、服务、技术及管理方式的改进，属于改良的范畴。而颠覆性创新一开始就是要彻底打破现有的模式，要么用更优秀的产品和服务满足消费者的同一需求，如手机短信服务让BP机最终退出了历史舞台，数码相机的出现使传统影像市场急剧萎缩；或者干脆通过挖掘、提升消费者的需求、改变消费者的需求方式从而从根本上否定原有的行业价值模式，如传真机的发明大大改变、提升了人们对通信的需求，使电报、电传逐渐走向衰亡；互联网、电子邮件的兴起也对传统邮政信件业务及贺卡行业构成了严重威胁。颠覆性创新带有革命的性质，它往往会对原有的市场模式甚至整个行业构成致命威胁，甚至可能导致一个旧行业的消失和一个新行业的诞生。

任何一个行业的从业者，除了要面对行业内竞争对手的竞争外，还要随时应对意欲进入该行业的其他强大竞争对手。更要命的是，无论是行业内还是行业外的竞争对手都可能拥有远甚于己的、超强的资金实力，它们的进攻势必将对公司构成重大威胁。然而实践证明，现有公司中总有一些佼佼者能够成功挫败外来者的进攻，或者成功保护自己的细分市场免于行业霸主的侵吞，而不论这些战争发起者的资金实力有多么雄厚，来势多么凶猛。这些公司阻止行业竞争或外来侵略的成功法宝往往就是集中公司优势资源、专注于核心业务进行不断的维持性创新，通过这种创新使现有的重要客户认可公司的现有业务和做出的改进，以及公司在这一领域的固有优势。

20世纪施乐成功挫败IBM染指复印机市场（复印机是施乐公司的核心业务）的企图、IBM公司成功阻止通用电气（GE）进军计算机市场都是正确运用维持性创新的结果，在当时，IBM的综合实力要远远强于施乐，而通用电气的市场及资金实力也要强于IBM。

中国联通和中国移动风光了这么多年，再加上政府的支持作后盾，到最后怎么都没想到腾讯马化腾在很短的时间内，就打败了两个商业巨头，站在了胜利的讲台上！一个小小的微信软件运用，给了电话和短信致命性的一击！

在互联网带来大变革、大颠覆面前，最受挑战的将不是技术，而是相适应的管理变革与创新。某种程度上管理比技术更重要，但管理创新总落后于技术创新，成为障碍与瓶颈。正如管理大师加里·哈默在《管理的未来》中指出："与20世纪后半叶发生巨大变革的技术、生活方式、地缘政治相比，管理就像一只缓慢爬行的蜗牛。"那么，互联网时代需要采取怎样的管理模式？如何通过运用互联网思维与精神赋予科学管理以新的生命力？

20世纪80年代有一部电影《日本沉没》，其中的政治预言似乎在二三十年后得到了印证——松下、索尼、夏普这些曾让我们顶礼膜拜的企业如今却集体沦陷，动辄亏损几十亿美元。究其原因，不是因为他们管理得不好，而是在于对互联网时代创新大方向、大战略缺乏把握，在于只注重硬件的制造，硬件可以做到最精，但是缺乏像苹果这

样软性化、人性化的创新元素，没有及时推动管理变革。

诺基亚的CEO说，我们并没有做错什么，但不知为什么，我们输了。发出这样感叹的大企业CEO会越来越多。华为是否会遭遇"滑铁卢"？任正非问道，华为会不会输？如果未来要死，会死在哪里？而华为目前的销售额已达到三千多亿元，正如日中天。

如今观察企业，已经不能只看这家企业的总资产有多大，历史有多悠久，占地有多少，是否有先进的设备，重资产有多重，更要看创新活力与持续发展能力。重"重资产"、轻"轻资产"带来的可能就是重包袱以及转型的难度、高成本。"创新之父"、哈佛商学院教授克里斯坦森1997年在其名著《创新者的窘境》中首次提出了破坏性技术理论。"要么破坏性创新，要么你被破坏"。破坏性技术刚开始针对边缘客户，低质量、低利润、小市场、高风险、未被证实，但可能某方面更方便、更廉价、更低成本、体验也更好，在激烈的市场化竞争中，得以不断完善性能，扩充边界。"新兴企业通过破坏性技术进入小而新、边缘化市场，改变价值主张，最终进入主流市场"。

举个例子：有人说，国内最大的免费安全平台360互联网安全中心能够颠覆传统杀毒软件市场，成为No.1，靠的是两个字：免费！这话不无道理。在竞争激烈的互联网时代，在利益你争我夺的今天，谁有如此大的狠心，先咬自己一口呢？360做到了！它将用户的使用门槛降到了无门槛。就这一点，一下子就推广了360免费杀毒软件。

其实，早在2008年7月，360团队就推出了360免费杀毒的测试版，但由于没有从用户需求角度出发，该产品有明显的弊端，如360杀毒太"重"、太卡、太笨，更不符合中国用户的使用习惯。因此，360团队失败得一塌糊涂。有人嘲笑它：免费有什么用？都没人用！有人讽刺：瞧瞧，360号称的免费杀毒，就是这德行，说是放卫星，却放了哑炮。

或许是对360的懈怠和不放在眼里，也给了360整装出发的机会。接着，360开始反思，总结经验。要知道，在互联网时代，哪里有什么一时的输赢，只有一次次地站起来。抱着这样的信念，360脚踏实地，一步步前进。在这个过程中，360团队付出的努力和艰辛，只有那些也曾一点点完善过软件的人，才能真切地体会到：凡是用户提的问题，360的员工一定会追根溯源，找到问题的根本原因，再从用户的角度出发，找出最恰当的解决方案；凡是负面的信息，即使是竞争对手的枪稿，也要认真读，以期从中找到可以完善的地方；凡是竞争对手的产品一推出，360就会立即学习，并汲取对方的优点。

2009年11月，360免费杀毒正式版推出。就在竞争对手丝毫没有把360放在眼里，认为这个白痴又给业界带来笑话的时候，他们没想到，360的到来就是一记重磅炸弹，让整个互联网沸腾起来。

2010年年初，在腾讯抄袭360安全卫士推出QQ医生时，网络上有不少人惊呼：这对360是一个巨大威胁！可360团队却不这样认为，他们认为是腾讯给了他们一个学习的机会，能够从中了解并学习到，腾讯是怎样定义用户体验、如何俘获用户的。

或许是这种不同于常人的思维模式，才有这样的颠覆思维吧。由此，我们也知道了：在随时都有异军突起的今天，任何看似与你不相关的行业都有可能打败你。他们能够运用新型科学技术，开发出价值高于传统类型的新产品。在这些转变思维的人眼中，传统的模式即将

退到时代的帷幕之后。

只有这种转变性思维，才能让更多的不可能变成可能，才能提高人们的生活品质。一旦人们改变了原有的生活方式，那些固守陈规的企业一定会遭遇前所未有的劫难！

在早些年，国美电器最鼎盛的时候，就有人预言它今后的路会越来越难走。果然，随着京东商城的到来，国美电器只剩下一地悲伤。因为，它醒得太晚，没有转变思维。而德国宝马在未来会逐渐关闭实体店，在网络上直销最新款的汽车。德国宝马曾这样强调过：现在已经是直销时代了！不管人们喜不喜欢，接不接受，都无法阻挡网络直销时代已经来临的事实！

跨界的从来不是专业的！诸多残酷的现实告诉我们：如果还停留在过去，不懂得转变，那只能被大数据时代淘汰！

第四章
大数据引领商业变革

　　"大数据"变成了香饽饽，是各大企业、公司、媒体、学者都津津乐道的东西。他们说着自己的见解和理论，但唯一相同的观点就是——大数据时代对人类有着至关重要的影响，甚至即将成为改变未来社会的重要力量。随着技术的革新，我们已经总结和掌握了一些大数据思维，而这些思维背后潜藏着巨大的商业启发，值得我们去深入认知和熟练运用。

数据革命引发的全球社会大变革前夜

2013年，媒体报道了一系列看似互不相关的事件：

4月15日，波士顿马拉松爆炸案事发几小时内，数以千计的在场群众将事发现场拍摄的照片和视频放到了公共网络平台上，这些照片和视频图像来自各种相机、手机和平板电脑。不到一天时间，嫌犯被确认。又过了一天，两嫌犯在前往纽约，准备在时代广场再次引爆六枚炸弹制造大规模血案的路途中被追捕，一死一伤。

这是历史上第一次反犯罪机构的专业能力与社会大众汇集的海量信息及时结合，在与犯罪分子的时间竞赛中取胜。

4月底，谷歌正式发布了全新的网络终端——谷歌眼镜，使人类第一次具备了真正意义上的所见即所得的工具，可以把人们在日常生活中目光所及的一切变成网络数据，传送到网络空间中加以保存利用。

这一创新是如此神奇，可以用语音打开网站或电子邮件，用眨眼动作开启照片或视频的拍摄。

4月底，通用电气宣布投资10亿美元，开始在硅谷打造一个"工业互联网"平台。这个平台将通过安装在通用旗下大至飞机，小至激光手术刀等数万种产品上的传感装置，通过网络将设备运行状态数据实时传至平台，通过各种软件进行分析检测，以有效地确认各类设备的

良好程度，以及时进行设备优化和维修更新。

据测算，等到平台建成，仅在能源和交通领域，就可以比现有维护系统减少1500亿美元的浪费。

世界第一款通过3D打印制造出来的手枪由美国一家公司设计制造并试射成功。手枪由十六个部件组成，除撞针是金属制品外，其余部分全部由高强度塑料和树脂粉末通过3D打印设备制成。如果不是为了遵守现有枪支检测法律，手枪撞针本来也是可以不用金属制造的。

手枪的全部设计图纸和工艺流程由发明者做成计算机文件放到了互联网上，短短几天内被下载了十万余次，以致美国政府担心产生可能的公共安全问题，从而封杀了这些文件。

如果留意，类似创新的报道每天都在出现。

这些表面上看起来互不相关的事件却有着鲜明的共同点，即越来越多的领域，越来越多的产业，在创新上都走上依靠计算机—互联网—大数据这一道路，计算机—互联网—大数据的影响力正在越来越明显地覆盖社会生活的方方面面。那些正在或将来会牵动全社会，影响国家安全和人民福祉，创造巨大财富的创新，几乎都要在计算机—互联网—大数据的平台上实现。

这形成了一个全新的"围城"现象：原来据守在计算机—互联网—大数据产业壁垒中的企业开始向外突围，试图冲入传统产业和传统社会生活中大施拳脚；原来从事传统产业，社会服务和公共事务的企业和机构开始攻城，试图通过登陆新型信息平台找到发展新途径。

从20世纪70年代末期开始，已经实现了工业化的发达国家先后开始了向信息化社会转型的过程。站在今天的角度观察，这一由工业化向信息化的转型可以分为三个时代，即计算机时代，互联网时代和大数据时代。到20世纪90年代中期，美国已经基本度过了计算机时代，计算机高度普及，解决了信息的机器可读化和数据的可计算化问题。目前，美国也基本走完了互联网时代的路程，互联网高度普及，解决了信息传递和信息服务问题。在计算机和互联网的基础上，美国正在步入一个全新的历史阶段——大数据时代。

从早期巨型计算机作为唯一的电子化数据获取和处理工具，到后来PC机和笔记本电脑的普及，再到今天的智能手机，谷歌眼镜和穿戴型数据终端以及形形色色的数据传感装置，人类将物理界、生物界和社会界的万事万物数据化并加以存储处理的能力大幅提高，可以说无处不在，无物不读。目前全球具备数据获取存储处理和传输的数据终端设备已经超过一百亿台，并且以每两年翻番的速度增长。

互联网从早期的有线网络发展出无线网络，数据传输速度越来越快，数据传输成本越来越低。当互联网与数据终端合为一体，就开始形成了一个全面深入映射现实世界的数据化世界，也就是人们所谓的大数据。

获取和利用大数据，寻找过去现实世界中所没有的全新生活方式、社会治理机制和经济发展途径，开始成为社会方方面面关注投入的中心，也就是人们所谓的大数据时代。当获取和利用大数据成为社会共识和社会发展的主要推动力的时刻到来，就可以说人类全面进入了信息化社会。

大数据的核心组成部分是由政府机构所拥有的社会管理和公共生活数据，以及主要是由政府机构直接拥有或间接支持下获得的物理世界和生物世界的数据。同政府数据资源相比，无论个人、企业或社会组织如何努力，获取和可利用的数据资源都是简单、片面和利用价值极其有限的。

所以，如何使政府从垄断和保密的历史惯性思维方式中解脱出来，在确保隐私、机密和国家安全的前提下带头开放数据，降低公众获取和利用政府数据资源难度和成本，至少是大数据时代开启阶段的瓶颈。

冲破开放数据这一关，海阔天空，前途无限。迟疑不决或畏缩不前，早晚会自尝恶果，落后挨打。大数据正在成为一个国家最重要的国家社会资源，对大数据的获取和利用能力正在成为软硬兼备的真实力。正是在开放政府数据资源这一关键点上，美国再次走在了世界各国的前面。

毋庸置疑，大数据时代对社会现有结构、体制、文化和生活方式的冲击和变革远大于计算机时代和互联网时代。

对中国而言，以往计算机时代，互联网时代甚至工业化时代和融入世界分工体系所带来的冲击、阵痛和改变还在继续。这是一个高速发展的社会不得不付出的代价。相比较而言，如果拒绝走向大数据时代，闭目塞听，墨守成规，消极保护部门利益或其他既得利益集团的垄断地位，从而丧失难得的历史机遇，迟滞国家现代化的进程，所要付出的代价要高得多。

现在正是由大数据所带来的大变革的前夜，面对这场势将席卷全球的社会大变革，主动比被动好，早动比晚动好，不动不是一个选择。

大数据改变商业

直到最几年，私人企业和个人才拥有了大规模收集和分类数据的能力。在过去，这是只有教会或者政府才能做到的。当然，在很多国家，教会和政府是等同的。有记载的、最早的计数发生在公元前8000年，当时苏美尔的商人用黏土珠来记录出售的商品。大规模的计数则是政府的事情。数千年来，政府都试图通过收集信息来管理国民。

如果将大量的噪声信号最小化的话，那么海量数据将有利于人类的健康。

1854年时，霍乱（Cholera）横扫了整个伦敦，现代流行病学之父John Snow煞费苦心地记录了被感染家庭的具体方位。经过长期的艰苦研究，他认为宽街（Broad Street）的抽水泵是霍乱疫情的源头，而当时他甚至还不知道引起霍乱的病原体是一种弧菌。"如今的全球定位系统（Global Positioning System）信息和疾病流行数据可能会简化Snow的繁重工作，在数个小时之内就可以解决流行病学调查问题。"这就是"大数据"时代对公共卫生领域所产生的潜在影响。大数据给我们带来了希望——目前的新一代计算机，例如IBM公司的超级计算机华生（Watson）通过对数字世界进行筛选后，可以根据海量信息来提供疾病预测模型——但是同时也有人给出了这样的声明：科学方法本身就会逐渐被淘汰。从大量的噪声信号中分离出真实的信号——这是一项艰巨的工作，但是如果我们希望将手头上的信息转化成全世界人民的幸福安康，那么这也是我们必须应对的一大挑战。

"大数据"这一术语是指成批大规模的、复杂的、可链接的数据信息。除了基因组学信息和其他的"组学"信息以外，大数据还包括医疗信息、环境信息、金融信息、地理信息和社会媒体信息。十多年前，人们难以获得这些数字信息。未来，大数据的数据量将会继续增加，而人们目前难以想象其数据的来源。大数据可以使我们深入了解疾病的病因和结局，为精准医学寻找更好的药物靶点，并且提高疾病的早期预测和预防能力，从而促进健康。

但是大数据也会产生"大错误（Big Error）"。2013年，流行性感冒（Influenza）最早袭击了美国，并造成了严重的危害。当时科学家们检索并分析了流感相关的互联网数据，对流感的影响程度进行了估计。然而与传统的公共卫生监测方法相比，这种方法大大高估了流感的高峰期影响水平。更成问题的一点是：大数据通过大规模地调查各种与疾病结局有关的假定关联，可能会触发很多错误警报。而与其自相矛盾的是，当人们能够测量更多事物的时候，错误警报在所有调查结果中所占的比例可能还会增加。虚假关联和生态学谬论的数量可能也会成倍增加。目前就已经有很多这样的例子，例如"用于生产蜂蜜的蜂群数量与因吸食大麻而被逮捕的青少年数量呈负相关"。

基因组学领域要求对研究发现进行重复实验，并且要求在统计显著性方面能产生更强的信号，从而有效地解决了真实信号和噪声信号相混合的问题。但是这就需要多个部门共同开展大型的流行病学研究。对于非基因组领域中的关联而言，即便开展了规模非常大的研究，进行了大量的重复实验，并获得了非常强的信号，混杂变量或其他偏倚仍然有可能会导致错误警报的产生。大数据的优势在于寻找关联，但是却无法表明这些关联是否具有意义。信号的寻找仅仅只是第一步而已。

即便是John Snow，也需要首先建立一个合理的假说，从而知道从哪儿入手进行调查，即选择调查哪些数据。如果他在没有建立合理假设的基础上获得大量数据的话，他可能只会得到一个类似于蜜蜂-大麻关联的虚假关联。但至关重要的是，Snow"进行了这样的验证实验"。他将被污染抽水泵的把手去掉之后，极大地减小了霍乱的传播范围，其研究也从关联研究过渡到了病因学研究和有效干预方法的研究上。

我们该如何提高大数据时代促进健康和预防疾病的应用潜力呢？一个优先事项是需要建立一个更强大的流行病学研究基础。目前的大数据分析主要是以方便样本或互联网上可获得的信息为基础的。当研究者们探索测量准确的数据（例如基因组序列）与测量不准确的数据（例如用于行政索赔的健康数据）之间的关联时，最弱的那个关联将决定研究准确性的高地。大数据本身是观察性数据，存在着很多偏倚，例如选择偏倚、混杂变量和缺乏普遍性。对于具有良好流行病学特征的代表性人群而言，可能也会用到大数据分析。这种流行病学研究方法已经在基因组学研究领域中得到了很好的应用，其适用范围也能够扩展到其他类型的大数据分析中。

对科学领域内及跨学科领域中已知事物和未知事物的解释是一个

重复性较高的过程，我们可以从这一过程中获得大量的知识，而同时也必须建立一种方法来整合这些知识。这就需要开展知识管理、知识合成和知识转化工作。计算学习算法（Machine Learning Algorithm）将有助于知识内容管理。ClinGen项目就是这样一个实例：该项目将会对在临床方面进行了注释的基因进行汇总，创建一些集成式资源，来提高研究者对遗传变异的解释能力，以便在临床实践中更好地应用基因组学研究的成果。一些新的研究基金，例如NIH设立的生物医学数据-知识奖项（Biomedical Data to Knowledge Award）将会开发出适用于大数据分析的新工具和人员培训系统。

另外一个需要解决的重要问题是：大数据只是一个形成假设的工具，即便证实了一个强有力的关联，我们仍然需要寻找一些证据来证明它在健康相关领域中具有实用性（即评估其健康益损关系之间的平衡）。如果想要证明基因组学信息和大数据信息的实用性，就需要采用随机化临床试验和其他实验设计来开展研究。我们需要利用干预性研究来检验那些以大数据信号为基础的新兴疗法。当然也需要对预测工具进行检验。换言之，我们应当紧紧围绕着（不应当偏离）循证医学（Evidence-Based Medicine）的原则来开展这些检验工作。我们需要将研究的重点从临床有效性（即对大数据与疾病之间较强的关联进行验证）转移到临床实用性（即回答一些健康影响方面的问题，例如"谁会在乎呢？"）上。

与基因组学研究一样，我们也需要将大数据的扩展性转化研究提上日程，对大数据分析中的初期研究发现进行拓展。在基因组学研究领域中，大多数已经发表的研究要么是关于基础科学研究发现的，要么是关于临床前期研究（即用于研发健康相关性检测方法和干预方法的研究）的。在已经发表的研究中，只有不到1%的研究涉及到了研究结果在现实世界中的验证、评价、执行、政策制定、传播和效果，因此在我们完成研究结果从实验室走向病床的转化工作后，接下来就需要开展诸如此类的、鲜有人涉足的研究了。如果我们希望从大数据时代中获得利益的话，就需要拥有一个宏观的视角。

所有问题的关键是要将大数据应用到公共卫生领域中去。如果我们同时拥有较强的流行病学研究基础、强健的知识整合方法、循证医学的研究原则以及扩展性转化研究计划的话，我们就能够使大数据研究步上正轨。

2009年出现了一种新的流感病毒。这种甲型HINI流感结合了导致禽流感和猪流感的病毒的特点，在短短几周之内迅速传播开来。全球的公共卫生机构都担心一场致命的流行病即将来袭。有的评论家甚至警告说，可能会爆发大规模流感，类似于1918年在西班牙爆发的、影响了5亿人口并夺走了数千万人性命的大规模流感。更糟糕的是，我们还没有研发出对抗这种新型流感病毒的疫苗。公共卫生专家能做的只是减慢它传播的速度。但要做到这一点，他们必须先知道这种流感出现在哪里。

美国，和所有其他国家一样，都要求医生在发现新型流感病例时告知疾病控制与预防中心（CDC）。但由于人们可能患病多日实在受不了了才会去医院，同时这个信息传达回疾控中心也需要时间，因此，通告新流感病例时往往会有一两周的延迟。而且，疾控中心每周只进行一次数据汇总。然而，对于一种飞速传播的疾病，信息滞后两周的后果将是致命的。这种滞后导致公共卫生机构在疫情爆发的关键时期反而无所适从。

在甲型H1N1流感爆发的几周前，互联网巨头谷歌公司的工程师们在《自然》杂志上发表了一篇引人注目的论文。它令公共卫生官员们和计算机科学家们感到震惊。文中解释了谷歌为什么能够预测冬季流感的传播：不仅是全美范围的传播，而且可以具体到特定的地区和州。谷歌通过观察人们在网上的搜索记录来完成这个预测，而这种方法以前一直是被忽略的。谷歌保存了多年来所有的搜索记录，而且每天都会收到来自全球超过30亿条的搜索指令，如此庞大的数据资源足以支撑和帮助它完成这项工作。

发现能够通过人们在网上检索的词条辨别出其是否感染了流感后，谷歌公司把5000万条美国人最频繁检索的词条和美国疾控中心在2003年至2008年间季节性流感传播时期的数据进行了比较。其他公司也曾试图确定这些相关的词条，但是他们缺乏像谷歌公司一样庞大的数据资源、处理能力和统计技术。

虽然谷歌公司的员工猜测，特定的检索词条是为了在网络上得到关于流感的信息，如"哪些是治疗咳嗽和发热的药物"，但是找出这些词条并不是重点，他们也不知道哪些词条更重要，更关键的是，他们建立的系统并不依赖于这样的语义理解。他们设立的这个系统唯一关注的就是特定检索词条的频繁使用与流感在时间和空间上的传播之间的联系。谷歌公司为了测试这些检索词条，总共处理了4.5亿个不同的数字模型。在将得出的预测与2007年、2008年美国疾控中心记录的实际流感病例进行对比后，谷歌公司发现，他们的软件发现了45条检索词条的组合，一旦将它们用于一个数学模型，他们的预测与官方数据的相关性高达97%。和疾控中心一样，他们也能判断出流感是从哪里传播出来的，而且他们的判断非常及时，不会像疾控中心一样要在流感爆发一两周之后才可以做到。

所以，2009年甲型HINI流感爆发的时候，与习惯性滞后的官方数据相比，谷歌成了一个更有效、更及时的指示标。公共卫生机构的官员获得了非常有价值的数据信息。惊人的是，谷歌公司的方法甚至不需要分发口腔试纸和联系医生——它是建立在大数据的基础之上的。这是当今社会所独有的一种新型能力：以一种前所未有的方式，通过对海量数据进行分析，获得有巨大价值的产品和服务，或深刻的洞见。基于这样的技术理念和数据储备，下一次流感来袭的时候，世界将会拥有一种更好的预测工具，以预防流感的传播。

总之，从有效性到实用性。大数据能够提高公共卫生工作人员对传染病疫情的追踪和响应能力、对疾病早期预警信号的发现能力，以及对诊断性检测方法与治疗方法的研发能力。

大数据不仅改变了公共卫生领域，整个商业领域都因为大数据而重新洗牌。购买飞机票就是一个很好的例子。

2003年，奥伦·埃齐奥尼（Oren Etzioni）准备乘坐从西雅图到洛杉矶的飞机去参加弟弟的婚礼。他知道飞机票越早预订越便宜，于是他在这个大喜日子来临之前的几个月，就在网上预订了一张去洛杉矶的机票。在飞机上，埃齐奥尼好奇地问邻座的乘客花了多少钱购买机票。当得知虽然那个人的机票比他买得更晚，但是票价却比他便宜得多时，他感到非常气愤。于是，他又询问了另外几个乘客，结果发现大家买的票居然都比他的便宜。

对大多数人来说，这种被敲竹杠的感觉也许会随着他们走下飞机而消失。然而，埃齐奥尼是美国最有名的计算机专家之一，从担任华盛顿大学人工智能项目的负责人开始，他即创立了许多在今天看来非常典型的大数据公司，而那时候还没有人提出"大数据"这个概念。

1994年，埃齐奥尼帮助创建了最早的互联网搜索引擎，该引擎后来被Infospace公司收购。他联合创立了第一个大型比价网站Netbot，后来把它卖给了Excite公司。他创立的从文本中挖掘信息的公司Clearforest则被路透社收购了。在他眼中，世界就是一系列的大数据问题，而且他认为他有能力解决这些问题。作为哈佛大学首届计算机科学专业的本科毕业生，自1986年毕业以来，他一直致力于解决这些问题。

飞机着陆之后，埃齐奥尼下定决心要帮助人们开发一个系统，用来推测当前网页上的机票价格是否合理。作为一种商品，同一架飞机上每个座位的价格本来不应该有差别，但实际上，价格却千差万别，其中缘由只有航空公司自己清楚。

埃齐奥尼表示，他不需要去解开机票价格差异的奥秘。他要做的仅仅是预测当前的机票价格在未来一段时间内会上涨还是下降。这个想法是可行的，但操作起来并不是那么简单。这个系统需要分析所有特定航线机票的销售价格并确定票价与提前购买天数的关系。

如果一张机票的平均价格呈下降趋势，系统就会帮助用户做出稍后再购票的明智选择。反过来，如果一张机票的平均价格呈上涨趋势，系统就会提醒用户立刻购买该机票。换言之，这是埃齐奥尼针对

9000米高空开发的一个加强版的信息预测系统。这确实是一个浩大的计算机科学项目。不过，这个项目是可行的。于是，埃齐奥尼开始着手启动这个项目。

埃齐奥尼创立了一个预测系统，它帮助虚拟的乘客节省了很多钱。这个预测系统建立在41天内价格波动产生的12000个价格样本基础之上，而这些信息都是从一个旅游网站上搜集来的。这个预测系统并不能说明原因，只能推测会发生什么。也就是说，它不知道是哪些因素导致了机票价格的波动。机票降价是因为很多没卖掉的座位、季节性原因，还是所谓的周六晚上不出门，它都不知道。这个系统只知道利用其他航班的数据来预测未来机票价格的走势。"买还是不买，这是一个问题。"埃齐奥尼沉思着。他给这个研究项目取了一个非常贴切的名字，叫"哈姆雷特"。

这个小项目逐渐发展成为一家得到了风险投资基金支持的科技创业公司，名为Farecast。通过预测机票价格的走势以及增降幅度，Farecast票价预测工具能帮助消费者抓住最佳购买时机，而在此之前还没有其他网站能让消费者获得这些信息。

这个系统为了保障自身的透明度，会把对机票价格走势预测的可信度标示出来，供消费者参考。系统的运转需要海量数据的支持。为了提高预测的准确性，埃齐奥尼找到了一个行业机票预订数据库。有了这个数据库，系统进行预测时，预测的结果就可以基于美国商业航空产业中，每一条航线上每一架飞机内的每一个座位一年内的综合票价记录而得出。如今，Farecast已经拥有惊人的约2000亿条飞行数据记录。利用这种方法，Farecast为消费者节省了一大笔钱。

棕色的头发，露齿的笑容，无邪的面孔，这就是奥伦·埃齐奥尼。他看上去完全不像是一个会让航空业损失数百万美元潜在收入的人。但事实上，他的目光放得更长远。2008年，埃齐奥尼计划将这项技术应用到其他领域，比如宾馆预订、二手车购买等。只要这些领域内的产品差异不大，同时存在大幅度的价格差和大量可运用的数据，就都可以应用这项技术。但是在他实现计划之前，微软公司找上了他并以1.1亿美元的价格收购了Farecast公司。而后，这个系统被并入必应搜索引擎。

Farecast是大数据公司的一个缩影，也代表了当今世界发展的趋势。在2003年前五年或者十年，奥伦·埃齐奥尼是无法成立这样的公司的。他说："这是不可能的。"那时候他所需要的计算机处理能力和存储能力太昂贵了！虽说技术上的突破是这一切得以发生的主要原因，但也有一些细微而重要的改变正在发生，特别是人们关于如何使用数据的理念。

大数据时代的企业竞争，已经从小数据的样本决策竞争上升到大数据的相关性分析决策竞争，将改变企业从"经验和直觉"决策走向"数据和分析"决策，其本质上是"一场管理革命"。

在点融网的首席风险官徐天石看来，互联网金融就是利用大数据的无所不在，把借款人和出资人联系在一起，这就是创新的根本所在。P2P提供了这个平台，可以使得每笔交易变得非常透明，不像一般储户和小贷公司借款人无法看到银行所对应的贷款是什么状态。

随视传媒科技股份有限公司CEO薛雯漪则对于大数据的使用，有着独到的见解。她指出，一个是企业要怎么有针对性的应用，怎么判别他对这个信息有这个需求，这是应用问题。另外一个是企业内部的问题，最终得罪消费者使消费者取消这个关系，消费者不再购买了。然而，对于客户信息的使用需要授权，不恰当使用了数据会产生刑事责任。

事实上，以前企业外部风险研究需要靠信息来支撑，如今就需要靠大数据来做支撑，北京市律协企业法律风险管理专业委员会主任陈晓峰分析指出，企业外部的风险，金融里面有一项叫信贷风险，更需要大数据情报来做支撑，可以借助大数据来发现风险在哪里。通过把给企业相关的信息放在云服务器上，让所有企业能够获得行业所需要的各种各样的情报。大数据时代已经来临，无论你听到还是没听到，无论你了解多少，已经改变了我们的生活和思维方式，改变了我们的商业模式，甚至整个世界。

对此，百度集团法务总监刘敏持相同观点：大数据并没有离我们很远，而是时刻在我们身边。他举例称，最近网上搜索的一个热词是一个女孩用大数据在世界杯期间购买彩票中了300万，她每一场都参考百度的数据进行预测，最后让她挣到了300万。

大数据时代的来临对于监管提出了更高的要求，中国银监会创新业务处副处长陈胜认为，对于互联网金融最敏感的就是个人信息保护的问题，坦率来讲，非常严格的个人隐私保护或者个人数据保护与立法有关系，不过，中国个人数据或者个人隐私保护法至今为止没有推出来。

北京大学法学院副教授洪艳蓉则表示，在互联网大数据背景下，一些互联网公司，凭借信息和各种优势，取得了一定的领头羊的地

位，甚至也有一些传统的金融机构转型到互联网，不过问题也会随之而来，在这种情况下，可能形成某种寡头垄断，这时候该如何维护一个正常有序的市场竞争？

与此同时，当人们参与互联网金融业务的时候，他们的权益又该如何保障，是买者自己承担责任？在这种情况下，政府又该充当什么样的角色，如何变成互联网金融下的守业者责任？这似乎还都在路上。

一切商业变革皆可量化

人类自从诞生以来就在源源不断地创造着数据，商业文明的发展自始至终都离不开对于数据宝藏的挖掘，在商业世界中，数据一直都不是什么新鲜的东西，但是当海量的数据积累所造就的"大数据"时代到来，经济的新的增量已经逐渐露出了面纱。

尽管数据挖掘的工作人类已经做了几十年，但是"大数据"与我们通常所说的"数据"还是有显著的不同。

1997年，一台名叫"深蓝"的计算机击败了当时的国际象棋冠军Garry Kasparov。2011年，另一台计算机Watson在广受欢迎的美国电视智力竞赛节目《Jeopardy!》再次战胜前几届的冠军。

这两件事很好地诠释了数据与大数据这两个不同的商业时代。诞生于数据时代的"深蓝",通过将象棋的游戏规则转化为以0和1形式存在的算法,借助全新并行处理技术,计算可能的走棋结果,如今,几乎任何一台计算机都能够通过扫描数据库而将结构化查询与答案匹配起来。而在大数据相关技术的帮助下,Watson则能够回答那些以人类说话方式提出的不可预测的问题,Watson 能够"读取"大量人类知识载体,包括百科全书、报告、报纸、书籍等。它以分析形式评估证据,假设应答结果,并计算每种可能性的可信度。它在数秒内提供一个最有可能正确的答案。另外,它在做这些工作时,速度和准确性都超过世界一流的人类对手。

大数据的迅速增长及相关技术的发展正在带来全新的商业机遇。据《麻省理工学院斯隆管理评论》和IBM商业价值研究院联合举行的2011年新智能企业全球高管调查和研究项目指出,绝大多数企业都已抓住了这些机遇。2011年,58%的企业已经将分析技术用于在市场或行业内创造竞争优势,而2010年这一比例仅为37%。值得注意的是,采用分析技术的企业持续超越同行的可能性要高两倍。

对于任何企业来说,数据都是其商业皇冠上最为耀眼夺目的那颗宝石。伴随着传统的商业智能系统向纵深应用的拓展,商业决策已经越来越依赖于数据。然而,传统的商业智能系统中用以分析的数据,大都是企业自身信息系统中产生的运营数据,这些数据大都是标准化、结构化的。事实上,这些数据只占到了企业所能获取的数据中很小的一部分——不到15%。

通常情况下,企业的数据可以分为3种类型:结构化数据、半结构化数据和非结构化数据。其中,85%的数据属于广泛存在于社交网络、物联网、电子商务等之中的非结构化数据。这些非结构化数据的产生往往伴随着社交网络、移动计算和传感器等新的渠道和技术的不断涌现和应用。企业用以分析的数据越全面，分析的结果就越接近于真实。大数据分析意味着企业能够从这些新的数据中获取新的洞察力，并将其与已知业务的各个细节相融合。

在沃尔沃集团，通过在卡车产品中安装传感器和嵌入式CPU，从刹车到中央门锁系统等形形色色的车辆使用信息，正源源不断地传输到沃尔沃集团总部。"对这些数据进行分析，不仅可以帮助我们制造更好的汽车，还可以帮助客户们获取更好体验。"沃尔沃集团CIO Rich Strader说。

现在，这些数据正在被用来优化生产流程，以提升客户体验和提升安全性。将来自不同客户的使用数据进行分析，可以让产品部门提早发现产品潜在的问题，并在这些问题发生之前提前向客户预警。"产品设计方面的缺陷，此前可能需要有50万台销量的时候才能暴露出来，而现在只需要1000台，我们就能发现潜在的缺陷。" Rich Strader说。

在美国最大的医药贸易商McKesson公司，对大数据的应用也已经远远领先于大多数企业，将先进的分析能力融合到每天处理200万个订单的供应链业务中，并且监督超过80亿美元的存货。

对于在途存货的管理，McKesson开发了一种供应链模型，它根据产品线、运输费用甚至碳排放量而提供了极为准确的维护成本视图。据公司流程改造副总裁Robert Gooby说，这些详细信息使公司能够更加真实地了解任意时间点的运营情况。

Gooby解释说："但是，大多数模型旨在简化物理世界，而这个模型极为复杂，并且包含我们的现实世界的全部数据。它允许我们量化业务运作的根本性变化所产生的影响的细节。这个模型并不是一种简化版。"

McKesson利用先进分析技术的另一个领域是对配送中心内的物理存货配置进行模拟和自动化处理。评估政策和供应链变化的能力帮助公司增强了对客户的响应能力，同时减少了流动资金。总体来讲，McKesson的供应链转型使公司节省了超过1亿美元的流动资金。

同样对大数据情有独钟的，还有中国移动集团山西有限公司，通过大数据分析，对企业运营的全业务进行针对性的监控、预警、跟踪。系统在第一时间自动捕捉市场变化，再以最快捷的方式推送给指定负责人，使他在最短时间内获知市场行情。

全面获取业务信息非常重要，有时候甚至能颠覆常规分析思路下做出的结论。比如，一个客户使用最新款的诺基亚手机，每月准时缴费、平均一年致电客服3次，使用WEP和彩信业务。如果按照传统的数据分析，可能这是一位客户满意度非常高、流失概率非常低的客户。事实上，当搜集了包括微博、社交网络等新型来源的客户数据之后，这位客户的真实情况可能是这样的：客户在国外购买的这款手机，手机中的部分功能在国内无法使用，在某个固定地点手机经常断线，彩信无法使用——他的使用体验极差，正在面临流失风险。

中国移动正在打破传统数据源的边界，更加注重社交媒体等新型数据来源。通过各种渠道获取尽可能多的客户反馈信息，并从这些数据中挖掘更多的价值。

社交网络、移动互联网、企业信息化在最近这几年中都得到了迅猛的发展，不断产生的海量数据将越来越影响企业从战术到战略制定的各个方面，这是一个巨大的挑战，当然更是机遇，因为在大数据的背后，将是IT厂商跨越到商业智能的绝佳机会。

IBM当年之所以完成从PC厂商开始向商业智能服务商的成功转型，一个重要的原因就是其较早预见到了大数据的商业机遇并果断布局。纵观IBM10亿美元以上级别的大手笔收购多与如何有效处理大数据有关。2007年，IBM花费20亿美元收购了商务智能软件供应商Congnos；2009年7月，IBM斥资12亿美元收购SPSS软件，这是一家集数据整理、分析功能于一身的统计分析软件；2010年9月，IBM以17亿美元的代价将数据库分析供应商Netezza收之麾下——自2005年以来，IBM投资160亿美元进行了30次与大数据有关的收购。这一系列布局，为IBM业绩带来了稳定高速的增长。2012年，IBM股价突破200美元大关，累计涨幅超过9%，3年之内股价翻了3倍。

同样在抢占大数据蛋糕份额时占据先机的还有甲骨文。面对越来越多的海量数据所带来的商业潜力，甲骨文的策略是在2011年的OpenWorld大会上推出了Oracle大数据机和Exalytics商务智能服务器，构建自己的大数据平台解决方案。除此之外，早在2008年，甲骨文就花费33亿美元收购商业智能解决方案提供商海波龙（Hyperion），2009年以74亿美元巨资鲸吞另一家IT巨头SUN公司。

而在大数据实时分析的领域中，SAP也不甘人后。2011年SAP推出了HANA平台以应对大数据实时分析的挑战。和IBM、甲骨文这些对手一样，SAP也一直没有停止通过大手笔的收购在大数据领域进行战略布局。2007年，SAP花费68亿美元收购全球商业智能软件霸主Business Object，2010年5月，SAP以58亿美元的代价并购数据库厂商Sybase。围绕着大数据的这些大手笔的战略布局也让SAP收到了回报，2011年，SAP全年利润翻番，达到34亿欧元，造就了该公司40年历史上最好的业绩。

此外，EMC、Informatica、Taredata等公司，也都是大数据领域不可忽略的势力。

事实上，大数据发展的核心动力来源于人类测量、记录和分析世界的渴望。信息技术变革随处可见，但是如今的信息技术变革的重点在"T"（技术）上，而不是在"I"（信息）上。现在，我们是时候把聚光灯打向"I"，开始关注信息本身了。

数据化，不是数字化。数据化与数字化大相径庭。数字化指的是模拟数据转换成用0和1表示的二进制，这样电脑就可以处理这些数据了。而数据化，是一种把现象转变为可制表分析的量化形式的过程。为了得到可量化的信息，我们要知道如何计量：为了数据化量化了的信息，我们要知道怎么记录计量的结果。量化，是数据化的核心。计算机带来了数字测量和存储设备，这样就大大提高了数据化的效率。计算机可以通过数学分析挖掘出比数据更大的价值。数字化带来了数据化，但是数字化无法取代数据化。当文字变成数据，当方位变成数据，沟通变成数据，你就可以想象，一切都可以数据化了。而其中，我们很难想象的数据，正在日复一日地扩大，我们很难想象的扩大，随之带来的就是存储、处理和展示等一系列问题。我们姑且不去考虑这背后，会产生什么样的联动效应。我们闭上眼，花花的字符，就在你眼前浮现，这个世界也就在你的眼前。

一旦世界被数据化，就只有你想不到，而没有信息做不到的事情了。我们跨过艰辛的人工分析过程后去揭示隐藏在数据中的价值。而今天，拥有了数据分析工具（统计学和算法）以及必需的设备（信息处理器和存储器），我们就可以在更多领域，更快、更大规模地进行数据处理了。当你抛开传统的思维模式，将世界看作信息，看作可以理解的数据海洋，为我们提供了一个从未有过的审视的视角，去渗透到生活的每一个角落。数据化的影响会使水渠和报纸的影响微乎其微，同时，通过赋予人类数据化世间万物的工具，它也对互联网的地位提出了挑战。但目前，它的主要用途还是在商业领域。谈到商业，第一问题就是：价值。

价值是"取之不尽，用之不竭"的数据创新。

数据就像一个神奇的矿山，当它的首要价值被发掘后仍能不断地给予。它的真实价值就像漂浮在海洋中的冰山，第一时间看到的只是冰山一角，而绝大部分都隐藏在其表面之下。

在数字化时代，数据支持交易的作用被掩盖，数据只是被交易的对象。而在大数据时代，事情再次发生变化。数据的价值从它最基本的用途变为未来的潜在用途。这一转变意义重大，它影响了企业评估其拥有的数据及访问者的方式，促使甚至是迫使公司改变他们的商业模式，同时也改变了组织者看待和使用数据的方式。在大数据时代，我们更强调的是数据的"潜在价值"。当我们明白，你所看到的只是冰山一角的时候，我们就应该明白，那些创新型企业如何能够提取其潜在价值并获得潜在的巨大利益。总之，在我们判断数据的价值的时候，我们需要考虑到未来它可能被使用的各种方式，而非仅仅考虑其目前的用途。

数据的价值体现在其所有可能用途的总和。这些似乎无限潜在用途的选择，不再是指传统意义上的利用选择，而是实际意义上可能产生价值的选择。这些选择的总和加在一起就是数据的价值，就是数据的"潜在价值"。同时，我们不再是数据的单遍扫描，而是数据的再利用、数据重组利用、扩展数据利用、数据折旧利用、数据的废除利用、开放数据的利用、数据的估值利用等。

当我们不在站在冰面上看问题的时候，解决问题的方式可能会变得更开阔。而数据价值的关键就是看似无限的再利用，即潜在价值的利用。数据积累的过程固然重要，但是远远不够，因为大部分数据的价值体现在它的使用过程中，而不是仅仅占有数据本身。

第二个是角色定位。因为角色定位使数据、技术与思维成为了三足鼎立。

当年，微软以1.1亿美元的价格收购了大数据公司Farecast，而两年后谷歌则以7亿美元的价格购买了给Farecast提供数据的ITA Software公司。如今，我们正处在大数据时代的早期，思维和技术是最有价值的，但是最终大部分的价值还是必须从数据本身中挖掘。

上面我们谈到如何通过创新用途，挖掘出数据新的价值，主要是指我们所说的潜在价值。如今，我们把重点转移到使用数据的公司和它们如果通过数据产生价值如何融入大数据价值链中。

大数据价值链三大构成：

（1）基于数据本身的公司：这些公司拥有大量数据或至少可以

收集到大量数据却不一定有从数据提取价值或使用催生创新思想的技能。最好的例子就是Twitter，它拥有海量数据这一点毋庸置疑，但它的数据是通过两个独立的公司授权给别人使用的。

（2）基于技能的公司：它们通常是咨询公司、技术供应商或第三方数据分析公司。它们掌握了专业的技能但并不一定拥有数据或提出数据创新性用途的才能。比方说：沃尔玛和Pop-Tarts这两个零售商是借助Teradata的分析来获得营销点子，Teradata就是一家大数据分析公司。

（3）基于思维的公司：Jetpac的联合利华的创始人，皮特-华登（Pete Warden），就是通过想法获得价值的一个例子。Jetpac通过用户分享到网上的旅行照片来为人们推荐下次旅行的目的地。对于某些公司来说，数据和技能并不是成功的关键。让这些公司脱颖而出的是其创始人和员工的创新思维，他们有的是挖掘数据的新价值的独特想法。

所谓的大数据思维，是指一种意识，认为公开的数据一旦处理得当就能为千百万人急需解决的问题提供答案。数据最终的归宿就是个人的价值。大数据思维，必然会引起一些人的恐慌，也必然引起一些公司的倒闭与转型。传统行业最终都会转变为大数据行业，无论是金融服务业、医药行业还是制造业。当然，大数据不会让所有行业的中等规模的公司消亡，但是肯定会给可以被大数据分析所取代的中等规模的公司带来巨大的威胁。

当我们正在憧憬大数据给我们带来的变革的时候，担忧依然存在。隐私问题，就是不可避免的。在大数据时代，如何关注用户隐私保护，当我们的信息暴露在公开的环境下，我想会是怎样的可怕。这是更值得我们思考的问题，也是大数据给我们带来的不良影响。

大数据引发商业革命

"数是万物的本原"，事物的本质和规律隐藏在各种原始数据的相互关联之中。对同一个问题，不同的数据能提供互补信息，通过相关性思维，让不同"维度"的海量数据"关联"起来，从而实现对物理世界的真实认识。大数据通过"量化一切"而实现世界的数据化，并由此改变人类认知和理解世界的方式，同时带来全新的大数据世界观。因此，当地球上的一切将可能产生数据时，数据将成为未来重要的生产资源甚至战略资源，未来所有的行业都会是"大数据+"，人类必须适应"数据驱动一切"的改变，并且，这个未来并不遥远。

列宁曾说过："神奇的预言是神话，科学的预言却是事实。"超前思维绝不是异想天开的胡思乱想，而是以过去经验为指导，以丰富知识为前提，通过对未来情况的预测而对现实进行调整的一种方法。其作用在于前瞻性思考，帮助我们调整思路和寻求发展方向，从而正确地实施决策。

据商务部发布数据：2014年国内消费市场全年实现社会消费品零售总额26.2万亿元，其中电子商务交易额（包括B2B和网络零售）达到

约13万亿元，同比增长25％。

这意味着电子商务业务已占消费品零售业的半壁江山。

紧承其后，中国互联网络信息中心于2015年2月3日，在京发布第35次《中国互联网络发展状况统计报告》。其内容显示，截至2014年12月，我国网民规模达6.49亿，互联网普及率为47.9％。其中，我国手机网民规模达5.57亿，较2013年底增加5672万人。网民中使用手机上网人群占比由2013年的81.0％提升至85.8％。手机端即时通信使用保持稳步增长趋势，使用率为91.2％。

这一系列的数据，无不在告诉我们：互联网在中国的发展将很快普及到每个人的生活中去，由此必然会引发新的社会与商态变化；而且，不论我们信与不信、接受与否，基于互联网的交易方式已经占据半壁江山，并继续向前发展。

在这个过程中，我们还发现中国货币总量发生了显著的变化：从1978年的1134亿，到1990年末，增加到1.53万亿，而在2014年末已经达到了122.5万亿，是1978年的1000倍，是1990年的80倍。

这个数据的变化，告诉我们所有的商业从业人员：中国人有钱了。当手上有了大把的钱之后，每个人都将会越来越重视自己在货币支付过程中的主导权。

由此，一场基于移动互联和用户需求满足的全新商业革命拉开帷幕。在这里，我估且把它定义为中国社会经济的第三次商业革命：由互联网所引发的消费者价值取向与消费行为模式将通过这次革命发生永久性的改变。尤其是基于互联网所带来消费者价值观的改变，将从用户端开始，反力向前推动整个商业链条应势而变，最终迫使企业做出相应的调整。

总之，数据已经如一股"洪流"注入了世界经济，成为全球各个经济领域的重要组成部分。麦肯锡公司预计，数据将与企业的固定资产和人力资源一样，成为生产过程中的基本要素。而在2012年年初的瑞士达沃斯论坛上，一份题为《大数据，大影响》的报告同样认为，数据已经成为一种新的经济资产类别，就像货币或黄金一样。

这是大数据时代的独特现象。和其他的生产要素相比，数据无疑又具备更独特的特点。例如，工业生产过程中的原材料，一般都有排他性，但数据很容易实现共享，而且使用的人越多，其价值越大；数据也不像机器、厂房，会随着使用次数的增多而贬值，相反，重复使用反而可能使它增值。此外，此数据和彼数据如果能有机地结合到一起，可能就会产生新的信息和知识，并且实现大幅增值。

麦肯锡的报告继而指出："已经有越来越多令人信服的证据表明：大数据将成为竞争的关键性基础，并成为下一波生产率提高、创新和为消费者创造价值的支柱。"

显然，数据的重要性已经提升到竞争性要素的高度。众所周知，信息时代的竞争，不是劳动生产率的竞争，而是知识生产率的竞争。数据是信息的载体，是知识的源泉，当然也就可以创造价值和利润。

可以预见，基于知识的竞争，将集中表现为基于数据的竞争。而这种数据竞争，将成为经济发展的必然。

美国信息经济领域的著名教授托马斯·达文波特认为，随着全球竞争的不断深化，企业的地理优势也将淡化，各种国家和地区性的保护措施也将逐步取消，一项专利很快会被模仿、复制、推广，创新将越来越艰难。但在除去这些要素之外，还有一点可以构成企业竞争的基础，那就是以"低成本、高效率"的方式来开展公司的业务。这种竞争，要求公司制定流线型的商业过程，各个过程之间必须无缝隙、无摩擦地对接，并保证每一个商业决策明智、正确，在竞争的过程中不犯错误。

而要做到这些，企业必须广泛推行以事实为基础的决策方法，大量使用数据分析来优化企业的各个运营环节，通过基于数据的优化和对接，把业务流程和觉得过程当中存在的每一分潜在的价值都挤出来，从而节约成本，战胜对手，在市场上幸存。

达文波特认为，能够始终保证自己以"数据最优"的方式运营的公司，将会在竞争中坚持到最后。因为，粗放型经营的公司最终将因"高成本"而自动出局。

事实上，这种以数据分析为竞争能力的公司都是各自领域的领袖，他们都把自己的成功归功于对数据分析的娴熟应用。全球性的竞争正在变得更加激烈，这加剧了这种需要。而在西方发达国家的公司看来，和中国、印度的竞争对手相比，他们无法在产品成本方面获得优势，但其最大优势就是能在商业过程的优化方面不战而胜。

显然，这种情况已经不是预言，而是越来越明显的普遍现象。尤其对于实体产业而言，所受到的冲击和压力也将是再所难免，而且来自于时代变革过程中所引发的阵痛，所持续的时间周期将会长久为一种常态。跟每一波革命都会对上一波所建立的商业体系、形态带来冲击、影响，并形成新的商业业态、商业巨头一样，第三次商业革命对之前商业模式的洗礼，也将是更加彻底、更加深刻。

第一次革命：以制造为导向

这一波的革命由1980年开始。为什么没有鉴定为1978年？虽然改革开放由那一年提出，但实质性的举动发生在1980年12月11日，一个叫章华妹的19岁小姑娘，从温州鼓楼工商所领到了第一张"个体工商户营业执照"。这是第一波革命的标志事件。

1985年前后，工业化、市场化生产在中国开始正式启航，我们今天所看到的一大批制造业巨头，如TCL、海尔、联想、格力、华为等就在这个时期诞生。他们抓住了当时供需极度不平衡的机会，开始大规模地制造，以制造为导向的市场模式由此形成。

在那个时期，物资极度匮乏，用户没有话语权，也没有选择权，只有抢购权。另外一方面由于信息技术不发达，企业离用户相对较远。这个阶段最明显的特征就是，企业主导着市场与用户。

第二次革命：以渠道为导向。

这一波革命可以说是由1990开始，但正式启航则是在1995年前后，刚好距离上一波商业革命10年时间。这一年，一位名叫张树新的人，创立了首家互联网服务供应商"瀛海威"，从此开启了中国老百姓进入互联网时代的大门。这是第二波革命的标志事件。

制造导向经历了10年的井喷式发展，市场上的商品与老百姓需求之间的关系开始进入了新一轮的变化。供需关系由过去的需大于供，逐步开始转向供大于需的趋势。加之由于互联网的介入，打破了原先信息不对称的屏障，各种信息开始流动起来。

一些企业开始意识到制造导向的阶段即将结束，取而代之影响消费者的将会是渠道。谁掌握着商品的流通渠道，谁就能在最大程度上

影响与左右消费者的购买决策。

于是就出现了我们今天所看到的各种以渠道为主导的商业模式，如苏宁、国美，以及外来的沃尔玛、大润发、宜家、百安居等。这其中还包括我们现在所熟知的自建销售体系模式，如联想、海尔等，也都是在1995年前后开始乘势发展起来的。

这个时期最为明显的特点就是，品牌与营销开始受到重视，各种广告大幅度攀升，促销出现，商家之间争夺用户的行为越发激烈。可以说，品牌与广告的黄金成长时期就在这个阶段，电视台、杂志、报纸……任何只要能传播的载体都活得非常滋润。企业的产品品牌意识明显加强，并普遍成为重点谈论的话题，品类概念也在这个阶段中被重视，企业开始主动为市场、用户创造需求。

第三次革命：以用户为导向。

这一波革命可以说是从2005年开始，持续到2010年才开始正式启航，也就是我们现在正经历着的风云变幻。这其中标志性事件为苹果在2010年6月7日所发布的iPhone4。

iPhone4的发布瞬间缩短了商业间的距离，让全世界的商品都凝聚到了指尖上，并围绕着人来转。而借助于移动互联网技术的普及，信息的流动速度与范围也超过了以往的任何一个时代。无区域无时限的流动，让用户的想法获得了充分表达，并有机会被采纳。

而真正推动用户为中心的这波革命，微博、小米都具有不可替代的价值。小米借助微博直接与用户充分互动的浪潮，快速推动了以用户为导向这波革命，让用户参与其中，表达自己的想法，并为自己的想法埋单。这波以用户为导向的革命，将会是接下来很长一段时期的主流。

用户为导向的商业形态将呈现以下几种特性：细分、个性、参与、体验、快速。消费者可以随时随地找到无数的可选产品，并且能立即纳入囊中，全世界的商品就在我们的指尖。这个时代的消费者已经学会，并利用这种新到手的权利，正在以自己的方式重新定义价值。

从时代发展的轨迹，我们能预见即将到来的变化。正如前两轮的商业革命一样，在这一轮革命中，必然会前仆后继，倒下一批曾经的枭雄，而顺势崛起一些新的巨头。而对于所谓的"传统企业"或者"互联网企业"而言，放下自己，让用户"爽"才是王道。

就如马斯洛关于人的需求层次理论说的一样，当我们解决了基本的生存问题之后，必然会追求更高的精神层面。那么，在我们一方面面对这应接不暇的新商品出现，另外一方面又面对着手里的货币数量与支配权越来越大，我们必然将走向于"自我"的时代。

在联想全球誓师大会上，联想集团董事长兼CEO杨元庆强调了当前的互联网转型战略：从以产品为中心到以用户为中心。这其中显然已经让我们明白，中国前沿的"传统"制造型科技公司，已经洞察到了这一波革命的核心，商业正在从过去的制造、渠道导向转变到了今天的用户导向。

这一次商业革命无论是对产业还是行业，无论是"传统"制造业还是"互联网"企业，都将是一个最好的时代，因为在这轮商业变革中，我们将围绕用户为中心发生很多的可能性；当然，也将是一个最

坏的时代，一旦不能围绕用户为中心而停留在第一波革命或第二波革命的路径中，必然会带来灾难性的创伤。

但还是不必恐慌，也不必过分担忧，只要认清我们所处这第三波革命的本质，即以用户为导向，不论是创业，还是变革，始终坚持与围绕用户为中心来思考、行动，必然会在这一轮商业革命中占有一席之地。

今天的大数据时代，让商业的生态环境在不经意间发生了巨大的变化：网民和消费者的界限正在变得模糊，无处不在的智能终端，随时在线的网络传输，互动频繁的社交网络让以往只是网页浏览者的网民的面孔从模糊变得清晰，对于企业来说，他们第一次有机会进行大规模的精准化的消费者行为研究；作为保持着持续变革欲望的企业，主动地拥抱这种变化，从战略到战术层面开始自我的蜕变和进化将会让他们更加适应这个新的时代。

第五章
大数据与企业变革

　　大数据能够用来创造价值是因为，在当今社会中，依靠相关数据分析所得出的报告越来越多地成为高层管理者进行决策的重要参考。看似比"经验主义"更加科学客观的各类经济报表和技术报告，已经成为各类研究机构向决策者提供建议的重要手段，而大数据技术正好迎合了这样的需求。

传统企业该如何找到自己的变革点

大数据时代，一些传统的商业思想正在被颠覆。这其中最为重要的，就是必须将数据作为企业的核心资产。

在进入大数据时代之前的漫长的商业社会进化过程中，企业脱离于人才而单独存在的智商基本是零，也正因为如此，人才变得异常重要，并一度被视为企业的核心竞争力——一方面，企业的智商被分布存储在这些人才的大脑中；另一方面，企业需要借助人才的商业智商，提升自身的企业智商。一定程度上，企业智商的高低，完全取决于人才的商业智商。

与此同时，由于企业智商被分布存储于人才的大脑中，信息的分享与价值挖掘受到极大制约，很难完全发挥。

在大数据时代，信息消费有望成为内需拉动的新引擎，大数据颠覆传统产业，提升运营效率和结构效率，推动传统产业升级经济转型。

大数据时代，野蛮人的出现促使产业格局重构。跨界变现重塑传统产业格局：谷歌是技术创新驱动的数字王国。阿里巴巴三流合一的生态链，跨界成为金融业的"搅局者"。腾讯率先抢获移动互联网的门票，促使电信运营商趋于管道化。大数据时代，前向免费圈数据，

后向创新来变现成为新的玩法。企业家和投资人需要重新审视产业和企业的投资价值、护城河与核心竞争力。

大数据时代，涉及最广、影响最深的金融电信政府领域三大产业链投资。阿里产业链，战略聚焦三流为核心的数据流，进行从支付、小贷、销售、供应链金融、消费金融全业务变现。腾讯产业链，通过微信5.0实现O2O闭环线上线下一体化，以QQ为核心的产品体系覆盖用户全部生活需求。棱镜门加速去IOE趋势，智慧城市建设新思路。

在香港，有家日料店在很短时间内风靡全港，开了多个连锁店。很多市民都知道这家日料店的海鲜非常新鲜实惠，价格只有别家的七折。

我也曾经询问过这位大厨朋友，是什么能做到这么好的生意？

大厨神秘兮兮地问我，"你有没有看到每个餐桌上的摄像头？那就是我们的秘密武器。"

原来，这家海鲜店每天都会通过摄像头，查看食客点餐、到餐的顺序，以及剩菜的种类分量。通过这样的盘点，这家餐厅的老板可以准确把握消费者的喜好，从而对海鲜预购量也相对精准。也正因为此，这家餐厅的货源流转迅速，成本也随之降低。

这是个有趣的案例。一家没有ERP系统的传统餐厅，通过摄像头实现了对采购的信息化管理：收集用户信息进行分析，进而用于第二天的采购决策，循环反复，以此降低生意成本。

对很多人而言，大数据只是一个流行词。在觉得数据距离自己业务很远的同时，传统企业又心生恐惧不知未来会怎样：哪种生意可以用上数据？数据可以解决哪些具体业务问题？

谁需要大数据?

在电商领域,我们可以将用户的认知分为三种:浏览者、购买者和消费者。传统百货店既不知道走进商店的人们都逛了哪些店(浏览数据),也不知道消费者在每个品牌店都买了什么商品(购买数据),用了什么银行卡买单,更不要说消费者购物完成后,他们的使用体验数据。

生产企业最痛的点,是它知道谁帮它卖,但不知道谁在买。对零售业这个问题变为:知道谁在买,但不知道客人如何做决定的,更不知道他们用得如何,出了什么问题也不知道。这是因为旧有的模式,数据无法跟踪到门店之外,造成了生产和使用的脱节。

但在大数据时代,生产企业可以利用社会化数据甚至传感器跟踪到用户的使用方式。产品出了什么问题,生产企业甚至能在用户感知之前,就了解到问题所在,并提供解决方案。

如果传统百货公司可以拥有这些数据呢?他们可以知道自己会员喜欢什么品牌,偏好什么样的付费方式,也可以向生产厂商下单,预购符合会员兴趣的商品。

数据可以帮助零售业对人群的需求与商品的供应快速有效率匹配起来,最大的价值就在这里。

当获取数据变得越来越容易的时候,企业就会发现,不用数据做决策就会失去很多机会。未来的每个企业都会成为数据企业,每个产品都会成为数据产品。因为里面的优化点都依赖于数据创新,数据会成为企业发展的驱动力。

资源有限怎么做大数据?

中小企业在数据化中最大的问题是资源有限，没有太多的资源可供试错，试错空间也很小。因此，中小企业应该收集关键信息，而不是收集所有数据。

你可以选择比较小的场景进行数据收集、分析。这个场景要满足以下条件：

1. 有没有所需数据；

2. 数据准不准确；

3. 数据的实时性如何；

4. 数据与算法的匹配；

5. 如何从错误中学习，数据回流能否起持续优化作用。

最后的一个，是这些回流的数据能够改善我们之前的认知。就之前香港料理餐馆的案例而言，消费者的选择就是他们最关键的决策依据，所以可以优先收集这类数据。

而大数据，则是基于企业数据化基础之上的数据整合、算法创新和产品化。比如，谷歌地图之所以能告诉你前面的路堵车，其实是有赖于每个使用谷歌地图的位置分享的实时整合。所以我认为政府的推动，可以让小企业减少得到数据的门槛、增加业界的数据功用，这样就更有利于让小企业也享受到大数据的科技。从产业链来看，小公司联盟，把数据统一，用数据来解决一些业内彼此都不能解决的问题。

中小企业不容易像大公司一样有庞大的数据团队。因此，中小企业在运用数据的时候，一定要有更稳妥的办法，注重使用数据效益，可以尝试从小专案着手，再逐步拓展。

另一个值得注意的是，经营的本质还是取决于创始人的方向与管理，大家不能本末倒置，一味期待透过数据就能解决企业所有的挑战。

数据为什么是割裂的？

最近我遇到一位制造电脑硬件的厂商。他说，内部生产都可以数据化，但发现与销售需求严重割裂，"这些数据似乎内外接不上"。

为什么会出现这样的状况？

我常用的一个比喻是，开餐馆定菜单的往往是餐厅老板，但是每天买菜的是最底层的采购员。所以很少有餐厅能常出名菜，因为厨师没法定菜单，也不能用到适合的好原料。

数据的创新是无时无刻的，算法的创新周期稍长，而产品的创新往往是"十年磨一剑"。也因此，在企业拥有决定权的人，往往是拥有产品决策权的人。如果仅仅站在单一角度去看，很难找到数据和业务的结合点。

根据我的观察，目前非常缺乏数据管理人才：他对业务要有足够的理解，明白数据能为业务起什么作用，了解技术更新与价值产生的关系，懂得从数据收集到加工，到新数据与历史的整合，再到使用数据的便利性等。其中，对业务和商业的理解，绝对是成为数据主管所需要的基本条件，但若是想达到杰出的程度，肯定要懂得如何在人材匮乏的大数据行业中，吸引和保留住人才的眼光和能力了。

对于业务人员，也可以问问自己：现在拥有的数据能帮我解决问题吗？假定所有数据可以获取，我需要什么数据来解决问题？要怎么做才能更更容易获取需要的数据呢？

举例来说，我过去看到路上的交通状况时曾经想过，大城市里的

计程车服务会不会有可能改善？我那时想着，如果出租车上有个灯能显示过去客户对他的评价，那么司机为了保持住好评价，应该会提供更好的服务水准。这就是数据可能解决的一个简单例子。下一步才是如何设计一个容易的方法，让顾客去评价。而现在的叫车软件就是一个很好的实现案例。

在澳大利亚被发现之前，生活在十七世纪欧洲的人们都相信一件事：所有的天鹅都是白色的。因为当时所能见到的天鹅的确都是白色的，所以根据经验，那简直就是一个真理，至少可以算是一个公理吧。那么，见到黑色天鹅的概率是多少呢？根本无法计算，也没有人想过要计算。直到1697年，探险家在澳大利亚发现了黑天鹅，人们才知道以前的结论是片面的。

这证明了我们的认知是多么局限：虽然你是在观察了几百万只天鹅之后才得出了"所有的天鹅都是白色的"结论，但只需要另一个发现就能将它彻底推翻——2007年，全球最具影响力的商业思想家塔勒布用一本《黑天鹅》几乎让世人绝望：我们总是以为自己知道得很多，能够预测未来，但一次极端事件，就足以影响整个历史的走势。

我们的未来真的不可能被预测吗？每一天，我们的电子邮件都保存在电邮供应商的日志文件中；我们的通话记录都被加上时间标记备份在电话公司的大容量硬盘上；我们何时何地买了什么东西，我们的喜好、品味以及支付能力都被信用卡提供商编目归档；我们的所有个人网页、空间、微博、即时通讯文件，还有博客信息，都被保存在多个服务器上；我们的即时行踪完全被手机供应商掌握；我们的容貌和穿着打扮都被安装在各大商场和街角的摄像头捕捉并记录……

我们通常不太在意，但我们的生活完全能被这些如雨后春笋般出现的数据库所记录的信息串联起来。马克·吐温曾说，历史不会重演，却自有其韵律。虽然万事皆显出自发偶然之态，但实际上，它远比你想象中的容易预测。

进而，全球复杂网络权威巴拉巴西通过研究大胆地认为，93%的人类行为是可以预测的。

这是另一种颠覆性的结论。用巴拉巴西的话来说，当我们将生活数字化、公式化以及模型化的时候，我们会发现其实大家都非常相似。生活如此抵触随机运动，渴望朝更安全、更规则的方向发展。人类行为看上去很随意、很偶然，却极其容易被预测。

如果真有93%的人类行为可以被预测，这还意味着，我们的商业行为同样可以进入可掌控的范围——而这，就是企业数据里的秘密。

大数据的企业价值所在

大数据应用讲求跨界和创新，更准确地说，大数据的价值来自可以从多角度来看同一件事，全景观察可以减少误差及创造新的机会。但并不是要求大家能够认知到全部外面的世界，而是能让其他人的数据为你所用。

大数据实践中最困难的地方在于你对自身的理解，再加上隔行如

隔山，外部整合回来的数据可能很有价值但同时也有很多噪音，大家并不完全清楚数据的来源和定义。

如何去看清楚自己呢？根据过去的经验，我认为首先是从小处着手。

传统企业在初期不要贸然就开始一个非常大的大数据项目。数据化比较适合从小而具体、容易评估效果作为起点的专案开始，以此锻炼自己收集、加工、使用数据来做决策，以及衡量这个数据价值的能力，即以小知大。从小的场景开始，用数据在商业场景中不断优化。

如何紧贴市场，第一时间响应客户的呼声一直是各车企最头疼的事情，因为谁更了解客户谁就占得先机。客户需求的随意性、多变性特点近年来愈发突出，过去各类调研模式的科学性、准确性逐渐受到了很大挑战。

就在2014年2月22日，著名财经作家吴晓波现身南京某财富论坛，时下流行的"大数据"，被他称为大浪淘沙的"定海之宝"。从今往后看，中国新的制造企业模型，一定是专业公司+信息化改造+小制造。吴晓波同时认为：未来活得下来的制造企业，未必如今日一般体量庞大，极可能是中小型的专业公司，用数据化手段，对企业生产、营销等所有流程进行改造，最终改造与消费者的关系。这真说到点子上了，利用大数据"改造与消费者的关系"，消费者才会埋单。

随着互联网的极速发展，"大数据时代"悄然入侵世界每个领域，《纽约时报》2012年2月的一篇专栏中所称，"大数据"时代已经降临，在商业、经济及其他领域中，决策将日益基于数据和分析而作出，而并非基于经验和直觉。这些数据的规模是如此庞大，以至于不能用G或T来衡量，起始计量单位至少是P（1000个T）、E（100万个T）或Z（10亿个T）。

无疑这些数据背后蕴藏着该行业未来可能的发展趋势，所以笔者认为，如何以最快的速度获取这些数据及分析结果并迅速转化为工程指标加以优化改进，将是一场半秒钟都不能落后的革命。

迄今为止，许多车企长期存在着无法及时响应市场和客户的呼声，或者响应速度极其缓慢的现象，为广大客户、经销商、销售人员所诟病，明明知道这样或那样的设计不利于赢得客户的满意度，不利于销售，可是，偏偏汽车上就有那么几个地方的细节设计显得那么让人讨厌，或者某个地方的造型总有一种让你恨不得让它"破相就等于整容"，这就是客户的呼声被少数的"客户代表"给代言了，甚至绑架了，这些"客户代表"当然包括了车企内部部分偏激的市场部人员，包括许多自以为是闭门造车的高层决策者。市场上不时发现的许多造型很奇葩的车型正是出自这些人之手。

在一家公司响应客户呼声的体系和机制未成熟时，老板在响应一线市场的声音时，往往会落入一个"运动式"贴近客户的圈套，就是要等到市场出现了较大的问题时，才火急火燎地派公司各级骨干奔赴一线"体察民情"。如此反反复复，得到部分新客户的同时也在失去那些早已不耐烦的老客户。

相信大多数有一定工作经验的汽车从业人员都懂，在以往的汽车设计、工程开发中，任何一个方案必须要平衡性能、周期、成本这三个主要的因素，这是我们过去必走的思维模式，例如就算你的设计方案再完美但赶不上汽车开发的主计划那就白瞎了，因为比你的竞争对手晚入市半年将是灾难性的打击。就算你的周期再短，成本太高也白瞎了，因为我不可能亏本卖车。成本不高周期又短但降低了汽车性能的方案当然也白瞎了。

当然，如果你选择了低成本的NVH设计包，那么必须要接受该车型汽车振动与噪声同比并不优秀的结果，你选择了使用低成本的塑质材料做门内饰板，那么你就要接受感知质量可能会为人诟病的后果。过去，各大车企的领导层在决策中，成本几乎成了最重要的考量，但往往容易忽视一个问题，即如果公司过于集中力量专注降低产品成本，忽视了预见产品的市场变化能力，则可能面临即使其生产的产品价格低廉，却无法打动顾客的现象——这就是过度追求低成本最致命的诱惑。其实在很多的时候，尤其是乘用车客户，有时更愿意多掏一点钱去买产品的"魅力指数"。

在不久的将来，在公司日常的设计、工程开发方案评审中，"性能、周期、成本"这三个主要的因素之外，势必加上基于大数据时代下的客户需求分析结果。

故此，如何有效利用大数据时代下的数据收集和分析结果，打造一条通往市场和客户畅通无阻的通道、一个成熟的流程和便捷的体系和机制就成了广大车企迄今为止最为紧要的事情，因为，这将决定你是否比你的竞争对手更了解你的"上帝"，"上帝"们以后是否还买你的单。

Axciom公司的首席数据官程杰曾经提出过"数据的三层境界"：

数据1.0：自身业务产生什么数据，我们用什么数据做分析优化；

数据2.0：将现有数据与自己的历史或上下游数据交叉，由此优化数据；

数据3.0：就是购买外部数据或者将自己的数据分享出去，数据是互融共通的，在交融中，产生新的产品体验。

这三层境界，都需要企业有不同的技术和架构去实现数据的提炼、加工和产品化、整合。这其实是一个不断用数据来描述和还原企业业务的过程。

阿里数据团队成功地提升了快的打车的打车成功率。他们就叠加了数据的一次使用和二次使用。

我们将实时数据与历史数据整合。原来APP在发送打车需求的时候，是以打车人的地理位置为原点，每过几分钟扩散到附近300米，600米的出租车。这个消息的推送是以地理位置为推送逻辑的。但是假如附近的司机其实并不想去目的地，接单的成功率就会降低。因此，我们把司机"优先目的地"这个数据加入推送系统中，就重新优化了数据，让愿意接单的司机"可视度"更高了。也因此提高了整体的接单成功率。当然前面所说只是优化的其中一个点子。

可以说，所有的数据产品都是与决策相关的。也因此，数据优化应该溯源于人或者机器中分析决策的每个环节，不断更新你的锚点。

打破一个决策，首先要知道人们如何决策，以及有了新数据又如何改变决策。这两者间的区别是什么？会带来什么价值？大决策往往是由一连串的小决策组成的。比如快的打车APP提高效率的关键点，在于如何让司机的数据与用户的数据关联，同时如何不断交叉比对历史数据，找到最高效的匹配。这其中最关键的是如何衡量数据回流的效用，在动态中找到新的锚点。

　　如今传统企业已经到了必将需要融入互联网之中的时刻，这个时候实时数据就是你的新数据资料。当中的能力最为关键的是对实时数据的还原、提炼，并为企业所用。这就是一个"数据"持续优化决策的过程——看清楚"你自己"的动态过程。

　　通用电气CEO杰夫·伊梅尔特曾说：如果昨晚你睡觉时，GE还是一家工业公司，那么今天醒来就会变成一家软件和数据分析公司。

　　作为传统工业的代表，通用电气都想通了，和人家说，我已经拥有千万级的数据点，传统企业还有什么可犹豫的？

　　例如，进入互联网、大数据时代，中国百货行业发生了翻天覆地的变化，以前"一铺养三代"，现在街上到处都是旺铺出兑，更不用说各种百货商场的状况了。究其原因，中国百货行业外有国内经济增长减速、社会零售总额增长放缓以及网络购物发展的困境，内有相较购物中心自营能力不足、千店一面同质化竞争严重问题，深处"内忧外患"之中。

　　革命的目的，是为了让一切变好，是为了过得更好。大数据时代，革命的途径，就是怎么利用大数据。我们知道，很多百货公司纷纷走上了自我革命的道路，成为大数据应用的探索者：王府井百货推出了"王府井大数据平台"、新世界百货利用VIP数据进行圈层营销，天虹百货打造"天虹微店"开启全渠道购物，银泰百货"全场铺设WiFi"，等等。

　　对于百货商超公司而言，要收集、应用什么数据？我想100%的人都会不假思索地说是用户标签和交易行为，也就是用户画像。的确是的，像百度推广、腾讯广点通、LBS广告、京东猜你喜欢等，广告都是智能的，这都是对用户标签、行为数据的分析和追踪，然后推送给他们合适的广告信息，这样的广告往往效果最好，因为切中了用户当前或者潜在的需求。

第二个问题，企业为什么要用大数据呢？为了挣钱嘛，为了挣更多的钱嘛。上面讲到大数据对于用户的价值，确实能推动很多产品的销售，带来很多销售额。但这不够啊！东家帆软公司为什么能发展这么快？原因就是帆软是做报表软件和商业智能软件的，该领域市场大，而企业购买这些软件都是为了自身运营。这就引出了第二个大数据的价值，对于企业运营的作用。没有数据的支撑，你很难知道"昨天发生了什么、为什么会发生、今天发生了什么、明天又将发生什么"，也不知道企业战略战术执行如何；有了数据的支撑，业务运转情况一览无遗，工作效率大大提高，管理和决策将更加轻松自然。

大数据时代的革命行动，说透了就是商超百货要做两件事，一个是用户画像系统，一个是企业运营数据分析中心。

首先是用户画像系统。其核心是用计算机理解的"词语"，去描绘一个人，一般都是用"标签"＋"权重"来做用户画像。与用户相关的数据，分为静态数据和动态数据。静态数据主要是指他的个人标签、属性，比如他的年龄、职业、性别、收入、地区、婚姻状况、爱好、特征、消费能力、消费周期等。动态数据主要是他在商场内留下的行为数据，常见要素是时间、地点、行为，比如消费时间、所买物品、试衣间试了几次衣服等。收集用户数据的方式很多，如会员卡，如卖场WiFi等。

当整个画像系统建立起来后，就是这样的一个场景：顾客使用手

机在卖场停留的时间，物品的条码扫描情况，商场收集到这些数据，把这些数据上传到云端，就能更好地为顾客做推荐。例如，你喜欢西餐，你在西餐区买什么东西，喜欢什么品牌，在店里两三次的消费习惯等这些数据都会被系统记录下来，通过手机微信以及其他大数据结合以后，就会为你量身定做一套专属于你的一个DM单。现在的情况是所有人收到的DM单都一样，酱油、醋、萝卜、白菜……不管你喜欢不喜欢一股脑都丢给你，以后情况可能就不会是这样了，你喜欢某个品牌，这个品牌也许会通过大数据被"找"出来，单独推送给你，无论你什么时间到那都会有优惠。

其次是企业运营数据中心，也就是数据分析系统，可以准确实时地向领导层、中间管理层反映集团运营状况，如销售情况、库存情况、利润情况、人力资源情况等，辅助管理决策。同时，业务人员查看卖场运营数据的场地和设备限制问题也将解决，业务人员可以在任何时间，通过内网或外网，在手机、平板等设备上了解实时的卖场营运数据，比如商品销量情况，畅销还是滞销，还有营运的一些基础数据，异常报表类数据。还比如管理人员在巡店的过程中，可以通过手机扫描商品条形码或二维码，就可以从移动端查看到这个商品在我们整个企业每家店的情况，包括他是跟哪个供应商合作，是多少钱的合作，多个批次商品的销售情况，以及一些合作的具体细节。数据分析系统需要ETL工具、BI工具等来建设实现，这里有几个关键点：一是对多源数据、多数据结构的支持，可以进行多数据源关联；二是性能优越，大数据量大并发的情况下扛得住；三是支持多样化的数据展示方式和交互效果，比如图表移动应用等；四是系统的可扩展性强，维护简单，如新需求可以及时响应，或者业务人员可以自己制作报表。

最后，再表述一个观点：任何的改革，都是自上而下推进的，比如商鞅变法，比如海尔的重生，没有上层领导的强力支持，改革就是走走形式，最后无疾而终。所以商超百货行业要变革，首要的是领导层观念的变革，认可时代的变化，认可数据的价值。

大数据时代下的企业如何生存

随着大数据海量化、多样化、快速化、价值化特征的逐步显现，以及数据资产逐渐成为现代商业社会的核心竞争力，大数据对行业用户的重要性也日益突出。掌握数据资产，进行智能化决策，已成为企业脱颖而出的关键。因此，越来越多的企业开始重视大数据战略布局，并重新定义自己的核心竞争力。

在英国的零售业，这一转变表现得尤为突出。英国著名的大型连锁超市Texco在其营销系统内通过顾客的购物内容、刷卡金额等消费明细数据和利用调查问卷、客服回访等售后服务行为对每一位顾客的相关购物信息进行数据采集和整理加工。然后借助计算机和相关数学模型，对所获得的海量数据进行分析，推测顾客的消费习惯和潜在需求等内容。这样经营者就可以通过这些数据分析可能的商业卖点，针对不同顾客进行不同的推荐服务，并有的放矢开展营销活动。这样的数

据应用模式已经在众多电子商务公司得到广泛应用。

英国航空为了增加营业收入，渴望通过利用乘客的消费数据来合理调配航班的运营配置，以此节约成本并探求新的消费潜力。英国航空通过与世界上知名酒店公司合作，获取相关数据库内存储的海量会员信息数据，来向乘客推荐相应的差旅住宿服务，使其感受到更好的服务质量，提高其在会员心中的品牌形象。英国航空公司积极与数据公司合作，将大数据技术应用在商业领域，预测潜在的人流物流信息，以此将数据分析结果转化成实实在在的商业利润。这样的成功案例对改变物流和运输领域的服务方式和经营思路有着指导性意义。

在大数据时代，人才固然重要，却并非企业智商最重要的载体——数据才是企业智商真正的核心载体。这些能够被企业随时获取的数据，可以帮助和指导企业全业务流程的任何一个环节进行有效运营和优化，并帮助企业做出最明智的决策。在大数据时代的企业智商，才是真正被企业全部掌控的智商，而这一切的基础就是形形色色的数据。

IDC在其关于大数据的报告中指出，领军企业与其他企业之间最大的差别在于新数据类型的引入。那些没有引入新的分析技术和新的数据类型的企业，不太可能成为其行业的领军者。

在大数据时代，商业世界就如同飘浮在数据海洋上的巨轮，作为商业世界中的个体，企业要想做到游刃有余就必须如熟悉水性一般熟悉和用好海量的数据。大数据在重新定义企业智商的同时，对企业核心资产也进行了重塑。在过去，衡量企业最重要的资产无外乎土地、流动资金和人才等几个要素，如今，数据作为企业一项更加重要的资产将直接关系到企业的发展潜力。

在完成对企业智商和核心资产的重塑之后，数据资产正在当仁不让地成为现代商业社会的核心竞争力。与其他行业相比，互联网行业已经提早感受到了大数据对商业带来的深切变化。当很多企业还在因为大数据对商业世界的变革无所适从时，一些互联网企业已经完成了核心竞争力的重新定义，正在这些互联网企业身上发生的变化，一定程度上恰恰是其他企业在大数据时代的未来。

eBay分析平台高级总监Oliver Ratzesberger说："5年前我们就建立了大数据分析平台。在这个平台上，可以将结构化数据和非结构化数据结合在一起，通过分析促进eBay的业务创新和利润增长。"现在，eBay的分析平台每天处理的数据量高达100PB，超过了纳斯达克交易所每天的数据处理量。为了准确分析用户的购物行为，eBay定义了超过500种类型的数据，对顾客的行为进行跟踪分析。

在早期，eBay网页上的每一个功能的更改，通常由对该功能非常了解的产品经理决定，判断的依据主要是产品经理的个人经验。而通过对用户行为数据的分析，网页上任何功能的修改都交由用户去决定。每当有一个不错的创意或者点子，eBay都会在网站上选定一定范围的用户进行测试。通过对这些用户的行为分析，来看这个创意是否带来了预期的效果。

更显著的变化反应在广告费上。eBay对互联网广告的投入一直很大，通过购买一些网页搜索的关键字，将潜在客户引入eBay网站。为了对这些关键字广告的投入产出进行衡量，eBay建立了一个完全封闭式的优化系统。通过这个系统，可以精确计算出每一个关键字为eBay

带来的投资回报。通过对广告投放的优化，自2007年以来，eBay产品销售的广告费降低了99%，顶级卖家占总销售额的百分比却上升至32%。

另一家电子商务巨头亚马逊也提早进入了大数据时代，亚马逊CTO Werner Vogels在Cebit上关于大数据的演讲，向与会者描述了亚马逊在大数据时代的商业蓝图。长期以来，亚马逊一直通过大数据分析，尝试定位客户和和获取客户反馈。"在此过程中，你会发现数据越大，结果越好。为什么有的企业在商业上不断犯错？那是因为他们没有足够的数据对运营和决策提供支持。" Vogels说，"一旦进入大数据的世界，企业的手中将握有无限可能。"

国金证券在其发布的大数据系列报告中提出了大数据时代应用软件互联网化，行业应用垂直整合和数据成为核心资产等3个主要的趋势，其中最为值得注意的就是在传统操作系统，数据库平台软件同质化趋势日趋明显的背景下，未来越靠近最终用户的企业将在产业链中拥有更大的发言权。而且企业如何通过抓住用户获取源源不断的数据资产将会是一个新的兵家必争之地。

人们对于数据资产的迷恋体现在方方面面。例如，诚实地说，除了目前还不能算是十分完善的广告系统之外，Facebook在商业模式的探索上并不成熟，但这并不妨碍它获得超过1000亿美元的估值。尽管短期来看Facebook的股价会有较大波动，但是更多人还是相信其长期利好，其中一个重要的原因就是Facebook手中掌握着8.5亿用户每天产生的海量数据，这些数据早晚会通过一个恰当的方式释放出商业价值，不断产生的数据本身就是Facebook最重要的资产。

而奥巴马政府对于大数据的看法则从一个侧面凸显了数据在今天的重要程度。

　　2012年3月22日，奥巴马宣布以2亿美元投资大数据领域，在次日的电话会议上，美国政府将数据定义为"未来的新石油"，美国政府认识到了一个国家拥有数据的规模、活性及解释运用的能力将成为综合国力的重要组成部分，未来对数据的占有和控制甚至将成为继陆权、海权、空权之外另一个国家核心资产。国家如此，作为天生需要靠数据驱动财务增长的企业来说更是如此。

　　商业的发展历史并不是一个存在于人们头脑中虚无缥缈的概念，相反，它是一个不断演变和进化的生态系统。纵观历史上和现在的那些百年企业，他们的共同特点就是在于面对持续发生变化的商业环境，他们在成长的过程中比其他企业拥有更为强大的进化能力，能够及时调整自己的战略布局以适应不断变化着的商业生态。

　　例如，100年前，诺基亚还是一家芬兰的木浆造纸和橡胶生产公司，20世纪60年代开始，它抓住了全球电信行业发展的机遇，从生产电缆到经营电信网络再到制造手机终端，随着商业生态的变化不断地进化，在移动互联网到来严重冲击其手机业务的情况下，诺基亚再次开始了其向智能终端的进化和转型。

　　又如，20世纪60—80年代，IBM还是全球最大的个人电脑公司之一，但是进入新世纪之后个人电脑的利润越来越微薄，IBM开始果断出售自己的PC业务，开始向解决方案提供商转化，作为一家员工过万的超大型企业，IBM涅槃重生的关键就在于其善于审时度势，持续不断的进化能力。

咨询巨头麦肯锡曾说，大数据正在成为下一代企业竞争力，生产力以及创新的前沿，它必将为企业发展带来巨大的价值。但在现实中，许多企业管理者盲目收集数据并进行分析，期待能够得到快速的回报。很遗憾，他们未能如愿。无论整体规划、技术平台还是业务流程，大多数企业并未针对大数据分析做出特别的调整与变化。而传统数据管理体系正在阻碍企业从大数据中提取价值。

首先，企业管理者需要问清自己这样一个问题："大数据如何帮助我的企业实现发展？"如果不能指导行动，那么收集再多的数据也是毫无意义的。事实上，获得洞察力是一方面，可实践性也是分析的标志之一。即企业能否从大量历史数据的"噪音"中获得可实践的预测以及具有前瞻性的决策？

其次，企业需要针对大数据分析来改变传统的业务流程与决策流程。按照传统企业经营方式，高层的主观意见会对决策造成决定性影响，这种现象到现在也还是非常普遍。让真实的数据来说话，这是许多企业管理者需要进行的观念转变。当然，收集更多的数据并不意味着就能够将数据转化为洞察，如果没有一个更适应大数据时代的技术架构，它也会让企业的转型变得难上加难。

第三，技术平台不是万能的，但没有技术平台是万万不能的。在很多情况下，我们会看到各种观点在弱化技术所起到的作用。事实上，这样的观点是比较片面的。要真正驾驭大数据，我们仍然需要一个过硬的技术平台来作为支撑。你很难想象用现有的SQL数据库来分析海量非结构化信息，大数据需要我们有一个更全面、更高效的平台来进行组织、处理和分析数据。同时需要考虑如何将大数据平台，与原有的数据架构进行最佳集成。

为实现上述目标，SAP总结了一套方法论，能够帮助企业思考以下几个问题，并加大数据转化为实在的收益：

1.我是否拥有目前所需的数据？

2.我能否获取这些数据？

3.获取数据后，我如何挖掘这些数据的价值？

4.业务环境发生变化时，我如何处理这些数据？

企业在进行数据管理方式转型的时候，需要从四个方面来把握并覆盖数据的全生命周期，即设想、创建、部署和扩展，并以此形成一个有机的闭环。根据这一方法论，SAP推出了有针对性的大数据服务，帮助企业从数据中获取全新洞察，进一步扩展业务功能，获得更多业务机会。

在设想阶段，企业需要制定一套大数据战略、路线图和计划。设想业务的发展方向并确定大数据将如何帮助企业以业务目标为切入点。在这一阶段中，SAP的数据科学家将帮助企业挖掘大数据的潜在应用场景，构建业务案例并确定大数据将为你的企业带来哪些价值。

制定好路线图和战略后，你可以利用SAP大数据服务创建一个支持大数据的最佳架构，从而实现目标。这一过程包括：安全集成新兴技术与现有投资；设计一个全面的基础架构，以从多个数据源（通常是现有数据集）获取数据；实施最佳大数据平台；以及将大数据的影响纳入治理政策范围内。

在部署阶段，也将是企业从大数据中获得回报的阶段。通过大数据平台，SAP大数据分析服务和应用实施服务能够支持企业运行分析

应用，让企业进一步掌控全局，分析当前信息和历史信息。通过预测分析能力来提升业务成果；以绝佳的可视化效果传达和共享洞察；以及根据需求将信息交付给业务用户，并支持移动设备的信息共享。

最后，基于企业现有的大数据潜能，SAP大数据服务将让企业以一种最灵活、运营成本最低且最能满足需求的方式部署解决方案，从而充分利用新环境，获取更丰厚的业务成果。通过内部部署、云模式或混合模式来部署解决方案。评估企业的现有功能，然后建立能力中心，推出企业所需的新技能，从而更有效地管理大数据并扩展大数据的影响力。

从评估大数据业务，到发现大数据价值、设计大数据架构，再到实施大数据平台、工具以及管理和优化大数据解决方案。SAP除了HANA这样的"全能型"内存数据平台之外，还能够为企业提供一个端到端的大数据服务组合。为企业进行大数据时代转型提供个性化的指导，从而充分利用不同流程的各种数据源，获取全新的、有意义的洞察。

在充分认清大数据重要性的基础上，企业需要理解大数据之于业务的价值点，然后在规划的每一个阶段以及企业的每一个层级中充分利用数据，进一步扩展大数据的影响力从而形成良性循环。让更多的员工，更有规律地、更好地利用那些可管理的数据，然后让业务逐渐能够基于数据来采取行动。通过这样的管理新思路，才能够真正让大数据为我们所用。

利用数据库营销与消费者建立紧密关系

无论是互联网、分众还是直复营销，要想精细耕耘，关键在于目标受众的筛选，最理想的模式是定位消费者的基本属性特征（如性别、年龄、职业、家庭情况、购买力、意识属性等）、消费行为特征，通过对其精准衡量和分析，建立相应的数据体系，再通过数据分析进行顾客优选，并通过市场测试来验证所做的定位是否准确有效。

挖掘用户的行为习惯和喜好，从凌乱纷繁的数据背后找到更符合用户兴趣和习惯的产品和服务，并对产品和服务进行针对性地调整和优化，这就是大数据的价值。大数据也日益显现出对各个行业的推进力。

商业的发展天生依赖数据来作出决策，但是自古至今，从未有一个时代出现过如此大规模的数据爆炸，如今的整个商业世界，已经变成了漂浮在数据海洋上的巨轮。

全球市值最大的连锁餐饮企业麦当劳、零售业中的巨无霸沃尔玛、在线零售的巨头亚马逊，这3家这个时代炙手可热的企业，如果说他们之间存在着什么相关性的话，会是什么呢？

数据？没错。麦当劳的强大在于它卖的不仅仅是汉堡而是在从事一个精准选址，对数据深入挖掘的"房地产生意"；沃尔玛的可怕在于其早在20世纪70年代末就开始通过挖掘数据来改善自己的供应链，时至今日，在其连锁超市的表象之下早已成为一家巨大的数据公司；亚马逊就更不用说了，贝索斯从不掩饰他对于数据中心的看重，对于这家电商巨头来说，数据就意味着一切。

以沃尔玛为例。早在1969年沃尔玛就开始使用计算机来跟踪存货，1974年就将其分销中心与各家商场运用计算机进行库存控制。1983年，沃尔玛所有门店都开始采用条形码扫描系统。1987年，沃尔玛完成了公司内部的卫星系统的安装，该系统使得总部，分销中心和各个商场之间可以实现实时、双向的数据和声音传输。

采用这些在当时还是小众和超前的信息技术来搜集运营数据为沃尔玛最近20年的崛起打下了坚实的地基。如今，沃尔玛拥有全世界最大的数据仓库，在数据仓库中存储着沃尔玛数千家连锁店在65周内每一笔销售的详细记录，这使得业务人员可以通过分析购买行为更加了解他们的客户。

一开始，大家对数据中心的需求就是得到一些简单的数据，比如库存的数量。但是他们慢慢发现，得到数据之后就会面临一些相关的问题，如怎么配合进货等，于是数据中心就开始根据不同的问题，不断寻找数据与数据之间关联，并最终把各种关系搭建起来。出现库存周转慢的问题怎么办呢？数据中心就又得分析与库存相关的数据关系。除此之外，数据中心还会去研究新产品的上架与新用户增长的关系，每上线一个新品与它能够带来的用户二次购买的关系等。

电商行业的现金收入源自数据，而婚恋网站的商业模型更是根植于对数据的研究。

比如，作为一家婚恋网站，百合网不仅需要经常做一些研究报告，分析注册用户的年龄、地域、学历、经济收入等数据，即便是每名注册用户小小的头像照片，这背后也大有挖掘的价值。

百合网研究规划部李琦曾经对百合网上海量注册用户的头像信息进行分析，发现那些受欢迎头像照片不仅与照片主人的长相有关，同时照片上人物的表情、脸部比例、清晰度等因素也在很大程度上决定了照片主人受欢迎的程度。

例如，对于女性会员，微笑的表情、直视前方的眼神和淡淡的妆容能增加自己受欢迎的概率，而那些脸部比例占照片1/2、穿着正式、眼神直视没有多余pose的男性则更可能成为婚恋网站上的宠儿。

当然，视数据为生命的不仅限于这些每天产生海量数据的零售和互联网行业，即便是在看上去不那么"理性"的运动产业，数据依然是至关重要的宝藏。

好的运动鞋最关键要做到的是什么？更好的材料？更轻便的鞋身？更酷的款式？都不是，衡量一双运动鞋好坏的重要标准就是在于它是否更了解消费者的双脚。正因如此，早在20世纪七八十年代耐克和阿迪达斯就纷纷建立了自己的运动实验室，用来搜集并研究用户的双脚。其中最有名的就是Nike的"运动厨房"（Nike Kitchen），Nike现在所有知名的技术产品都出自于这里。

Nike近几年十分火爆的Nike ID业务就是充分挖掘数据潜力的例子。Nike ID业务是允许消费者基于耐克的一些已有产品进行个性化的改造，消费者可以在线上对产品进行改造，选择自己喜欢的颜色搭配、面料，甚至绣上自己的名字缩写等，完成自己的设计后，Nike就

能为消费者量身打造一款独一无二的运动鞋。通过Nike ID业务，Nike公司不仅能够了解到用户的喜好，同时这些宝贵的数据对于Nike将来研发新品都是非常重要的参考。

传统营销中，运用大众传媒（报纸、杂志、网络，电视等）大规模地宣传新品上市，或实施新的促销方案，容易引起竞争对手的注意，使他们紧跟其后推出对抗方案，势必影响预期的效果。

数据库营销(Database Marketing)：数据库营销首先是要有一个数据库，它的内容涵盖可以是现有顾客和潜在顾客。这个数据库是动态的，可以随时扩充和更新。基于对这个数据库的分析，能帮企业确认目标消费者，更迅速、更准确地抓住他们的需要，然后用更有效的方式把产品和服务信息传达给他们。

数据库营销不仅受到沃尔玛、麦德龙等传统企业的重视，像亚马逊这样的新型网上企业更是十分重视客户管理。比如，当客户向亚马逊买一本书以后，亚马逊会自动记录下顾客的电子邮箱地址、图书类别，以后定期以电子邮件的形式向顾客推荐此类新书。这种方式极大推动了亚马逊网上销售业务的增长。

数据库营销的出现，就在一定程度上加强了企业营销的秘密性，可与消费者建立紧密关系，一般不会引起竞争对手的注意，避免公开对抗。如今，很多知名企业都将这种现代化的营销手段运用到了自身的企业，将其作为一种秘密武器运用于激烈的市场竞争中去，从而在市场上站稳了脚跟。

对于搞营销的人来说，大数据是他们梦寐以求的工具。互联网的发展，使得企业有更多的渠道去找到目标消费者，他们所能获取的信息也是空前的。

商业机构进行数据收集已有数十年的历史，而互联网的出现，尤其是社交网络的出现，个人信息和个人行为数据变得唾手可得，对信息进行筛选加工的方式更是多种多样。

大型跨国企业，如Targe、亚马逊、沃尔玛等对于数据的挖掘起步较早，相关的基础设备和架构的建立也快人一步，对大数据反应滞后的企业在很多时候更像是一步跟不上，步步跟不上，始终处在拼命追赶的状态。大数据时代同时也蕴藏着更大的挑战——数据的收集、存储和分析均需要耗费很大的人力和物力。

从消费者的角度来讲，隐私问题愈发凸显。越来越多的人开始意识到，通过少部分的个人信息可以换取更加实惠的价格和更优质的服务。相对而言，年轻人对于这一观点的接受度要稍高一些，但不同的消费者对个人信息共享程度的判定是不一样的。

有这样一个例子，沃尔玛超市会综合分析当地的天气、超市的存货量以及购物者数据，之后针对特定人群推销烧烤架清洁工具。沃尔玛的这种行为可能看起来无可厚非，但如果换成是保险公司呢?如果他们通过对我们的数字轨迹（如社交网络分享、聊天数据）进行深度挖掘，从而定向营销，我们又该怎么办?

大数据已然为整个营销行业带来了翻天覆地的变化——根据市场调研机构GfK最近发布的数据显示，62%的营销机构已经开始改变自身角色，用全新的工具进行市场营销，86%则表示在将来会继续基于大数据进行营销的策划和执行。

下面来看几个比较典型的例子:

1.在运用大数据进行营销上，亚马逊一直处在领先位置。最近，亚马逊官方宣布它们正在测试和研究"未下单，先发货"功能——根据购物者的购物数据预测其将要购买的物品，实现未下单提前发货的功能。

2.网上票务销售公司StubHub同样也在利用大数据针对潜在客户进行定向营销。在特定的消费者群体中，这种策略尤为奏效——如球迷，他们对于某支球队的热爱甚至会延续终身，这也使得他们成了营销机构的猎物。

3.2013年，eBay修改了用户登录界面，以更大限度地开发利用大数据。用户可以选择自己想要关注的项目，用户还可以录入自己的兴趣爱好，eBay据此推送用户可能感兴趣的消息。

4.Netflix为用户建立了复杂的"个性化类别"，记录用户所有的观影行为数据，并用达上百种标签对用户进行分类。这样，Netflix就能分析出用户所偏爱的影片类型，比如说，用户喜欢看剧情纠结的外语片，并据此向用户进行影片推荐。

5.在线下，一些超市正在试验NFC（近场通信技术），在消费者从附近走过时可以根据其以往的购物行为有针对性地推荐商品。

上面这些营销手段之所能够施行，原因在于企业可以利用一系列结构性的数据——如你的年龄、性别、位置和购物行为。

然而，据统计目前我们所能利用的数据只占全部网络数据的20%——更多的数据存在于Facebook和Tweeter上，还存在于海量的博文、视频和音频中，这些数据更加庞杂。

非结构性数据的收集、分析和利用固然有很大的难度，一旦企业掌握了这种技术便会获得得天独厚的优势。比如，零售商可以将商店内的视频监控信息发送给云服务提供商，通过特定的识别算法（面部识别），从而辨识出用户的身份和行为方式（用户在商店的行进路线，拿起的商品，是否购买，在收银台排队等待的时间等）。

对于企业利用大数据进行营销，无论你是否看好，这些技术仍会继续进化，应用范围也将进一步扩大。随着公众对于隐私泄露担忧的家居，政府也必将出台相应的管理法案，对企业的数据挖据和分享行为进行规范。在我看来，规范是必然的。但营销机构则会适应规则的变化，而且它们一直都有着很强的适应能力和生命力。

世界上最大的电子公司之一飞利浦，它拥有多个领域的电子产品。飞利浦将中国市场作为"极有潜力的本土市场"，在整个营销战略中成了一个重点地区。所以，在大中华区，生产小家电的飞利浦优质生活事业部将其视为与欧洲、美洲同等级别的市场，成了"商务组织"的四大核心市场之一。

飞利浦最具优势的小家电有个人护理小家电、榨汁机、吸尘器和空气净化器等。只是在中国市场上，还有美的等品牌对手带来的激烈竞争，飞利浦受到了极大的冲击。从2011年5月开始，在全国各个直辖市和重点省份，飞利浦小家电和精品小家电开展了一个季度的推广促销风暴，以推广自己的品牌和网络的曝光量。

执行项目期间，传播活动重点推广和促销了飞利浦空气净化器、风景时尚灯、吸尘器、剃须刀、soudbar、avent六大产品。扩大品牌和产品网络的曝光量是此次传播活动的主要目的，但同时还要让目标的消费群体更多地认识飞利浦的相关产品，这样一来商业效益就会随之

增加。

中国互联网环境的特征是网络数据各方割据，有显著的碎片化情况。除此以外，飞利浦的产品线过于繁多，导致了传播任务十分繁重，飞利浦很难掌握单一品牌的互联网互动方式，这种方式也不利于其传播信息，品牌形象也难以树立。飞利浦的目标在于整合营销策略，中国消费者由此能更深地体会到飞利浦品牌的优秀特性，有限预算的ROI也会大大提升。

实际上，飞利浦投放广告要是从互联网传播角度来看必然会迎来四大挑战。第一个挑战是借由大数据的洞察，人群和精品人群的网络行为特征和心理特征也很快被洞察出来，网络传播就以此为策略依据。第二个挑战是媒体传播策略是在区域的销售策略基础上来制定的，线下销售和网络推广得以有效地衔接。第三个挑战是多产品广告同步推送的问题解决了，有限的媒体版位也得到了有效利用，广告版位通过技术手段来展示消费者最感兴趣的广告，不同的受众看到的广告是不同的，版位的价值因此提升。第四个挑战，在亿赞普ID数据的基础上，跨区域广告实现了频次调度，有限广告位产生了最大化的销售价值。即便是同样的预算却达到了2倍以上的常规广告投放方式效益。

传播策略的确定先要来自由大数据建立的数据模型，再依据飞利浦消费群体做出相关数据，可是在飞利浦的全国推广中如何运用大数据呢？

飞利浦项目的执行基础是海量数据的存储基础，再经过数据挖掘和人工智能的算法，分析海量的互联网用户、内容和相关行为，从中发掘潜藏的营销机会，这才会收获最有价值和效率的营销效果，投资回报率才会更高。

执行策略的过程基础就是互联网的大数据分析，再同互动策略、数字创意、互联网媒体采购、互联网公共关系和监测服务全面进行结合整合，构建一系列关于差异人群覆盖、品牌植入传播、多媒体组合策略、EPR互动口碑传播以及CRM用户持续管理系统等完善的体系，在技术和媒体数据化结合的基础上提出基于智能化投放的360度传播策略，目标就是要全面覆盖飞利浦的全部受众。

这不单纯只是营销，还是数据、技术和营销的完美结合。

采用数据库营销

营销是一门科学，也是一门艺术，一直是一个争论不休的话题。那些领先时代的能传颂千古的大画家、作家、名小说等很多都会被扼杀于摇篮。那么多的艺术家在身死后，他们的作品才受到世界的认可。而营销则需要立竿见影，没有任何营销是为了百年后产品的大卖。AdMaster基于互联网的普及和数据的爆发，能够帮助广告主，实时发现人们的兴趣、需求，能够在第一时间内帮助品牌广告主调整营销策略，使得营销的效果最大化，从而提升其整体商业价值。

维克托·迈尔·舍恩伯格所著的《大数据时代》是国外大数据研

究的经典之作，维克托认为，大数据时代，人们处理数据的方式从抽样分析，发展为对全体数据的分析。相应的，人们的思维模式也从原来的因果逻辑思维，逐渐演变成关联思维。

在经验时代，当所有人都在盲人摸象的时候，企业之间比拼的是决策者的头脑和思维。当进入大数据时代，仅仅有思维和头脑已经不够了，因为有人已经站在大数据顶端，全面地看到了整头大象，只知道埋头工作不知道抬头看方向的企业，是要被淘汰的。今天企业做经营决策不能再依靠经验模式，而是要用大数据分析的方式来进行。

"数据已经渗透到当今每一个行业和业务职能领域，成为重要的生产因素。人们对于海量数据的挖掘和运用，预示着新一波生产率增长和消费者盈余浪潮的到来。"麦肯锡最早提出了"大数据时代"的概念，确实，大数据正在改变我们的生活和思维方式，也成为了新服务、新商业、新经营的源泉，成为很多政客、企业家进行决策的分析依据。

在竞争日益激烈的今天，如何有效提升汽车销售量，更大程度提高消费者忠诚度，这是每一个汽车厂商亟待解决的核心问题。这个时候，更具精益效果的数据库营销成了跨国汽车巨头战胜竞争对手获取成功的必然选择。

德国宝马汽车公司选择数据库营销进行新车的推广促销无疑是一次积极尝试。这款新车的定位是高档车，价格在60多万，针对高收入人群。

从生活消费的角度讲，他们多为信用卡金卡及优质卡的持有者，拥有自己的私家车，拥有私人别墅或高尚住宅；从工作的角度讲，他们多是党政机关事业单位局以上干部、高职称的人，或企业中层以上管理者，并且大多是著名商业管理杂志的读者。从以上原始数据中筛选目标用户经过严格的核实之后开始实施营销沟通。由于目标客户的定位准确，本次的新车推广获得了非常好的收益。

面对已经很拥挤的汽车市场，只靠梅塞德斯的品牌，传统的广告效应已经不能保证销售的成功。

与国内数据库营销刚刚起步不同的是，这种营销方式的使用在国外已经相当普及。奔驰新"M"级越野车运用这种方式取得了极大成功。

当时，梅塞德斯·奔驰公司新"M"级越野车决定在美国进行市场投放。面对已经很拥挤的汽车市场，只靠梅塞德斯的品牌，传统的广告效应已经不能保证销售的成功。它必须尝试新的营销模式，试图有所突破。于是，梅塞德斯选择了数据库营销。

梅塞德斯美国公司收集了目前越野车和奔驰车拥有者的详细信息，将它们输入数据库。接着，他们根据数据库的名单，发送了一系列信件。

首先是梅塞德斯美国公司总裁亲笔签署的信。大意是，"我们梅德赛斯公司正在设计一款全新的越野车，我想知道您是否愿意助我们一臂之力"。该信得到了积极的回复。每位回信者均收到了一系列反馈问卷，问卷就设计问题征询意见。

有趣的是，在收到反馈问卷的同时，梅塞德斯公司不断收到该车的预约订单。客户感觉梅塞德斯在为他们定做越野车。结果，梅塞德斯原定于第一年销售35000辆目标仅靠预售就完成了。公司原计划投入

7000万美元营销费用，通过数据库营销策略的实施，将预算费用减至4800万美元，节省了2200万美元。

除此之外，数据库营销能帮助汽车企业保留客户，提高顾客忠诚度。我们可以看看大众公司是如何保留客户的：大众汽车公司成立俱乐部项目，发放俱乐部卡，对客户进行一对一的管理。

博鳌中国家具论坛暨首届中国家具品牌节上，中国码通董事长、原美的集团营销总经理李锦魁发表了主题讲话，下面是主要内容。

我们现在每个人都在用手机，手机是我们身体的另外一个器官，我们出门时要带三样东西：钥匙、钱包、手机，但是一回到家里，钱包不要钥匙不拿，手机却必须随身带着。因为手机的智能化，男孩子上厕所的时间延长了25%。所以，认知消费者需求是很关键的，当企业进入新的竞争领域、新的竞争环境时，新品牌是有机会的。我们不要认为老品牌不可战胜，小米就是一个好的例子。第三，方便的购物方式。第四，安全的产品。

不同的年代有不同的消费特点，现在针对的主流消费人群是80、90后，他们跟60后、70后的产品需求是不一样的，老年消费在四五十年代，中年在六七十年代，青年在80年代，少年是90后，不同年代消费者对信息的接受方式有根本性的变化，第一代消费者和第二代、第三代就完全不一样，消费者的行为模式不同导致了商业模式的不同，从原来的批发年代到连锁电商，现在电商已经被叫做传统电商了，电商一定不是新鲜的东西了。

消费者选择模式的演变推动营销模式的三次变革。我于1993年进入美的，2003年离开美的，期间在里面工作了11年的时间，在进入美的时整个销售额是8.6个亿，离开时是860个亿。从美的的发展来看，1993年美的在家电行业排名前十，2003年排名前三，其进步的原因是抓住了每个时代消费者消费的模式，从分销时代到品牌的连锁时代，再从网购时代到移动互联时代。

很多人知道，双十一当天淘宝销售额350个亿，但是其中还有一个数据：350个亿中有15%是用手机下单的，而这15%里面占85%是90后的人，90后的人用手机淘宝买任何产品，包括家具和洗发水。移动终端在日本韩国已经很普遍了。

消费疲软、成本飙升是实体店的双重压力，令实体业深陷关店潮。2013年国美关闭了100家左右，同时，陷入关店潮的还有家乐福、李宁、PK。随着房地产价格的提高，人力成本加大，管理幅度加大，很多实体店已经很难赚钱了。传统的电商、电子商务门户网站做了调查，涉及到成本上升、竞争严重同质化、客流无法持续等，很多淘宝卖家想逃离淘宝，很多商家在淘宝卖货但是赚不到钱。实体店压力大，淘宝成本持续加高，未来的企业应何去何从？

营销的三种业态，第一种是固态的营销实体店，实体店主可以不能存在。最近电子汽车装配市场行业，把实体店变成了会员管理店，每个实体店每年要招一万个会员，这些会员将成为企业未来营销的重要资产。第二种我们叫做液态营销。第三种就是气态营销，我希望在场的各位企业家可以思考一下这种模式，在家具行业里已经有企业走在前面用了，这个模式到底是怎样形成的呢？未来的营销趋势在哪里呢？就是O2O基准营销的模式。5亿庞大的智能手机用户群，通过二维码的方式实现线上和线下门店互动。实体店的功能发生了变化，它从原来的展示消费变成了会员管理店。二维码是线上线下最好的入口，通过二维码我们得到图像、文字和视频信息。

事实上，很多企业产品的品质非常好，材料、工艺也很好，但是因为导购员说得不清楚，企业培训成本高，消费者并不知道。而用手机一扫二维码，消费者就可以了解到这个产品卖点在哪里；还可以通过二维码实现手机购物，未来的购物不是上网搜的，而是用手机扫一扫，之后就是配送产品的防伪认证，消费者收到产品后在手机确认这个产品是真的，验收完了通过对产品的评价申请会员，企业可以为他进行会员管理，并进行信息推送互动。

整个环节都取决于三个问题。第一是实体店、移动终端和二维码结合，这个模式在韩国、日本的其他领域里面已经很常见，比如说化妆品、水果、电子产品。在家具行业里，现在杭州有一家企业已经把二维码应用到床垫上，消费者只要扫一下这个二维码，就能知道这个床垫的生产日期、工艺和工程学原理，不用上网去找，不用到店里面看，利用手机扫一下直接下单，企业变成了垂直电商。也许有的人认为这个来得太早了，但是五年前电商卖家具同样是令人难以置信，所以走在前面的电商企业的市值会比传统企业多很多倍，以前大家认为这个技术很复杂。小米为什么能够成功？实际上它有庞大的粉丝团，通过自己的传播频道发布产品，节约了很多广告费。

第二是产品的真假。第三就是垂直购物。最后对于消费者进行二次元管理，我相信这是未来企业垂直电商最有效的管理方法，而且是成本最低的。

了解竞争对手数据，知己知彼百战百胜

作为新一代信息革命最热门的技术，大数据掀起了新一波IT投资和信息化建设的浪潮。越来越多的企业开始思考、探索和尝试用大数据的技术和手段，来提升营销、运营和生产的效率及效能。

大数据应用的关键，在于先进的创新模式。在保护用户隐私和数据安全情况下，要尽量让数据流动起来，如此才能创造高效的信息社会，让数据被使用并发挥价值，甚至还能二次发挥价值。

大数据技术更多的是处理企业非结构化的数据、非标准化的数据和企业Web的数据，以实时数据处理能力满足企业对客户的需求。现在，根据用户的行为轨迹实时预测该用户当前的偏好和需求，并实时将个性化的关联信息展示到用户面前，已成为大数据营销制胜之关键技术手段。

中国大数据市场还处在初级阶段，但增速迅猛，应用也很广泛，不管是云计算、物联网、智慧城市还是移动互联网都要与大数据扯上关系。但如何使大数据技术和应用落地？大数据管理平台是一个解决方案。大数据管理平台相当于建一个大数据工厂，应用是数据管理和数据工厂里的流水线，它们被赋予大数据计算的能力。做一个形象的比喻就是，不需要每个企业都去挖井才能喝水，大数据专业公司挖了

一个大井，把水提供给企业。

很多人对大数据管理平台的应用心有余悸，认为大数据应用会暴露用户的隐私，其实这种担心是多余的，这个问题现在就能够解决。那些涉及隐私的数据，比如一个人的手机号、身份证号、地址等，都可以通过数据安全与层层数据加工隐藏起来。

目前国内很多地区都建立了大数据产业园区，但最大的问题是技术人才短缺。现在做大数据技术的公司很多，但做基础技术的顶尖人才很少。另外一个问题，就是做大数据平台的人很多，但平台上的内容却空洞无物，缺少真正实用的大数据应用。

实际上，大数据产业的下一个黄金十年，将是企业级的大数据基础技术开发。中国有几千万家的企业，这个需求非常大。然而大数据基础技术的开发，既要通用性非常好，又要可扩展性非常好，要做好非常不易，而且大数据基础技术赚钱慢，因而只有务实的心态，才能做好大数据产业。

未来，大数据产业会形成一个生态系统，在这个系统里有基础的技术，有大数据分析企业，有大数据应用企业，应用的行业分金融、营销、教育等，这是个非常大的产业。此外，还有大数据市场，即包括数据交换和数据交易的市场。

可以预见，大数据市场的成熟不是短期的，它可能在未来的5年甚至10年之后，才能形成成熟的数据交易和数据交换市场，但在短期内，企业级的大数据应用会蓬勃发展，目前很多大企业已经先行了，他们意识到数据是重要的资产，认为能够把客户数据承载下来，并管理好，将是下个10至20年企业的核心竞争力！

所以说，搜集竞争对手数据的根本目标是通过一切可获得的信息来查清竞争对手的状况，包括：产品及价格策略、渠道策略、营销（销售）策略、竞争策略、研发策略、财务状况及人力资源等，发现其竞争弱势点，帮助企业制定恰如其分的进攻战略，扩大自己的市场份额；另外，对竞争对手最优势的部分，需要制定回避策略，以免发生对企业的损害事件。

企业根据搜集到的竞争对手数据，对数据进行分析，了解竞争对手状况，以此来帮助企业制定企业产品的价格，让企业的产品更具有在市场立足的竞争力。企业必须广泛推行以事实为基础的决策方法，大量使用数据分析来优化企业的各个运营环节，通过基于数据的优化和对接，把业务流程和觉得过程当中存在的每一份潜在的价值都挤出来，从而节约成本，战胜对手，在市场上幸存。

竞争对手的战略能力。目标也好，途径也罢，都要以能力为基础。在分析研究了竞争对手的目标与途径之后，还要深入研究竞争对手是否具有能力采用其他途径实现其目标。这就涉及到企业如何规划自己的战略以应对竞争。

如果较之竞争对手本企业具有全面的竞争优势，那么则不必担心在何时何地发生冲突。如果竞争对手具有全面的竞争优势，那么只有两种办法：或是不要触怒竞争对手，甘心做一个跟随者，或是避而远之。如果不具有全面的竞争优势，而是在某些方面、某些领域具有差别优势，则可以在自己具有的差别优势的方面或领域把文章做足，但要避免以己之短碰彼之长。

在百度技术开放日上，百度董事长兼CEO李彦宏表示"技术正

在改变互联网，大数据就是这样的技术，使人的智力越被电脑锁模仿"。他预测：通过大数据，电脑智力超越人脑将不会遥远。

可以这么理解，百度想要打造一个弱化人脑的智能数据平台，让技术帮助人来决策。这可能与百度搜索引擎出身有关，大家都知道搜索引擎是用户主动行为，通过收集用户主动需求的数据，然后经过分析，百度可以知道用户喜好。久而久之，百度就可以帮助用户进行决策或者是推荐用户喜欢的内容。

阿里在大数据上的做法与百度类似，其也是通过搜索引擎来获取用户主动需求加以记录，另一方面阿里还可以通过用户的成交、评价、收藏等记录，推测用户的喜好。其与百度的差异是，阿里的数据范围相对更小，但是其数据内容更细致，因为阿里掌握了用户网上交易的闭环数据。相对百度的大数据而言，阿里则是小而精数据，准确的说阿里掌握了国民网上交易的数据，甚至是整体消费数据。

至于腾讯的大数据则与前者不太一样，其主要应用在社交上。你经常在某处登陆与谁联系、聊些什么内容，腾讯可以通过这些关键数据为你推荐朋友，帮助你进行社交，正如现在的QQ圈子、好友推荐等。其商业价值也相对封闭，从腾讯历年的财报也可以看出这点，游戏、增值服务占据了腾讯大部分营收，而关于第三方收入，无论是开放平台还是广告所带来的收入，相对而言都寥寥无几。

虽然BAT的大数据有些差别，但是回顾根源，他们却是在做一样的事情，就是构建大数据库和大数据生态，本质上说他们还是同质化竞争的。除非一开始，他们就将大数据定义为自身生态的优化工具，而不是独立于自身生态的新业务，否则BAT在大数据领域肯定会有一战。

在前面我们已经说过，大数据的定义就是4V，Volume(大量)、Velocity(高速)、Variety(多样)、Value(价值)。其第一个就是大量，需要大量的数据基础，而百度的此轮数据引擎开放正是为了构建这样一个基础。值得注意的是，在百度开放数据引擎前，百度就已经超过了腾讯、阿里成为了国内最大的数据中心。

另一方面，阿里也在通过疯狂收购、投资，丰富其数据库。从早期投资互联网行业的新浪、陌陌等，到现在金融行业、影视行业、零售行业，甚至是物流行业，无不是在建立阿里的数据基础，或者是弥补阿里短板领域的数据基础。

而腾讯在大数据上，动作或许有些慢了点，其现在还停留在自身生态的变现上，即广点通。还没有正式开始布局大数据生态。要知道在美国，大数据产业每天给谷歌带来2300万美元的收入，一年收入约82亿美元。而这块收入则是主营收入之外的收入，甚至未来他可以变成主营收入之一。

至于高速、多样、价值其他三个V，则是由技术、商业共同主导的。技术就不用多说了，百度是一家公认的技术主导型公司。而多样、价值则是由商业主导的，这点阿里可能会占有一定的优势。但是整体竞争上来看，百度的优势更大，特别是随着百度大数据引擎的此轮开放，其数据库数据一定会引来爆发式的增长。

大数据决定企业竞争力

大数据成为许多公司竞争力的来源，从而使整个行业结构都改变了。当然，每个公司的情况各有不同。大公司和小公司最有可能成为赢家，而大部分中等规模的公司则可能无法在这次行业调整中尝到甜头。

虽然像亚马逊和谷歌一样的行业领头羊会一直保持领先地位，但是和工业时代不一样，它们的企业竞争力并不是体现在庞大的生产规模上。已经拥有的技术设备固然很重要，但那也不是它们的核心竞争力，毕竟如今已经能够快速而廉价地进行大量的数据存储和处理了。公司可以根据实际需要调整它们的计算机技术力量，这样就把固定投入变成了可变投入，同时也削弱了大公司的技术储备规模的优势。

家乐福和沃尔玛等大型超市，已经成了所有市民生活中必须去的地方。这些大型超市进入中国市场之后，中国市场的零售行业发生了很大的变化。沃尔玛的优质服务和高销售额，使得很多企业都争相研究其管理方面的方法和经验。例如，沃尔玛要求所有的工作人员都要学会微笑，见到顾客的时候保持标准的微笑，并且对员工进行各方面的培训。但是，很多人不知道的是，沃尔玛的管理经验的核心之一就是它科学化的数字管理，沃尔玛也需要利用对数据的分析来解决销售过程中的问题，提高顾客的满意度。

　　顾客在逛超市的时候，不会只买一种商品，而是会买很多相关的商品。例如，顾客想要购买大米的时候，就会顺带购买做菜需要的蔬菜、油、各种调味品等。顾客在购买洗衣粉的时候，就会想到购买卫生纸、香皂等日用品。很多顾客的购买动机都是偶然的，很可能因为一个降价的标志，而购买了很多原本没有想要购买的商品。沃尔玛将大量的数据整合分析之后，发现一条规律：如果商品之间具有一定的相关性，一般为互补品关系，就会增加商品的销售量。例如，沃尔玛通过数据分析发现，超市里蔬菜、肉类和食用油的销售比例为100：80：10。足以证明上述的规律是普遍存在的。

　　职业经理人经常会来到销售现场，做一些检查巡视的工作，但是除此之外，他们同样非常关注其他相关数据的变化。在一些大型的连锁超市里，收银台会随时收集顾客的采购信息，并将之传送到后台的ERP信息系统，从而进行统计。有的超市7点才开门，9点就已经做好了数据汇总的工作。这样一来，经理就可以通过汇总报表观察超市各商品的比例，以蔬菜、肉类和食用油为例，这三种商品的正常比例应该为100：80：10，但如果数据显示结果为100：40：10，就说明肉类的销售出现了异常。销售了100单位的蔬菜的同时，本应销售掉80单位的肉类，但是今天肉类的销售却降了一半，经理会立即跑到肉类销售区去查看原因。看是价格的、陈列的，还是质量的问题。一旦发现原因，就可以立即进行有针对性的调整。这样，问题的苗头刚出现，就会被迅速控制和改善。这就是"即时干预"管理法。

　　如果没有这些数据，超市经理的观察感受就是：超市的员工非常

忙碌，货架前站着络绎不绝的顾客，一切看起来都很顺利。超市经理在巡视中能发现的问题，大概也就是类似商品摆放不当，员工服装不整齐之类的问题，而最关键的要点则很容易被忽略掉。

在对每天的报表数据进行统计和分析后，经理可以发现更多的问题。比如，一周后的某一天，超市7点开门后，经理9点看到蔬菜、肉类和食用油的销售比例是50：40：5。商品的销售比例没有问题，但销量却出现了问题，这是因为整体客流量降低了。这时候就要去查明，为什么今天的客流量整体减少了？

"相信数据，用数据说话"，在沃尔玛等国际型企业中，已经成为职业经理人的思维惯式。

总之，大规模向小数据时代的赢家以及那些线下大公司（如沃尔玛、联邦快递、宝洁公司、雀巢公司、波音公司）提出了挑战，后者必须意识到大数据的威力然后有策略地收集和使用数据。同时，科技创业公司和新兴产业中的老牌企业也准备收集大量的数据。

在过去10年里，航空发动机制造商劳斯莱斯通过分析产品使用过程中收集到的数据，实现了商业模式的转型。坐落在英格兰比郡的劳斯莱斯运营中心一直在监控着全球范围内超过3700架飞机的引擎运行情况，为的就是能在故障发生之前发现问题。数据帮助劳斯莱斯把简单的制造转变成了有附加价值的商业行为：劳斯莱斯出售发动机，同时通过按时计费的方式提供有偿监控服务（一旦出现问题，还进一步提供维修和更换服务）。如今，民用航空发动机部门大约70%的年收入都是来自其提供服务所赚得的费用。

大数据也为小公司带来了机遇，用埃里克教授的话说就是，聪明而灵活的小公司能享受到非固有资产规模带来的好处。这也就是说，它们可能没有很多的固定资产但是存在感非常强，也可以低成本地传播它们的创新成果。重要的是，因为最好的大规模数据服务都是以创新思维为基础的，所以它们不一定需要大量的原始资本投入。数据可以授权但是不能被占有，数据分析能在云处理平台上快速而低成本地运行，而授权费用则应从数据带来的利益中抽取一小部分。

大大小小的公司都能从大数据中获利，这个情况很有可能并不只是适用使用数据的公司，也适用于掌握数据的公司。大数据拥有者想尽办法想增加它们的数据存储量，因为这样能以极小的成本带来更大的利润。首先，它们已经具备了存储和处理数据的基础。其次，数据库的融合能带来特有的价值。最后，数据拥有者如果只需要从一人手中购得数据，那将更加省时省力。不过实际情况要远远复杂得多，可能还会有一群处在另一方的数据拥有者（个人）诞生。因为随着数据价值观的显现，很多人会想以数据拥有者的身份大展身手，他们收集的数据往往是和自身相关的，比如他们的购物习惯、观影习惯，也许还有医疗数据等。

这使得消费者拥有了比以前更大的权利。消费者可以自行决定把这些数据中的多少授权给哪些公司。当然，不是每个人都只在乎把他的数据卖个高价，很多人愿意免费提供这些数据来换取更好的服务，比如想得到亚马逊更准确的图书推荐。但是对于很大一部分对数据敏感的消费者来说，营销和出售他们的个人信息就像写博客、发Twitter信息和在维基百科搜索一样自然。

然而，这一切的发生不只是消费者意识和喜好的转变所能促成的。现在，无论是消费者授权他们的信息还是公司从个人手中购得信息都还过于昂贵和复杂。这很可能会催生出一些中间商，它们从众多消费者手中购得信息，然后卖给公司。如果成本够低，而消费者又足够信任这样的中间商，那么个人数据市场就有可能诞生，这样个人就成功成为了数据拥有者。美国麻省理工学院媒体实验室的个人数据分析专家桑迪·彭特兰与人一起创办的Id3公司已经在致力于让这种模式变为现实。

只有当这些中间商诞生并开始运营，而数据使用者也开始使用这些数据的时候，消费者才能真正成为数据掌握者。如今，消费者在等待足够的设备和适当的数据中间商的出现，在这之前，他们希望自己披露的信息越少越好。总之，一旦条件成熟，消费者就能从真正意义上成为数据掌握者了。

不过，大数据对中等规模的公司帮助并不大。波士顿咨询公司的资深技术和商业顾问菲利普·埃文斯（Philip Evans）说，超大型的公司占据了数据优势，比小公司更有规模。但是在大数据时代，一个公司没必要非要达到某种规模才能支付它的生产设备所需投入。大数据公司发现它们可以是一个灵活的小公司并且会很成功（或者会被大数据巨头并购）。

大数据也会撼动国家竞争力。当制造业已经大幅转向发展中国家，而大家都争相发展创新行业的时候，工业化国家因为掌握了数据以及大数据技术，所以仍然在全球竞争中占有优势。不幸的是，这个优势很难持续。就像互联网和计算机技术一样，随着世界上的其他国家和地区都开始采用这些技术，西方世界在大数据技术上的领先地位将慢慢消失。对于发达国家的大公司来说，好消息就是大数据会加剧优胜劣汰。所以一旦一个公司掌握了大数据，它不但可能超过它的对手，还有可能遥遥领先。

不过，就算有那么多好处，我们依然有担忧的理由。因为随着大数据能够越来越精细地预测世界的事情以及我们所处的位置，我们可能还没有准备好接受它对我们的隐私和决策过程带来的影响。我们的认知和制度都还不习惯这样一个数据充裕的时代，因为它们都建立在数据稀缺的基础之上。

由古至今，从未有一个时代出现过如此大的数据爆炸。2010年全球企业一年新存储的数据就超过了7000拍字节，全球消费者新存储的数据约为6000拍字节，这相当于十多万个美国国会图书馆的藏书量。

在2006年，全世界的电子数据存储量仅为18万拍字节，如今这个数字已经达到180万拍字节，短短五六年间就已经增长了一个数量级。根据预测，2015年这个数字甚至会达到天文数字般的800万拍字节。

就在此时此刻，海量数据正在源源不断地产生。每一天，无数的数据被搜集，从不停息。在过去几年所产生的数据量，比以往4万年的总和还要多，大数据时代的来临已经毋庸置疑。我们即将面临一场变革，新兴大数据将成为企业发展的当务之急，而常规技术已经难以应对拍字节级的大规模数据量。这一变化所带来的挑战，是成功的企业在未来发展过程中必须要面对的。只有那些能够运用这些新数据形态的企业，方能打造可持续的重要竞争优势。

把握商机，善用行业和市场数据

面对不同行业纷繁芜杂的海量数据，企业如何把握商机，充分利用这些数据？无论从行业数据还是市场数据来看，大数据带来的安全挑战日益突出，企业在利用数据为企业带来收益的同时，应避免造成"大数据即大风险"的可怕后果。

人的经验和感觉经常会与事实有所偏差，而在大数据时代，无论做什么工作，管理者都需要学会用数据做管理，而不是凭感觉。

随着不断地发展壮大，很多中国中小企业都开始进入大型企业的行列。随着中国企业对规模化管理的需求的加大，很多企业都迫切需要解决很多一直存在的问题。比如，复制和扩大规模，提升执行力，建立企业文化等等。而几乎所有这些问题，其实都可以通过数量化思维解决。根据企业运营产生的各项数据，管理者可以清楚地看清现状，并做出正确的决策，从而让企业处于良性发展之中。

关于管理定义的描述多到让人眼花缭乱，但是无论是哪种定义，都离不开"目标"这两个字，管理其实就是相对于目标而言的。那么，目标到底是什么呢？

（1）将数据作为方向

以数量化思维来理解，目标其实就是"目的"的数量化标准，而

"目的"则可以理解为企业愿景或个人梦想，比如成为全球领先或著名学者等。

目标则是"目的"的标尺，是对于"目的"的范围和程度的数据定义。比如，你的目的是成为全球领先，什么是全球领先呢？需要100亿美元的销售额，并在同行中排名全球前五；比如你的目的是成为著名学者，什么是著名学者呢？得有10本专著、100篇刊登在核心期刊上的论文，并在国内多所知名大学任教。

目标是员工奋斗的方向。如果管理者在下达指示说："把这项工作做好"，员工只会感到迷茫，他们不知道要做到怎样的程度，才叫作"做好"。不是每个员工都能够领会和把握管理者的要求，在不断的揣测中，误差在所难免。

在目标制定过程中，有一个重要的原则——"SMART"原则，而其中最为关键的就是"M（measurable）"——可度量，即将绩效指标数量化或行为化，并确保相关数据的可收集。M往往是中国企业管理的弱项，管理者最喜欢说的就是"尽快""尽力"……而对于"尽快"和"尽力"的理解，员工和管理者往往有所偏差。

如果用数量化思维来做，结果就大不相同。比如管理者想要给老员工安排深化培训，自然不能简单地说"为老员工安排进一步的培训"，而应该下达这样的指示：

目标人群：在公司工作五年以上的员工；

培训时间：2个月内；

培训内容：与初期培训内容有所差别，添加沟通技巧、时间管理方面的培训内容；

培训结果：调查评估达到80分；

负责人：培训部门主管

管理者在处理企业管理工作时，要避免使用不清晰的词汇，而应该以可度量的数据作为员工努力、公司发展的方向。

（2）用数据复制成功

很多人喜欢到肯德基、麦当劳这样的餐厅就餐，因为无论在哪个城市的哪家分店，它们的价格、服务质量、餐饮质量都相差无几，它们是怎么做到的呢？通过尽可能地以自动化设备烹制，来确定各种食品的加工时间，并详细制定了各环节员工的操作步骤，将其精确到秒，肯德基、麦当劳就有了一套可以复制的标准流程，这就是定量规范的原则。

"复制成功"，就是将局部的成功经验进行归纳总结，将其标准化、流程化，以精确的数字进行描述，从而直接复制到整体中去。而这样的成功方式，离不开数据作为依据和标准。

中国餐饮很难做到麦当劳、肯德基这样的全球连锁，就在于中餐食谱无法复制。中餐菜谱中经常会出现"几块""几条""捶松""沾满""油六成熟"这样的词。可是，一块到底是多大？一条到底是多长？捶松是松到什么地步？沾满是沾到多厚？六成熟是多少摄氏度？很多人不知道，也因此，同样一个食谱，每个人做出来的味道却都不一样。

在中国的文化背景下，感情和道德被很多管理者作为管理标准，并将之作为决策依据。数量化管理与中国这样的文化背景相比，可以说是格格不入，这也是工业革命后，西方国家得以超越中国的原因之一。

（3）数据提高执行力

越来越多的管理者开始关注企业执行力的问题，这是因为企业员工在相互推诿中，经常会"说了不做，做了也做不好"。

中国有句古话，"没有功劳、也有苦劳"。很多管理者在考核员工时同样抱着这样的心态，然而，企业经营就需要盈利，有的企业想要成为全球领先，有的企业可能只想着维持生存，但无论如何，都需要盈利作为结果。如果在企业管理中，忽视了结果，只以过程而论，那即使员工超负荷劳动，最终也可能只是"徒劳无功"。

很多中国企业在执行力上都有所缺陷，归根结底就是因为缺乏数量化的管理理念。在数量化的管理理念下，决策或者计划的执行就有章可循，当一切以数据说话时，员工也会只看自己的业绩结果，而不是自己付出了多少劳动。

职业经理人需要明白，自己最终追求的是一个量化的结果，而不是员工的工作劳动，因此，职业经理人的工作必须以结果为导向。在工作中，必然存在各种各样的风险，让员工的劳动化为乌有，但这并不能成为借口。在管理者的职业发展和收入提升中，量化结果才是关键。优秀的职业经理人会以完善的准备工作，规避风险，并积极地采取行动，以一种坚强的态度面对恶劣的环境，而不是互相推诿或找借口。

什么是以结果为导向？首先，得以风险预估和细节管理，来规避风险、提高效率；其次，在工作中，不要找借口，而是以结果为衡量工作的唯一标准。西点军校最重要的一条行为准则就是——"没有任

何借口"，每个人都应该想尽办法去完成工作，而不是想尽办法为失败找看似合理的借口。完美的执行力，内涵就是敬业、责任、服从和诚实。

2014年10月7日，《中国好声音》第三季落下帷幕。张碧晨凭借其在"巅峰之夜"的出色发挥，荣获第三季冠军。与以往的电视节目不同，《中国好声音》第三季在博得收视率的同时，也成为了网络热点。统计数据显示，《中国好声音》一跃成为决赛当天最热话题，占据了搜狗微信搜索10大热搜词榜首的位置，在新浪微博上同样闯进热门话题前5位。

《中国好声音》第三季有这么高的关注度，一个很重要的原因，就是节目制作组借助网络平台，通过大数据分析，抓住了人们的关注点。《中国好声音》第三季的网络独家播放媒体是腾讯视频，两者的深度合作，使得节目组可以通过腾讯平台，获得大数据的支持。

比如，通过对相关微信公众号文章进行分析可以发现，学员唱功、比赛结果、音乐人评价、娱乐八卦、内幕揭秘等热点资讯和花边信息，占相关文章总量近八成，这些是大家最关注和感兴趣的内容。那么，这些内容就可以作为产品的卖点。业内人士也指出，移动互联网时代，微博、微信等社交平台，能够在短时间内显示出一系列热点数据，这些大数据可以作为影视节目制作的指导。

通过对网络大数据进行解读，不仅可以从中了解年轻用户群体的关注与兴趣点，探索如何更好地满足这一群体的需求，还可以参考大数据，设置微信公众号内容，进一步提升关注度。例如：除比赛本身外，大家会对其中的八卦爆料、选手个性、背后故事等非常关注。那么，公众号就可以将这些内容作为重点，有针对性地发布广播内容。

传统的影视节目制作的时候，无论是节目形式还是角色选定，大都是依靠调研公司的调研或者编剧导演的经验认知。虽然这样的制作流程能保证影视节目的严谨性，但是这种制作方式缺乏时效性，难以适应市场的快速变化。大数据技术可以解决时效性的问题，而且能够通过互动，使制作方时刻注意到观众们的兴趣喜好，及时优化节目，尽可能满足更多观众的口味。

《中国好声音》的成功，只是大数据与影视节目结合的一次试水，其令人惊喜的效果，也预示着大数据与影视节目联姻的美好前景。大数据分析，能够让网民意志影响到节目进程和角色选择，这样一来，普通观众会获得一种参与感。而参与感和互动，正是互联网时代生产和消费模式的重要特点。

当大数据与影视剧联姻的大幕拉开，影视产业会还会带给我们很多惊喜，同时，也给传统影视企业敲响了警钟——当别人通过大数据研究的方法涉足影视，之前埋头做事的方式是不是可行，就成了一个值得深思的问题了。

目前，许多大数据技术尚未成熟，许多公司仍处于大数据的研发阶段，企业快速采用和实施诸如云服务等新技术还是存在不小的压力，而要使大数据真正成为行业应用的主流，大数据技术必须有进一步的发展，使应用更加简易。

面对大数据行业应用的快速发展及所面临的种种挑战，为提高企业的核心竞争力，前瞻投资顾问提出以下建议：首先，提供数据交易、迁移、存储、处理、分析的实时平台，满足行业用户在大数据挑战下快速、实时的处理和服务需求；第二，将大量结构化与非结构化的数据进行整合处理，融合云计算应用程序，将其集成到电脑及各种工程系统中，使用户工作简化；第三，打造大数据优化解决方案，在确保数据真实性的前提下，有效处理大规模、多样化、高速流动的数据，帮助用户获取对业务的洞察，以制定相应的策略，实现业务的快速突破和成长；最后，创建数据的管道化管理流程，以数据集聚为依托，以各种数据应用为驱动，面向用户呈现丰富的界面形式，来展现数据分析的结果，完成数据的汇总、应用分析及结果呈现的完整流程。

2015年2月7日，由中欧国际工商学院与好屋中国联合主办的"大数据时代下的房地产创新峰会暨好屋中国新品发布会"在上海中欧国际工商学院举行。在这次峰会上，"大数据"成为本次峰会的关键词，工业革命4.0的核心正在于大数据。自媒体、搜索引擎、LBS等正成为商家抓取用户行为习惯和消费需求的主要来源。基于海量数据库及相关算法来进行用户建模，勾勒目标客群主要特征的"精准营销"，正在大数据的助推下，开始迈出了实质性的步伐。

而更具颠覆性的是当每一个躲在大数据后的"用户"越来越体现出个性化后，随之而来便是供需流向的改变。以生产制造业为例，打破了企业信息垄断之后，"以产品为导向"就不可避免地要转向为"以用户为导向"。标准化流水线的产品只能存在于传统商业结构，理解用户、服务用户，少库存的个性化生产才是符合大数据时代的真商机。

在现场数位嘉宾的演讲中，我们可以获得一个共识，大数据在引发变革的同时也催生了一系列商业模式的改变。当颠覆来临,既有危机,同时更是机会,特别是对房地产行业而言。

"白银时代"该如何实现营销突破去化库存?如何寻求新的利润增长点?迈入2014年,"变革"的氛围在房地产行业蔓延开来。越来越多的房地产开发商在触网的道路上越来越积极。建立在大数据平台下的精准营销让开发商能够减轻原有的去化压力,某楼盘销售员在接受采访时曾经表示:"完全依靠微信朋友圈,就卖了三四套房子,签约量超过300万元。如果算上依靠微信营销影响力卖掉的房子,今年的签约量至少超过1000万元。"

增量却不仅仅增的是去化量。越来越多的开发商意识到大数据所带来的新商业模式和未来的发展方向,应该是覆盖了售前开发、售中营销和售后服务的全产业链流程。开发商要做的,是利用相关数据的积累,在前期的决策、设计和建造上起到主导作用。在营销和后续环节,则无需受到重模式的拖累,寻找平台合作伙伴,借助他们的精准数据和经纪人服务以及整合社会资源为业主提供的全生命周期服务,这样降低了成本,提高了效率,满足了客户需求,有了客户粘性,当然利润就提高了。同时,根据大数据的客户需求可以完成养老地产、教育地产、产业地产、旅游地产、文化地产等商业模式的转型,在各自的领域里实现共赢,在全产业链的蓝海里实现广义增量。

在洞悉数据化商业趋势的背景下,好屋中国仅用两年时间就实现数次革命性飞跃,搭建起一个汇聚了海量数据的全产业链创新平台。一次次打破房地产行业传统运营轨迹的同时,也不断刷新着房产电商行业的发展模式。

谈及行业的发展趋势，好屋中国集团董事局主席汪妹玲表示，数字化才是中国房地产行业的未来所在。汪妹玲首先阐述了白银十年的房地产形势，以及随着大家生活水平的提高，在互联网、城镇化、老龄化时代的冲击下，购房者的消费需求变得更加多样化、个性化和互联化，用户思维和大数据、平台化和社会化成为关键。大数据的获取、处理和整合创新成为突破的焦点，平台可以通过C端入口、经纪人、社会信息接触者和跨平台导流等途径提供海量的数据来源。根据家庭和个人的行为特征和消费特征数据，构建数据后的相关关系，找到、挖掘出客户需求，精准营销，导入购房消费数据，从而为买卖双方和经纪人建立一个精准匹配的平台。平台为经纪机构提供了商业机会和事业平台，提供强有力的服务支持体系，帮助经纪人更诚信、专业、高效率地为客户服务，从而获得更多的佣金和社会尊重。好屋中国希望通过对大数据的运用帮助房地产在产品、营销和商业模式上实现创新，满足客户需求，形成客户粘性，赢来增量，从而重新构建政府、开发商、消费者、经纪行业新的和谐生态圈。

作为本次峰会的主办方之一好屋中国同步发布了考拉社区——一款有情感、有温度、有智慧的社区懒人应用，搭建人与邻里、人与物业、人与商业之间的关系平台；抢钱宝——全民营销利器，用娱乐互动抢红包的方式实现社会化营销；抢客宝——客户案场直通车，客户信息快速直达置业顾问实现快速销售；助理宝——客户成交管理助手，实现从线上到线下无缝链接；全媒体——大数据时代的全网导客系统，实现线上全封锁、潜在客户精准全覆盖；客倍多——效果管理移动驾驶舱，让开发商随时随地了解效果和成交情况，使营销过程透明化，营销策略可控化；房拍惠——金融聚客产品，以金融众筹模式实现楼盘高效传播和短期快速聚客；数钱宝——一款会生钱的锁客神器，帮助开发商提前实现合法精准锁客蓄客的金融产品；好屋贷——房产首付金融产品，降低购房门槛，促进快速成交等11款全产业链新产品、建构了从售前信息整合，到售中的服务体系，直至售后的社区平台全息、全系营销服务链，打造好屋"真""金"电商平台。

挖掘企业内部数据，提高企业决策力

根据分析机构Gartner给出的定义，大数据就是那些具有规模大、速度快、种类多三大特征的信息资产。从海量数据中筛选出有用的信息，然后通过各种手段将信息转化为洞察力，从而做出正确决策，并最终推动业务发展。

通过一系列处理，大数据可以帮助企业制定明智且切实可行的战略，获取前所未有的客户洞察，支持客户购买行为，并构建新的业务模式，进而赢得竞争优势。然而，实践往往会比理论来得更困难。企业要处理好大数据生命周期的每一个环节，就必须采用创新且经济高效的处理方法，并跳出传统的数据管理思维。

阿里巴巴在2012年8月对B2B小额信贷的业务（以下简称为小贷）范围进行扩大。以往只能是B2B平台付费用户的小贷业务，普通注册

用户从那以后也可以申请小贷，地域范围却仍然局限在江浙沪一带。此前就无地域限制的淘宝网和天猫商城贷款业务并没有因此发生变化，这也在某种程度上意味着阿里巴巴小贷业务会激增，也会进一步提升它所占据的市场份额。消息一出，社会各界的反响都很强烈，只不过大家的意见并不统一，有人甚至喊出了"颤抖吧，银行！"的口号。事实上阿里巴巴的这项业务会颠覆传统银行吗？谁也不知道，毕竟最后的结果是多种要素综合的结果。可是现在有一点可以确定，在金融界，阿里巴巴的小贷业务确实有了自己的一片立足之地，传统银行业也因此受到了一定的威胁。

始于2007年5月的阿里巴巴小贷业务，其实是阿里巴巴在和中国建设银行、中国工商银行合作的基础上推出的中小企业无抵押贷款，但后来因为种种原因，这次合作并没有维持太长时间。2010年和2011年，阿里巴巴和复星集团、银泰集团还有万向集团合作成立了浙江阿里巴巴小额贷款和重庆阿里巴巴小额贷款两家公司，主营业务是网络贷款。总体来说，阿里巴巴的小贷有两大类，一种是B2C平台，也就是基于淘宝网和天猫商城客户的贷款和信用贷款，另一种则是针对B2B平台，为阿里巴巴中国站和中国供应商会员提供阿里信用贷款，具体区分的话可以分为循环贷和固定贷两种类别。小贷的贷款额度不超过100万元，计息的方式是按日收费，一般淘宝网、天猫商城的信用贷款和阿里巴巴的循环贷的贷款利率都是0.06%/天，剩下的贷款项目为0.05%/天。这样很容易可以推算出前者的年利率大约为21.9%，后者的年利率大约为18.3%，贷款的利息均高于央行1年期贷款6%的基准利率，属于小额贷款行业内中等水平的利率，在国家规定的基准利率4倍以内的要求。

中国中小企业60%以上的GDP都来源于此，80%左右人口的就业问题也因此解决，中国社会经济发展也由此推动。不健全的中国信用体系，造成了非常艰难的信用记录和信用评估，国内金融界为了控制贷款的成本高额风险，长期以来主要以抵押、担保贷款为主，信用贷款还是比较少。中小企业在创业初期既缺抵押物，又无担保，传统金融机构很难为他们提供更充分的融资。阿里巴巴的小贷既不需要抵押，也不需要担保，还有非常高的申请效率，对于中小企业极其迫切的融资需求来说显然是一剂良方。适应市场发展要求的企业必须有强大的生命力，阿里巴巴小贷曾经创造出突出的经营业绩，它所凭借的就是创新业务。阿里巴巴金融统计数据曾指出到2011年年底，接受阿里金融服务的小微企业已经多达9.68万家，占到了全中国4000多万家企业的0.2%，投放贷款也高达154亿元，坏账率不及1%，和传统银行抵押类贷款产品的坏账率相比低了不少。阿里金融更让人惊讶的是仅仅2012年上半年投放给小微企业的贷款就有170万笔，总金额有130亿元。每天平均完成了1万笔贷款，平均的贷款额度在7000元。

阿里巴巴金融的单日利息截止到2012年7月20日高达100万元，从这个趋势来看再有一年的时间，就会实现一年3.65亿元的利息收入。相对而言一般的小贷公司一年的利息收入只会有几千万元。国家有政策规定，银行借贷的数额不得超过其注册资本金的50%。阿里金融的两家小贷公司注册资金的总量在16亿元左右，照此计算，放贷资金就不能超过8亿元，那么日利息收入最多的时候可以超过120万元（日利息为0.05%），上限大约是144万元（日利息为0.06%）。阿里金融现在的日利息大约是100万元，从国内来看算是业内顶尖的了。阿里金融的扩展还局限在自己的生态体系内部，不过凭借着它7980万注册用户量、1030万个企业商铺和75.39万名付费会员量（截止到2012年3月的数据），阿里即便是不算上淘宝网和天猫商城的庞大用户群，也可以随着自己生态体系的逐渐庞大推动自己金融未来的发展，这种势头不容小视。

既没有担保又没有抵押，对哪一家银行来说都是个大难题。如果还要实现每日1万笔贷款，单笔额度在7000元左右，单日利息的收入要做到100万元，很多传统银行更是想都不敢想。阿里金融又是怎么实现上述所有的一切的呢？阿里巴巴的回答一定会是他们经营了多年的主要业务，即从电子商业平台上累积了多年的海量数据帮了个大忙。

传统的金融机构为了规避信息不确定所带来的运作风险和经营损失，不得不用抵押和担保等手段，可是大数据时代到来，所有信息都会日渐透明，商业运作的方式也会随着商业环境的变化而改变。经过十几年的运营发展，阿里巴巴旗下的阿里巴巴（B2B）、淘宝、支付宝已经有了大量后台数据的累积，除了有用户的交易数据，还包括了资金流动、访问量、产品变化、投诉评价、用户注册等经营数据和身份信息，即时生成的这些数据都是自动产生的，阿里小贷从中获得了海量的数据支持，更重要的是这种方式成本很低。阿里巴巴打通了旗下的所有平台，实现无缝连接，网络数据模式由此引入了海量的数据，在在线视频调查和第三方验证等手段的配合之下，评估企业和个人的信用等级。与此同时，阿里金融还有一整套涵盖贷前、贷中、贷后的风险预警和管理体系，这就是控制贷款风险的方式。阿里金融依靠这个方式在金融机构中做到了传统银行所做不到的事情。

　　阿里巴巴到现在更是认识到海量数据给予他们的巨大财富来源。阿里巴巴集团在2012年7月宣布设立首席数据官，也推出了"数据共享平台"战略。2个月以后，阿里巴巴的董事局主席马云通过网商大会的平台宣布2013年起阿里巴巴开始转型，要重新整合平台、金融和数据三大业务。马云的话当中不难透露出数据在阿里巴巴众多业务中的重要作用。显然，在土地、劳动力和资本之后，数据俨然是价值巨大的新资产，未来的企业竞争将围绕大数据收集、挖掘和运用展开。

　　2010年6月起，央行前后四次发放了大约200张类型各异的支付牌照，涵盖了互联网支付、银行卡收单、预付卡发行与受理、移动电话电话支付、固定电话支付、数字电视支付、货币汇兑七大类型的业务领域。由此可以看出，第三方的支付行业已经迎来了"后牌照时代"，行业的准入门槛降低了，但市场竞争却越发激烈。第三方支付企业以往的利润均来自交易佣金，大致是交易金额的0.5%到1%之间。由于互联网支付市场一时间涌入了各方资金力量，短时间内盈利空间被大大压缩了。

　　第三方支付企业为了摆脱瓶颈开始积极拓展新业务，他们先后推出了理财服务、行业解决方案、移动支付、跨境支付结算等业务，大数据为基础的创新业务是其中最具潜力的发展方向。互联网的支付行业走过了多年的发展，有了海量用户数据和交易数据的积累，这些数据已经成了包含巨大价值的"金矿"。第三方支付企业未来最重要的核心业务很可能就是基于数据挖掘和加工的商业创新应用，传统的支付结算的地位会降为"副产品"，之所以还留存就在于它能够源源不

断地为企业提供市场数据。

国内的第三方支付企业实际上已经认识到了蕴含巨大价值的大数据，也开始挖掘"金矿"的工作。阿里巴巴集团应该是这行业中走得最快最前的企业了，它用支付宝把淘宝、天猫和阿里巴巴B2B旗下的几个平台都打通，还在网络小贷服务上收获了巨大的利润。除了阿里巴巴外，其他第三方支付企业也开始了与阿里巴巴不同渠道的探索和开发，譬如快钱，它主要集中在企业应收应付账款融资服务的研发，快钱和合作银行之间采用将企业的应收账款或应付账款信息和产业链上下游企业一段时间内的资金流转数据统一的方法来合作，企业客户就可以以此从银行贷到款项。还有易宝支付也尝试着和银行合作，主要为航空领域的代理人提供周转资金，还在交叉营销业务进行新的尝试，通过这两个业务，易宝支付迄今为止的年收入大约是10亿元，在线支付的收入占80%，剩下的20%是营销和信贷业务。上述每一家公司的信贷创新都和第三方支付企业所积累的海量数据有关，显然经营发展的关键资产就是海量数据。从现在的趋势来看，未来基于大数据的新应用和新服务只会越来越多。

社会逐渐认可了第三方支付的独特业务模式，大量的买卖双方数据可以慢慢积累，也因此让第三方支付业务成了受众认可的合法业务。将来假如想继续推进其独立发展的话，下面两个关键点需要关注，一个是为了构建巨大的数据源必须通过创新产品和服务来吸引更多的客户，另一个就是扩展新型的业务，推动数据资产的开发和利用。

专业从事孕婴童商品一站式购物与服务的"孩子王"2009年开设

第一家旗舰店，此后短短5年时间，这家公司已经布局了9个省份，开设了近70家门店，拥有200万会员。

"孩子王"的发展速度，是很多传统零售公司难以想象的，孩子王的数据分析模式，正是造成这种差距的原因。

孩子王在经营过程中充分运用了大数据分析模式，它的数据库无所不包，只要是孩子王的客户，小孩一个月喝多少克奶粉，每天需要用几块尿布，他们都一清二楚。"让数据有'温度'"是孩子王进行数据分析的理念，他们更注重收集消费者最真实的想法，通过深度挖掘，在消费者产生需求之间，提前投放广告，创造满足。

现在唯一需要考虑的是：大数据经营在社会上完全普及的时代，会以多快的速度到来？

数据先行已成为全球企业共识，一方面，企业的管理效率取决于企业的内部数据的流通，通过对企业内部数据的采集、整理、挖掘和分析，为企业组织内的各层次人员提供信息，提高企业的决策能力，加快决策速度，确保决策准确性，同时实现企业内部的管理效率。另一方面，也为企业的产品质量的把握提供有效的信息，共同分享销售、库存等商业数据，共同进行品类分析和管理，提升产品品质。企业内部数据分析是指将企业的各种数据及时地转换为企业管理者感兴趣的信息（或知识），并以各种方式展现出来，帮助企业管理者进行科学决策，加强企业的竞争优势。

企业通过利用多个数据源的信息以及应用经验和假设，促进对企业动态特性的准确理解，以便提高企业的决策能力。它通过数据的获取、管理和分析，为企业组织的各种人员提供信息，以提高企业的战

略和战术决策能力。

如果不能带来经济利益，再多的数据也只能是垃圾，企业还要为这些数据支付额外的存储费用。根据国金证券的研究报告，目前直接利用数据为企业带来经济利益的方法主要有数据租售、信息租售、数据使能三种模式。

数据租售：以四维图新、广联达为代表的公司，在主营业务的基础上，通过对业务数据的收集、整理、过滤、校对、打包、发布等等一系列的流程，实现了数据自身的价值，为企业带来了经济利益。

信息租售：以彭博为代表的金融信息服务商，聚焦在某个行业，广泛收集相关数据、深度整合萃取信息，以庞大的数据中心加上专用的数据终端，形成数据采集、信息萃取、价值传递的完整链条，成为行业巨擘。

数据使能类似于阿里金融这样的公司，通过对大量数据进行有效的挖掘和分析，开展传统公司难以触及的小额贷款业务，为公司开创新的盈利增长点。

第六章
不同行业的大数据革命

　　大数据的渗透力极强。从本质上讲，各行各业都已经在数据化了，比如电信业正在变成电信数据业，金融业变成金融数据业，医疗业也变成医疗数据业……这也就意味着，大数据挖掘将成为各行各业的必修课。

大数据改变哲学

近年来，大数据这个原本陌生的专业词汇迅速进入大众视野，掀起了一场新的数据技术革命。大数据正在改变我们的生产、生活、教育、思维等诸多领域以及认识、理解世界的方式，作为时代精神精华的哲学，应该及时对这场数据革命做出全面的回应和批判，深入分析大数据对我们的世界观、认识论、方法论、价值观和伦理观将带来的深刻变革。

数据本质与世界观革命。所谓数据就是有根据的数字编码，它与人类关系十分密切。早在古埃及，人们就知道用数据来计量财富和记录日常生活。文艺复兴之后，数据又被用于描述物理现象和自然规律。不过，在中外哲学史上，数据一般被看作刻画事物关系的参数，很少被看作是世界的本质，唯有古希腊哲学家毕达哥拉斯提出了"数是万物的本原"的思想，将数据提高到本体论高度。但随着大数据时代的来临，数据从作为事物及其关系的表征走向了主体地位，即数据被赋予了世界本体的意义，成为一个独立的客观数据世界。继记录日常生活、描述自然科学世界之后，数据被用于刻画人类精神世界，这是数据观的第三次革命。大数据认为，世界的一切关系皆可用数据来表征，一切活动都会留下数据足迹，万物皆可被数据化，世界就是一个数据化的世界，世界的本质就是数据。因此，哲学史上的物质、精神的关系变成了物质、精神和数据的关系。过去只有物质世界才能用数据描述，实现定量分析的目标，而现在，大数据给人类精神、社会行为等主观世界带来了描述工具，从而能够实现人文社会科学的定量研究。总之，大数据通过"量化一切"而实现世界的数据化，这将彻底改变人类认知和理解世界的方式，带来全新的大数据世界观。但人类的精神世界能完全被数据化吗？精神世界的数据化是否会降低人的主体地位？这也是我们在大数据时代必须回应的哲学问题。

数据思维与方法论变革。大数据带来了思维方式的革命，它对传统的机械还原论进行了深入批判，提出了整体、多样、关联、动态、开放、平等的新思维，这些新思维通过智能终端、物联网、云存储、云计算等技术手段将思维理念变为了物理现实。大数据思维是一种数据化的整体思维，它通过"更多"（全体优于部分）、"更杂"（杂多优于单一）、"更好"（相关优于因果）等思维理念，使思维方式从还原性思维走向了整体性思维，实现了思维方式的变革。具体来说，大数据通过数据化的整体论，实现了还原论与整体论的融贯；通过承认复杂的多样性突出了科学知识的语境性和地方性；通过强调事物的相关性来凸显事实的存在性比因果性更重要。此外，大数据通过事物的数据化，实现了定性定量的综合集成，使人文社会科学等曾经难于数据化的领域像自然科学那般走向了定量研究。就像望远镜让我们能够观测遥远的太空，显微镜让我们可以观察微小的细胞一样，数据挖掘这种新时代的科学新工具让我们实现了用数据化手段测度人类行为和人类社会，再次改变了人类探索世界的方法。大数据技术让复杂性科学思维实现了技术化，使得复杂性科学方法论变成了可以具体操作的方法工具，从而带来了思维方式与科学方法论的革命。但变革背后的问题亦不容回避：可以解释过去、预测未来的大数据，是否会将人类推向大数据万能论？这是不是科学万能论的新形式？

数据挖掘与认识论挑战。近现代科学最重要的特征是寻求事物的因果性。无论是唯理论还是经验论，事实上都在寻找事物之间的因果关系，区别只在寻求因果关系的方式不同。大数据最重要的特征是重视现象间的相关关系，并试图通过变量之间的依随变化找寻它们的相关性，从而不再一开始就把关注点放在内在的因果性上，这是对因果性的真正超越。科学知识从何而来？传统哲学认为要么来源于经验观察，要么来源于所谓的正确理论，大数据则通过数据挖掘"让数据发声"，提出了全新的"科学始于数据"这一知识生产新模式。由此，数据成了科学认识的基础，而云计算等数据挖掘手段将传统的经验归纳法发展为"大数据归纳法"，为科学发现提供了认知新途径。大数据通过海量数据来发现事物之间的相关关系，通过数据挖掘从海量数据中寻找蕴藏其中的数据规律，并利用数据之间的相关关系来解释过去、预测未来，从而用新的数据规律补充传统的因果规律。大数据给传统的科学认识论提出了新问题，也带来了新挑战。一方面，大数据用相关性补充了传统认识论对因果性的偏执，用数据挖掘补充了科学知识的生产手段，用数据规律补充了单一的因果规律，实现了唯理论和经验论的数据化统一，形成了全新的大数据认识论；另一方面，由相关性构成的数据关系能否上升为必然规律，又该如何去检验，仍需要研究者作出进一步思考。

数据资源与价值观转变。随着大数据的兴起，数据从原先仅具有符号价值逐渐延伸到同时还具有经济价值、科学价值、政治价值等诸多价值的重要资源，从而带来了数据价值本质的根本性变化。首先，数据成了新兴财富，具有重要的经济价值，从而引发财富价值观的变革。在传统的价值观念中，土地、材料、能源、劳动力等看得见摸得着的实体才被看作财富的象征，而数据只是一种符号，它只是人类记录财富的工具。但在大数据时代，数据不仅是财富的记录和标志，而且自身也成为一种新兴财富，即数据财富。大数据让我们从实体经济的狭隘思维中解放出来，带来全新的就业方向、产业布局、商业模式和投资机会，创造出"点数成金"的财富神话。其次，数据成为人类认知世界的新源泉，蕴含着丰富的科学认知价值。大数据是一种重要的科学认识工具，它将数据化从自然世界延伸到人类世界，原先只能进行定性研究的人类思想、行为，如今逐渐被数据化。最后，大数据带来了开放、共享的价值理念。大数据要求打破数据隔离和数据孤岛，实现数据资源的开放、共享。数据的开放和共享，特别是政府数据的公开让信息更加对称，让一切事物和行为都展现在公众面前，由此带来了大数据时代的自由、公平与公正。与此同时，一个崭新的课题亟待解决：数据产业与实体产业该保持怎样的必要张力？没有了实体产业，大数据产业会不会成为虚幻？

数据足迹与伦理观危机。大数据技术通过智能终端、物联网、云计算等技术手段来"量化世界"，从而将自然、社会、人类的一切状态、行为都记录并存储下来，形成与物理足迹相对应的数据足迹。这些数据足迹通过互联网络和云技术实现对外开放和共享，因此带来了我们以前从未遇到过的伦理与责任问题，其中最突出的是数据权益、数据隐私和人性自由等三个重要问题。首先，构成大数据的各种数据都是从个人、组织或政府等采集而来，这些作为一种新财富的数据产权该属于谁呢？是数据采集者、被采集对象还是数据存储者？谁拥有这些数据的所有权、使用权、储存权和删除权？政府数据是否应该向纳税人开放？如此诸多的问题都需要我们重新思考和解决。其次，人们在享受大数据时代的便捷和快速的同时，也时刻被暴露在"第三只眼"的监视之下，从而引发隐私保护的危机。例如，购物网站监视着我们的购物习惯，搜索引擎监视着我们的网页浏览习惯，社交网站掌握着我们的朋友交往，而随处可见的各种监控设备更让人无处藏身。更令人担忧的是，这些数据一旦上传网络就被永久保存，几乎很难被彻底删除。面对大数据，传统的隐私保护方法（告知与许可制、匿名化、模糊化）几乎无能为力，可以反复使用的数据通过交叉复用而暴露出诸多隐私信息，因此大数据技术带来了个人隐私保护的隐忧，而棱镜门事件更加剧了人们对个别组织滥用数据的担心。最后，根据大数据所做的人类思想、行为的预测也引发了可能侵犯人类自由意志的担忧。大数据可以根据过去数据预测未来，在这个意义上，我们未来的一言一行都有可能被他人掌握，人类的自由意志因此有可能被侵犯，这给传统伦理观带来了新挑战。

总之，大数据是一场新的数据技术革命，它必然会对传统哲学理论提出新挑战，传统哲学也将随大数据革命而产生革命性变革，并随着对问题的回应而获得哲学自身的丰富和发展。

大数据改变教育

新一轮教育信息化的浪潮已然随着硬件的高速革新和软件的高度智能无法抗拒地推到了我们面前。作为教育人应该如何面对？围观？等待？抵制？显然这都是会被浪潮击垮的下下之策。唯有掌握良好的"冲浪"技术，具备相应的预判能力才能逐浪前行，甚至是在浪尖优雅起舞。建设某市教育信息化公共服务平台，推进数字校园实验工作，设立40所"数字化学习"试点学校，开发"微课程"、开展"翻转课堂"教学研究、一对一"E课堂"教学实践等一系列不断加码、节节攀升的举措足以表达该地区推进教育信息化的行动方略，但路并不好走，要充分做好"螺旋式"上升的准备，其间最重要的课题依旧是顶层设计和超前理念。

1970年托夫勒的一本畅销书《未来的冲击》似乎早已为我们今天的这个时代奏响了序曲，随着互联网技术的发展以及在线教育其自身优势逐渐的显露，四十多年后的今天，网络教育的优势已经清晰在眼前，教育也将朝着更个性化和全球化的趋势发展下去。

人类历史中的许多灾难都源于这样一个事实，即社会的变化总是远远落后于技术的变化。这是不难理解的，因为人们十分自然地欢迎和采纳那些能提高生产率和生活水平的新技术，却拒绝接受新技术所

带来的社会变化——因为采纳新思想、新制度和新做法总是令人不快的。"——斯塔夫里阿诺斯《世界通史》

大数据是教育未来的根基。没有数据的留存和深度挖掘，教育信息化只能流于形式，从孔子的竹简流传到蔡伦的造纸术，再到活字印刷术，每一次技术的革命都革新了教育的一个时代，同样，今天计算机和信息技术的发展，大数据的发展使得教育面临新的一场革命，谁能更好把握大数据，谁将在未来的竞争中获得更多主动权。

信息化革新教育模式，教育数据更易获得和整合。处于信息化的时代，我们获取知识的途径不再是课堂，而是线上学习越来越成为学习知识的主要途径，课堂成为交流学习成果，答疑解惑的场所，比尔·盖茨声称，"五年以后，你将可以在网上免费获取世界上最好的课程，而且这些课程比任何一个单独的大学提供的课程都要好。如此一来，学习行为的数据将自动留存，更易于后期的学习行为评价和评估，教师不再基于自己的教学经验来分析学生的学习中偏好，难点以及共同点等，只要通过分析整合学习的行为记录轻而易举就能得到学习过程中规律，这样对教师的下一步工作重点有指导意义。并且线上学习能做到个性化教学，根据个人的学习数据制定相应的学习计划和辅导。利用数据挖掘的关联分析和演变分析等功能，在学生管理数据库中挖掘有价值的数据，分析学生的日常行为，可得知各种行为活动之间的内在联系，并作出相应的对策。

对于未来的教育，"越来越少的课堂，越来越多的网络；越来越少的教室，越来越多的咖啡厅和厨房；越来越少的讲授，越来越多的交互；越来越少的编制，越来越多的合作；越来越少的办公室，越来

越多的实验室……"这些场景也许你曾经不敢想象，但确实已经随着技术的倒逼，悄悄渗透到了教育领域。

2011年秋天，斯坦福大学人工智能的一门网上课程：190多个国家共16万学生参加学习，22000人通过了考试、获得了认证。课程的讲授者Thrun教授，离职创办了一家在线教育网站Udacity。现提供11门课程：数学、物理、统计学、软件等等，提供认证，并将1%学习成绩最好的学生直接输送给全世界最好的公司，从中收取中介费；前不久，商业网站Coursera上线，和普林斯顿、斯坦福、密歇根大学和宾夕法尼亚大学等大学结盟，提供课程。这件事的前因后果是：斯坦福大学计算机系的Ng教授，把自己的一门课放到了互联网上，结果全球有十几万人注册，这些人，除了在网上听他的实时讲授，还和斯坦福大学的在校生做同样的作业、接受同样的评分和考试。最后，有几千人完成了这门课程。Ng教授辞职，拉到了一千多万的投资，成立了Coursera，目前提供的课程涵盖社会科学、物理、工程学等。

不要总喊"狼来了"，"狼"已经真的来了，这些新现象正与日俱增地发生在我们身边。世界已经发酵出一种新的工业模式：就近生产、全面脑力时代、新材料和极简生产、3D生产时代、打印生产时代——第三次工业革命。具体到教育和高等教育，云、物联网和基于云和物联发展所带来的大数据趋势，是变革的技术原因。

有两件事情总让职业选手郁闷不已：科技的未来，科学家们从来没有作家预测得准；而教育领域的大师又往往不是教育学出身的。如果2013年我们要凑出第三件，那就是：能够既准确预测科技还能准确预测教育的，这个人既不是学科学的也不是学教育的，这个人叫托夫勒。

1970年，托夫勒写了第一本畅销书《未来的冲击》，在书中，他不仅批评了以哈钦斯为代表的面向过去的教育、支持了以杜威所代表的面向现实世界的教育，更创造性地提出了明确的面向未来的教育：小班化、多师同堂、在家上学趋势、在线和多媒体教育、回到社区、培养学生适应临时组织的能力、培养能做出重大判断的人、在新环境迂回前行的人、敏捷的在变化的现实中发现新关系的人和在未来反复、或然性和长期的设想下的通用技能。

四十多年后的今天，基于云、物联网、数据库技术、社会网络技术等的成熟应用，托夫勒当年感性预知的理念性的东西清晰地展现在我们面前：信息不仅仅是一种视觉和感官的东西，更是可捕捉、可量化、可传递的数字存在。于是从1970年到现在，教育悄悄发生了一场革命，教育革命一词，正是托夫勒最早所说，而今天，我们已经明确知道带来这场革命的真正原因，那就是大数据。

我曾在各地反复提及"数据"与"数字"的区别。举个简单的例子：一个学生考试得了78分，这只是一个"数字"；如果把这78分背后的因素考虑进去：家庭背景、努力程度、学习态度、智力水平等，把它们和78分联系在一起，这就成了"数据"。正在发生的这场教育变革与之前的远程教育和在线课程的最大的不同在于，前者不过是"数字"而已，后者却是"数据"——数据的集中以物联网、云计算等综合技术的成熟为基础，数据是过程性和综合性的考虑，它更能考量真实世界背后的逻辑关系。

由于互联网的迅速发展，美国从1997年以来，在家上学的人数迅速增长至超过5%，这些孩子学习成绩和参与社区超过同龄公立学校30%以上，教育不再是每个学生必须接受的事情，互联网的作用确实在增加、增大。然而，如果就此断言未来的教育会消失就错了。正如随着印刷术的普及，教师的比例并不是减少而是大幅度增加一样，大量的信息垃圾的出现，反而需要更多的教师进行指导。未来的教育在互联网教育的推动下，会更加个性化和更加普及，只不过教师和学校的定义和内涵需要重新定位。

云技术、物联网和基于云技术和物联网的大数据是教育变革的技术推动力量。在向大数据时代、知识时代跨越的过程中，知识将无处不在。目前，仅就知识传播而言，教育资源正在经历的是平台开放、内容开放、校园开放的时代，这是前所未有的。未来的教育会是怎样的？主流的模式必将是：视频成为主要载体；教育资源极其丰富；翻转课堂；按需学习；终生学习；不以年龄划线；远程教育的提法将消失；距离不再是问题，教育在学校之外发生，等等。

千百年来，教育工作者试图花费巨大的时间和精力在做的工作是：将提炼过的教师的思维逻辑或者书本的思维逻辑连同知识容量一起拷贝到学生的大脑中。事实证明这些努力部分有效，这种标准化的规模化的教育，确实保证的教育的基准水平。然而，不容忽视的一个事实却是，每个时代顶级的聪明的人，似乎都不是这样拷贝出来的，因此才有了"大师无师"的感慨。随着信息学和行为学的研究深入，人们逐渐才认识到，教育真正的最高境界，是发掘学生自身原有的动力和天分。自组织，逐渐被学者开始研究。

学习既然是一个自组织的行为，教师和教学机构的定位确实受到挑战，而另外一方面，随着网络资源的普及和开放，在线教育如果仅仅是将传统的课堂搬上网络，也许更加不适合学习的原有规律。NMC（新媒体教育联盟）通过历史研究，将人类的学习行为归类为社会学习、可视化学习、移动（位置）学习、游戏学习、讲习学习，每种学习方式，基本上对应者信息与知识的载体的技术方式。也就是说，技术限制了人们的学习方式，一旦有新的技术改变信息和知识的传播模式，人类学习的方式马上会产生根本性的变化。现代的大学，产生于印刷术的普及和图书馆的知识方式，决定了学校和大学成为教育的中心；而工业革命和更加廉价的印刷技术，使得技术脱离知识可以与工厂紧密结合独立成为职业教育的载体。互联网时代，开放的社会和资源，进一步解放人们的学习行为，越来越多的才子不用在学校里面接受所谓学习方法的熏陶，自组织，成为这个现象的研究热点。

对于学习来说，在信息技术革命的今天，教化在撤退，支持在推进。教育的真正目标不是技术方法的教化，而是支持与服务。人作为万物之灵，本身就有自然的逻辑和自组织的能力，发掘它，才是正路。新的教育发生的革命，并不是传统的课堂搬上在线，而是技术解放了人们原有的天分，使原本千百年来被庸师耽误的学生，成倍地生长出来。

在这场教育的革命中，最可怕的教育不是没有教育资源，也许是：毫无天分的教师还在勤奋地工作。

传统的教育兴盛于工业化时代，学校的模式映射了工业化集中物流的经济批量模式：铃声、班级、标准化的课堂、统一的教材、按照时间编排的流水线场景，这种教育为工业时代标准化地制造了可用的人才。而大数据教育将呈现另外的特征：弹性学制、个性化辅导、社区和家庭学习、每个人的成功。世界也许会因此安静许多，而数据将火热地穿梭在其中，人与人（师生、生生）的关系，将通过人与技术的关系来实现，正如现今的春节，你要拜年，不通过短信、电话、视频、微信，还能回到20年前骑半个小时自行车挨家挨户拜年的年代吗？大数据时代，无论你是否认同技术丰富了人类的情感，技术的出现，让我们再也回不到从前了。

印度教育科学家苏伽特·米特拉在1999年到印度很多非常偏僻的乡村，开始了对未开发的"人脑"的教育学实验：这里的人不懂英语，没人见过电脑。苏伽特·米特拉在孩子们聚集的街头的墙上开了一个洞，放上互联网屏幕和鼠标，然后离开。几个月后，试验表明孩子们不用老师教也学会了使用电脑。在以后的十多年里，苏伽特·米特拉在印度、南非、柬埔寨、英国、意大利等地还进行了类似的生物、数学、语言等领域的实验，结果证明，人与动物最大的不同在于不需要老师教和科学家输入逻辑和程序，就可以自己完成学习，这就是自组织。苏伽特·米特拉由此对教育和建构理论进行了重新的定义：教育是一种自组织行为。

大数据与传统的数据相比，就有非结构化、分布式、数据量巨大、数据分析由专家层变化为用户层、大量采用可视化展现方法等特点，这些特点正好适应了个性化和人性化的学习变化。目前教育变革的讨论，过于集中在在线教育(远程、平板、电子、数字），这正像任何一个科技让人们最先想到的都是偷懒的哲学，自动化时代最先想到的是卓别林演的自动吃饭机，多媒体时代人们最先想到的是游戏。在线教育本身很难改变学习,在这场教育革命的浪潮中，由在线教育引发的，育由数字支撑到数据支撑变化(教育环境、实验场景、时空变化、学习变化、教育管理变化等)，确是很多人没有在意的巨大金矿。

教育环境的设计、教育实验场景的布置，教育时空的变化、学习场景的变革、教育管理数据的采集和决策，这些过去靠拍脑袋或者理念灵感加经验的东西，在云、物联网、大数据的背景下，变成一种数据支撑的行为科学。

在美国宾州，有一个叫做EDLINE的网站，将学生的每次作业、每次考试记录在网上，完成学生的日常GPA积累，这个网站的技术并不难，然而能够坚持下来的数据积累，对于学生、家长和教育管理非常重要，大家都知道，美国的大学入学GPA非常重要。依靠这个GPA再加上学生的SAT和ACT所提供的分析报告以及志愿者活动资料，就决定了学生的大学去向。

教育将继经济学之后，不再是一个靠理念和经验传承的社会科学和道德良心的学科，大数据时代的教育，将变成一门实实在在的实证科学。

在上海的东华大学，学校正在将十多个学院的数十个实验室管理起来，通过物联网和云的技术将实验系统连接起来，实现实验室数据的整合、分析、可视化、报表，依靠数据，不再依靠人的上报。

对于教育者来说，这是一个大转变的时代。我目睹着教学的各种力量在重新洗牌。或许我们说教育革命言过其实，各种变化是在更迭着逐步推进，多元化教学模式可能会长期并存。但确实，技术从外围，给教师增加了新的"竞争对手"。技术又导致了学生预期、学习

习惯等方面的变化，从内部促进教学过程的变更。学生队伍变了，不好带了，但是这中间，不知藏了多少的机遇，等着有心的老师去发现。

大数据改变农业

在谈大数据改变农业时，我们不妨先来解一下农业的历史进程。我们知道，发达国家的农业发展过程构成了我们今天对农业的传统认知。追溯到1700年，农业可以划分为四个阶段。

·18世纪（自给式农业）。农民生产出其所必要的最低数量的食物来养活家人，并为寒冷的冬季做一些准备。

·19世纪（营利式农业）。这一阶段标志着农业从自给自足过渡到以盈利为目的。这一时期广泛开始使用各类谷仓，用来存放各种工具、农作物与相应的设备。这个时期也被称为"农业拓荒"时期。

·20世纪初（牲畜耕种农业）。在这一时期，"农业动力"主要来源于体重800多千克的马。农民们使用牲畜来翻耕、种植以及运输农作物。通过发挥牲畜的作用，首次显著地提升了农作物的生产力。

·20世纪中期到末期（机械化农业）。经过了工业革命，这一时期的农民借助机械化来完成许多原先需要通过双手或牲畜来做的工作。不断增加的机械设备为农业带来了巨大的生产力，同时也提升了农作物的品质。

上述每一个时期都代表着农业向前迈出了重要的一步，引入全新而又切实可用的各项辅助设施：谷仓、工具、马匹与机械设备。从本质上来说，发展是基于具体的物质的，我们可以很清晰地从农业的发展历程中看到这一点。在每个阶段，产量与生产力都在不断提升，尤其是在20世纪后半叶出现了显著而巨大的提升。

经过这些发展阶段，农业变得更具效率，但并不代表着会变得更加智慧。

在当前的大数据时代，农业必须依赖数据来推动其发展。这一点比以往任何阶段都让普通人更难以理解，因为数据与具体的实物实在是大相径庭。你可以很容易地明白，马匹是如何帮助农民摆脱沉重的农业劳作的，但是要理解如何运用地理位置信息却完全是另外一回事。这背后蕴含着多项无形的因素：知识、预测和决策。最终，数据是所有这一切的源泉。

简单列举农作物的生长过程有助于理解数据对农业的影响。我们都知道植物需要阳光，它们从土壤中汲取养分与水，然后茁壮成长，这个过程被称为光合作用。健康的植物需要通过一种称为蒸腾的过程来保持自身的温度相对较低（这类似于人体感受到压力后会排出汗水）。但是，假如植物缺乏养分或适宜的条件来完成蒸腾过程，那么植物的机能状态将会开始下降，从而对作物造成伤害。运用数据来改善农业，从根本上讲就是进行监督、控制，并在必要时对过程予以干涉。

根据美国环境保护署的统计，目前全美有220万个农场。这些农场

与全球其他地区的农场类似，每年平均花在害虫防治、肥料以及其他各项生产项目中的开支高达11亿美元。如果能够更好地收集、运用并处理各项数据，这将能够帮助农民在地域辽阔的土地上以更低的成本获得更高的利润。

当然，我们也知道，大数据农业并非一两家企业就可以完成，需要各方协同才能搭建完毕，探索才刚刚上路。

传统农业正在遭遇着互联网的冲击，这个贯穿着整个人类文明发展的产业正在发生聚变，传感器、物联网、云计算、大数据不但颠覆了日出而作日落而息的手工劳作方式，也打破了粗放式的传统生产模式，转而迈向集约化、精准化、智能化、数据化，农业生产因此获得了"类工业"的产业属性。

目前的物联网、大数据等技术已经可以实现对作物种植、培育、成熟和销售等环节的管理。在整体解决方案中，底层应用主要采用物联网技术，通过对作物的信息收集，将数据反馈至云平台中，方便决策和后续提供帮助。

不可否认，互联网的渗透开始颠覆传统的农业模式，农业云计算与大数据的集成和未来的挖掘应用对于现代农业的发展具有重要作用。在农业发展中，大数据不仅可以渗透到生产经营的各环节，而且能够帮助农业实现跨行业、跨专业、跨业务的发展。

农业大数据的收集在发达国家其实已经颇为成熟。Data.gov 是奥巴马政府在 2009 年推出的，该网站上有诸如植物基因组学和当地天气情况的详尽数据库，还有一些关于特定土壤条件下最佳种植作物的研究、降水量的变化、害虫和疾病的迹象，以及当地市场作物的期望价格等数据库。在此基础上，美国农业部宣布在 Data.gov 的基础上建立一个门户网站，该网站能链接到 348 个农业数据集。除了美国外，一些国家也公布了关于农业数据库公开的政策方案，推动建设开放性的农业数据共享平台，以数据驱动农业的全新模式呼之欲出。

如果你和一位来自 19 世纪、20 世纪或 21 世纪初期的农民聊天，他们的谈话内容大概都会涉及这样两点：

（1）他们每年不断完善的农业战略；

（2）随着农业战略的日趋完善，以及不断提升的知识储备，他们每年所能提高的产量。

虽然历经了三个世纪，现代化的农业已经日渐成熟，但是数据时代开创了精细农业。根据阿尔伯塔省农业、食品与农业保护发展部门的汤姆·戈达德（TomGoddard）的观点，精细农业的关键核心在于：

·产量监控。根据时间或距离追踪作物产量；统计单位负荷量的作用范围与蒲式耳（计量单位）。蒲式耳(英文 BUSHEL，缩写 BU)是一个计量单位。它是一种定量容器，好像我国旧时的斗、升等计量容器。在美国，一蒲式耳相当于 35.238 升（公制）。负荷总量以及土地面积等。

·产量绘图。全球定位系统（GPS）接收器提供空间坐标，结合产量监控，能够用于描绘出整块土地的产量。

·浮动式施肥。管理各种肥料的使用。

·杂草监测。通过计算机与全球定位系统相连，监测杂草生长状态，并根据需要调整种植策略。

·可控式喷洒。一旦从监测中了解到杂草的生长位置，你就可以

定点加以控制。

· 地形与边界。通过运用差分全球定位系统（DGPS）创建高度精确的地形图，这些数据能够用于在产量地图上采取对策。

· 盐度监测。盐度数据以及在一段时间后持续跟踪土壤盐度，这些信息在产量地图与杂草监测分析过程中是极具价值的。

· 引导系统。引导系统，例如差分全球定位系统能够精确到一英尺（一英尺≈30.48厘米）或更小单位，非常有利于评估土地。

· 记录与分析。大量的数据收集是存储数据资产（其中包含图像和地理位置信息）过程中至关重要的一个环节。更重要的是，这类信息能够提供归档与检索操作，以备未来使用。

收集上述数项数据能够带来前所未有的预测能力，这或许会带来革命性的改变，即农作物的生长过程从顺其自然转变到以数据为驱动的。从马铃薯的案例中，我们能够发现，这会从根本上改变作物的产量与提高生产力。

当然上述案例是基于一个潜在的假设，即存在合适的工具与方法来有效地获取、利用农场内的各项数据。这是一项很大胆的假设，因为迄今为止，许多农场并没有建立这种全新数据资产的收集与利用模式。因此，获取农业数据的能力或许会成为未来竞争优势的决定性因素。

目前，中国也开始了自己的实践。在河北廊坊的郊区，软通动力的团队在做着基于大数据的"智慧农业"尝试。软通动力在农田里安装了内置摄像头的传感器，通过传感器、摄像头等终端应用收集、采集农产品的各项指标，并将数据汇聚到云端进行实时监测、分析和管理，比如每天的气温、湿度、雨量等信息，还向农民发放了智能手机和平板电脑，让大家随时记录工作成果和现场注意到的问题。

在整个智慧农业体系中，信息收集作为提供数据的基础，可以实现决策层信息反补，比如在食品安全问题上，信息的收集可以帮助相关部门实现追溯，更好地解决源头的监控难题。在源头的监管体系中，"智慧农业"主要采用条形码及RFID技术进行记录、监督，从而实现针对生产、收获、库存、流通和食品安全等的管理，再根据不同地区、不同作物类型进行相应的数据信息调整，以便监控管理软件能够很好地帮助农户种植和管理作物。

如今微电子和计算机等新技术不断涌现并被采用，将进一步提高传感器的智能化程度和感知能力，在源头的数据采集上解决了此前的难题。这一切都源于市场对整个物联网设备的需求剧增，根据市场研究公司Gartner发表的报告预测，在2017年投入使用的物联网设备数量将由2016年的38亿个增长30%至49亿个，到2020年预计增长至250亿个。

随着互联网的渗透，催生出订单式农业已经成为业内共识——农户根据同农产品的购买者之间所签订的订单，组织安排农产品生产的一种农业产销模式。在技术层面已不存在太多障碍的情况下，大数据农业的操盘者开始将更多精力放在了社区开发、电商平台搭建等环节上。

在智慧城市和农业大数据没有兴起之前，传统农业的最大弊端是难以和市场及时接通，"供不应求"或者"菜贱伤农"的现象经常发生，传统的农业生产与市场需求时常脱节的，农民的种植完全根据经

验。通过种植技术的升级也仅仅是针对生产效率的问题，从宏观上还是没有改善脱节问题。

软通动力按照工业生产方式"以销定产"来搜集市场需求，继而指导农户种植。事实上，智慧社区就是一套智能信息系统，落实到具体就是引入了多个信息管理系统，如生产管理系统、销售管理系统、ERP管理系统、温室管家系统、二维码追溯系统、配送管理系统。

在管控农产品的物流配送方面，软通动力也试图利用智慧社区来促进智慧农业的一站式便捷服务的搭建工作。智慧农业是一个需要各方一起努力协同才能做起来的领域。目前以阿里巴巴为首的众多电商平台也开始涉足农业领域，这对于基于大数据的智慧农业的推广来说是一件好事，毕竟阿里巴巴也是一家以大数据为核心竞争力的企业。

在当今的农业中，人的因素最为关键，如何施肥、灌溉、操作燃气发动机、驾驶卡车或马车来运输，以及拥有符合当地实情的知识。这可以被看成是一门手艺，通常只有开创某个农场的人才知道如何将其运营下去。这也就是为什么许多农场在其管理者退休离任后就逐步萎缩的原因——掌握在他们手中的手艺才是成功经营的要素。

2020年之后的农业与今天相比，将会给人们带来截然不同的感受。事实上，未来农业行业的从业者或许根本想象不到21世纪初期的农民是这样工作的，以下这些全新的方法将在2020年成为司空见惯的事情。

· 数字化设备。应用配置传感器或具有传感功能的数字设备将成为常态。单纯的燃气发动机将成为历史。事实上，到2020年，许多农场的设备将是基于电池或太阳能制造的。这样的话，燃气发动机本身就会变得非常罕见。数字化设备的数量将远远超过今天联网的拖拉机设备。另外还会出现无人驾驶飞机，而且是大量的无人驾驶飞机，这将成为最具成本效益且最精确的设备，并用来管理那些农民在今天需要手动或由拖拉机完成的农活。随着数字化设备的广泛应用，设备的管理将变得驾轻就熟，所有的设备都必须加以适当的管理与维护。

· IT支撑平台办公室。每个农场都会有自己的信息技术（IT）办公室。他们中的一部分将由自己进行管理，而更多的则会交由第三方进行运营和维护。IT支撑平台办公室会负责上述设备的管理，远程监控并最终基于数据作出决策制定。IT支撑平台办公室将成为现代农场运营中无形的手，实时响应农民的每一项具体需求，从而确保每一项工作都像是既定程序一样被精确地执行。

· 资产优化。随着新机器与设备的不断增加，资产的组合优化将成为最重要的考量因素。如何最大幅度提高设备的使用寿命、优化定位以及任务与工作负载的管理将成为决定企业生产力的关键因素。

· 预防性维护。任何数字化设备都和燃气发动机一样容易损坏，更何况这样一个复杂的系统，而如何采取预防措施来防止或减少维护与修理所造成的系统中断，这一点颇有挑战性。许多数字化设备与装置都将被设计成能够预测防止故障的，但这最终将取决于农民与他们的IT支撑平台办公室，因为每个农场都会以不同的方式使用这些设备，具体的维护需求也是各不相同的。

· 产量预测。在今天的农场里，农作物的产量发生了显著的变化。那么气候、过度开垦或某些杀虫剂与化肥这些影响因素往往会构成一个难以预料的大环境。到2020年，农业生产率将更容易进行预测。根据所有的数据来源，随着地理信息系统与全球定位系统的功能增强，以及未来几年的技术革新，产量将变得可以预测，这会为农民创造出更加灵活的金融模式。

· 风险管理。到2020年，天气不再会成为农业收成的决定性因素，而只是整个农场风险管理体系中的一个变量而已。根据产量的可预见性，风险管理将更多关注灾难异常情况的控制，在某些情况下，你可以采取找到风险对冲方以分担风险的解决方案。例如，基于各项参数的保险行业在该领域中提供了巨大的支持。

· 实时决策。决策可以在瞬息之间制定完成。伴随着数据流的增长，农场内的各项元素都可以作为变量进行收集分析，并据此立即采取行动。到2020年，各项问题的矫正速度会比现在发现问题的速度更快。这也正是最终的产量会变得可以预测的原因之一。

· 农业生产的改变。农场将不再生产单一或某一类型的农作物。相反，他们会根据预先制定的种植季节与产生力分析行事，从而实现更大的整体产量。农场同时也会开始考虑外部的数据源输入（供应和需求），从而调整优化产出，这不仅在最大程度上满足了市场所需，而且还将彻底改变我们今天在市场上所看到的商品与食品价格大起大落的现象。

大数据改变工业

为何工商业和管理领域没有深孚众望的英雄？这个问题确实令人费解。我自由市场和自由企业不仅塑造了我们的工业和商业，而且在极大程度上塑造了我们的文化。世界成为今天的模样，主要是工商业人士努力的结果。商业、贸易、工业——随便怎么称呼——在文明史上已经同战争、政治、外交、宗教、艺术和科学占有同等重要的地位。事实上，经济利益经常是其他这些领域发展的动因。中世纪，正是商人们开创了地理大发现时代；18世纪，也是商人们启动了工业革命，带来了伟大的技术进步。如果没有工商业，就不会出现文艺复兴、宗教改革和启蒙运动。

过去和现在的那些庞大的工商机构的领导者和管理者应不应该成为家喻户晓的人物？假如我们在讨论人类活动的其他领域，这个问题的答案就是肯定的。

如果你让周围任何一个人说出几位某著名探险家的名字，他们能不假思索地告诉你哥伦布和麦哲伦，他们还会提到德雷克和卡伯特。假如你拦住街上的行人，请他们说出三位著名的音乐家，你得到的回答通常是巴赫、贝多芬和莫扎特，其中许多人甚至能哼上一小段他们的曲子。再问他们有哪三位著名的艺术家，他们会告诉你伦伯朗、莫

奈和米开朗基罗。就这样一直问下去，哲学、文学、数学、体育、战争……每一个领域都有自己的英雄。

然而，当同样的问题问到杰出的工商业领导者和管理者时，被问者会很快地想到杰克·韦尔奇、比尔·盖茨和巴菲特、德鲁克和科特等，甚至还有一长串的名字。

工商业领域似乎与其他领域有些不同，这里没有英雄，没有民间传说，没有关于过去时代的神话。今天的工商业者似乎没有可以汲取灵感的灵泉，工商业人士也没有一种作为纽带的传统感，使他们在共同的文化基础上工作。经济学家菲利·普萨金特·弗洛伦斯曾经指出，资本主义社会是在一种无政府状态下运作的（在几乎所有的工业商部门中，没有比单个公司更大的正规组织中）。同样，这里也没有通行的商业文化，只有工商业企业组织内部组合的微观文化（这种文化经常是片面的和不完整的，有时甚至是极端消极的）。

有一点应该引起注意：大多数人认为商业是一种职业，这一点最初得到普遍认同是由于受到工业革命的影响。

经济史学家莫基尔把几次工业革命发展解释为领先国家知识基础与技能基础不断加深互动与融合所推动的过程。正因为西方各国的制度环境和社会基础对这一互动融合过程支持程度不同，形成了在历次工业革命中主要工业国家之间交替领先的局面。

18世纪的英国之所以率先爆发工业革命，并不单单是源自科学理念或者科学知识的成功，也不单单是源自工匠卓越技能的成功，而是革命性地实现了这两者的结合。随着中间阶层的形成与发展壮大，其国内逐步形成知识基础与技能基础互动的社会基础。从1750年开始，英国的手工艺人、技师与企业家们开始用共同的技术词汇来讨论问题，手工艺人和技师中的佼佼者们开始无形地接受实证科学理念的指导，他们掌握了一定的化学、冶金或机械等知识，并初步懂得测量和数学等工具，成为现代意义上的工程师。

知识基础与技能基础的互动并没有止于第一次工业革命，第二次工业革命把这种互动融合大大地推进了一步，而这种进步则是通过出现新的创新模式来推动的。工业实验室是这一转变的主角，它于19世纪30年代在美国兴起，于19世纪八九十年代在德国的化工工业成为主导模式。工业实验室的繁荣，使得科学理论越来越多地走向前台，为工业发明提供理论框架和信息分析手段。尽管当时的工业实验室还很少能直接实现新产品的设计或者推出新的科学理论，但它依然成为此后整个工业世界的标杆模式。

与第一次工业革命由"中间群体"启动的情况不同，第二次工业革命中核心工业（化工工业与电力工业）的技术发展，更多是由科学家与受过高等教育训练的工程师们主导的。除了科学引领的知识增长以及知识向越来越广泛的群体扩散的因素外，工程教育在推动第二次工业革命的过程中起到了至关重要的作用。

经过第二次工业革命，科学技术进步不再被看作是纯粹个别的知识披露过程，也逐渐不再只是被人们当作临时用来解决问题的手段，而是越来越成为人们解决工业问题、开拓发展领域的一种常规性发展手段。而这个转变的发生与发展过程，与第一次工业革命相似，即工业创新体系的转变离不开社会基础的深刻变化，社会对于知识在工业发展中的价值、对于科学知识如何跟工业实践相结合、对于如何通过

打破社会阶层的障碍而大规模投资于正式的工程技术教育等问题看法的变迁，为新的工业革命的发生与发展奠定了基石。落后者往往不是因为对具体技术选择的错误，而是因为对这些社会性和制度性问题看法的差异，而付出落后的代价。

如果说在第二次工业革命时期，大学主要还是为工业培养人才、提供加工好的人才产品，大学生走出校门去为工业界服务的话，那么在1945年之后美国的现代科研体制下，大学则是打开校门把与工业应用有关的研究直接带到了实验桌上。而这样一个平台则是由科研机构、大学、工业界和军方共同搭建的，并由大量的资金投入以及对一支庞大的科研人才队伍的培养与维持作为基础。这种融合使工业技术的复杂性大大增加，前沿创新越来越具有科学的特性，大量的科学家与受过高等科学训练的工程师被以各种形式在大学、科研机构和工业企业内集中起来，成为工业研发的主力军。工业内的研发强度与规模越来越大，受雇于工业的电子工业科学家们从基础物理杂志上引用的近期文献数目甚至超过了他们在大学内的同行。

英国、德国与美国之所以分别成为几次工业革命的引领者，是因为它们在特定的时期创新性地发展出新的、更有效的"知识—技能"互动模式。从这个角度来说，与其说是领先国家在面临转型时采取了新的发展策略，选择了特定的领先技术，还不如说是它们在制度环境和工业实践的互动中主动求变，在回应发展转型的挑战中，实现了社会的各个子系统（经济、文化、政治、宗教、科学、技术等）在新的生态上的协同，催生了新的创新系统。同样，昔日的领先国家，尤其是英国，也可能会因为僵化的制度环境和社会基础使得它们在变革来临时固守已有的产业和创新模式，从而错失发展转型的时机。

与西方其他国家相比，英国在18世纪初已经完成了从封建社会向世俗的、现实的资本主义社会的转变。原有的政治经济一体化的僵化结构被打破，个人的价值以及差异化的发展逐渐为社会所接纳，这使得各式的工厂和作坊得以出现，使得来自于个人、个别作坊或者个别工厂的稀奇古怪的发明都能为社会接受——只要它们能够带来经济利益，人们或者企业能够自由地从一个行业跳到另一个行业。这种转变为各社会阶层的人提供了舞台，即从僵化的封建社会走出的人们可以通过在技术、产品、生产手段和运营等领域的创新来谋取利益。事实上，18~19世纪英国工业革命对社会各阶层的动员是异常广泛的，在从事农业生产方法改革、建设运河等基础设施、发明新的织布炼钢或者化学方法等领域的知名人士中，包括了从贵族到牧师、医生、教师、理发师、学徒等多元而广泛的社会阶层。在这种社会环境下，接受了实证主义的思想、部分掌握了科学方法，同时又与生产经营实践密切关联的"中间阶层"崛起并扮演了重要角色，就顺理成章了。

在一个环境中促进创新的社会基础，在另一种环境中很有可能并不促进创新。在第一次工业革命中，英国相比欧洲大陆国家更早地实现了社会系统的转型，但在第二次工业革命中却相对落后了。源于已有成功经验的系统僵化，使英国的社会基础不再适应新的技术发展、新的知识基础与技能基础互动融合的需要，因此英国未能在19世纪中后期发展出特大型的工业企业，而特大型的工业企业是实现连续性、标准化、科学化大规模生产的组织条件。

从第一次工业革命中形成的工业家和地方政府成为既得利益集

团，他们存在着反对更新的技术、产品和商业模式的潜在动机。教育体系的发展滞后也拖了后腿，拒绝在教学上向实用的工业需要靠拢。英国依赖于熟练工人的工业体系阻碍了大规模生产方式中的标准化。

从工业革命的经验来看，一个国家的社会系统内知识基础与技能基础的互动融合，无疑是推动各个时期工业国家转型升级的关键。20世纪70年代以来，科研不仅在用已有范式和已有基础知识来研发工业应用，而且甚至开始以工业的需要来引领科学发展的方向和对新范式的开拓。对于中国现阶段的发展转型而言，鼓励自主创新无疑是促进我国本土知识基础与技能基础融合的关键所在。

当人们还在为第三次工业革命的信息化与自动化感叹不已时，第四次工业革命已经悄然降临，并正在逐步向全世界蔓延。这次工业革命最先被德国人提出。他们称之为"工业4.0"。

工业4.0最初用于描绘制造业的未来。以电子信息技术与互联网为标志的第三次工业革命（德国人称之为"工业3.0"），为工业4.0时代打下了良好的技术储备基础。人类将以CPS（信息物理融合系统）为依托，打造一个包含智能制造、数字化工厂、物联网及服务网络的产业物联网。凭借智能技术的力量，虚拟仿真技术与机器生产得以互联融合，整个生产价值链都能完成无缝交流。简言之，工业4.0就是智能化生产的时代。

第四次工业革命的到来，让好莱坞科幻电影中的某些幻想逐渐变成现实。工业4.0将像互联网一样彻底改变人们的工作与生活。这里面既有发展良机，也存在严峻挑战。任何不能根据工业4.0核心精神完成升级的行业与企业，甚至是风头正健的互联网巨头，都有可能在新时代的浪潮中被拍在沙滩上。

各国对第四次工业革命的称呼大相径庭。德国将之定义为"工业4.0"，欧盟各国也共用这一概念；美国则表述为"再工业化"或者"工业互联网"；而日本的叫法是"工业智能化"。这些不同的名称都指向同一个事物。由于本次工业革命首先发端于德国，故而本书采用了"工业4.0"的概念。

以蒸汽动力应用为标志的第一次工业革命（工业1.0），为世界开启了机械化生产之路。而第二次工业革命（工业2.0）不但让人类学会了使用电力，还催生了流水生产线与大规模标准化生产。以电子信息技术为核心的第三次工业革命（工业3.0），制造业出现了自动化控制技术。已经席卷全球的工业4.0，又将为世界带来什么新变化呢？

首先，工业4.0将彻底颠覆传统制造业的生产方式与商业模式。

工业4.0将实现虚拟世界与现实世界的"大一统"。智能工厂可以通过数据交互技术，实现设备与设备、设备与工厂、各工厂之间的无缝对接，并实时监测分散在各地的生产基地。智能制造体系将实现兼具效率与灵活性的大规模个性化生产，从而降低个性化定制产品的成本，并缩短产品的上市时间。生产制造过程中的不确定因素将变得"透明化"。企业将从反应型制造转变为预测型制造。

其次，工业4.0将大大改变人们的知识技术创新方式。

在不久的将来，人、机器、信息将被CPS信息物理融合系统连接在一起。创新2.0追求的用户创新、开放创新、协同创新、大众创新活动，不再局限于实验室与生产车间之内，而是让实验室、生产车间直接与用户端进行无缝对接。各行业与各产业之间的界限将越来越模

糊，产业价值链将面临重组的命运。社会各界也将逐步突破传统的协作方式，在更高的层次上完成无障碍协同。

最后，工业4.0将为人类带来全方位的智能生活。

工业4.0时代具有个性化、人性化、网络化、智能化等特征。智能工厂成为一个消费者可以参与深度定制的"透明工厂"。消费者不但能充分享受个性化消费，还能与机器、信息相互连接，体验整个生产流程与产品生命周期。智能工厂将动用产业价值链上的所有资源，替每一位用户"DIY"既贴心又廉价的个性化产品。此外，未来的人们将生活在"智慧城市"中，乘坐智能汽车，接受智能交通系统的导航，购买智能产品，享受人性化的智能家居生活。如果有什么需求没有满足，给智能工厂下单定制即可。

从本质上说，即将来袭的第四次工业革命就是以智能制造为主导的产业升级，其核心内容主要是智能制造与智能工厂。当前蓬勃发展的互联网经济，存在重营销轻制造的缺陷。假如不能重视制造业智能化转型这一核心内容，互联网企业可能会因产业链重组而变得落后。

席卷全球的新一轮工业革命，既为世界带来了许多前所未有的机遇，也大大冲击了各国的传统产业。为了摆脱目前经济发展的弊端，制造新的经济增长点，发达国家纷纷立足本国国情，推出了各具特色的工业4.0战略。从长远的角度来看，如何对待这场新工业革命，将成为各国未来几十年发展命运的转折点。

马云曾说过："大家还没搞清PC时代的时候，移动互联网来了，还没搞清移动互联网的时候，大数据时代来了。"大数据是一个新兴的概念，它与科技创新紧密联系，其中蕴藏着巨大的可待发掘的经济价值。大数据的核心是预测，颠覆了以往人们传统的思想观念，在利用海量数据进行数学运算的基础上，更加注重结果是什么，而不过分的强调明确的因果关系。

中国巨大的人口基数以及经济规模，具有形成大规模数据的天然优势，可为大数据研究提供许多创新实践机会。大数据的应用不单是在某一个行业，而是对各个行业都产生了潜移默化的影响。加快产业结构优化调整，应鼓励先进信息技术在传统产业的应用，让科技赋予传统产业更大活力、更高质量，推动经济增效升级。大数据能够实现巨大商业价值，可以推动产业结构升级、提高发展质量，进而可以加快改造传统产业，推动产业体系整体升级。

农业是产生大数据的无尽源泉，也是大数据应用的广阔天地。农业从完全依靠人工完成，到半机械化农业，再到大规模机械化农业，生产力得到了飞速提升。但随着人口压力不断提高，可用耕地不断减少，农业需要另一场变革，来满足人类的粮食生产需求。传统的农业生产方式应向数据驱动的智慧化生产方式转变。而大数据则将是这场变革的主要推动力。在农业生产和科研中产生了大量的数据，包括天气变化、市场需求和供给、农作物生长等，涉及农业生产的各个环节，同时也包括跨行业的数据分析和挖掘。在实验室中，农民和农业专家就可通过对数据的研究，得到农作物的生长状况，从而准确地判断农作物是否需要施肥、灌溉或者施药。通过对反馈的数据研究，使各个环节的决策不再仅仅依靠经验和直觉，从而实现了从"经验管理"到"科学治理"的转变，不仅可以避免自然因素造成的产量下降，而且可以避免因市场因素给农民带来的经济损失。在农业中应用

大数据技术对提高农民决策水平、提高粮食安全水平、提高农业科技含量、提高农业生产效率和农民收入都有着重大意义。

工业作为现代社会的基础，从上游的设备供应到下游的生产制造，从技术研发到第三方服务，没有一个环节不存在激烈的竞争，尤其在工业利润越来越薄弱的当下，中国制造仍然处在价值链的低端，甚至很多企业还徘徊在半自动化生产和大规模自动化生产之间。依靠低成本的竞争方式已经走到了可持续发展的尽头，而大数据作为智能制造的核心，已然成为工业转型升级的重要推力。大数据时代下的工业结构优化升级是指，随着信息化和工业化的深度融合，利用工业领域信息化中产生的数据，创新企业的研发、生产、运营、营销和管理方式，从而达到较高的经济效益。工业大数据应用的价值潜力巨大，可延伸到工业产品创新、产品故障诊断与预测、产品的售后服务与产品改进、产品供给与需求分析以及产品精准营销等各个方面。面对新工业革命，中国工业的优势在于，内需市场很大，积累的数据也很多，因此做好数据挖掘和分析，通过对工业数据的挖掘与分析，可以优化产品价值链，改善工厂的生产质量，提升产品的国际竞争力，中国的工业将具有更强的影响力。

大数据改变医疗

我们都很了解医生是怎样工作的。你走进医生的诊室，向他们述说自己的头疼脑热，他们第一步会给你测量体温，看看温度是否在特定范围内；检查一下血压，看看你的血压是否像打大锤游戏中的红色柱状体那样飙升上去。这些测量其实只代表了某个瞬间你的身体参数，往往很容易出现错误，而且这些有限的数据集合无法随时和其他重要因素一同用来评判病人的健康状态。在评估所收集到的有限测量值后，医生就开始问诊。这通常是关于病人症状或问题的讨论的，医生会根据他的经验与判断力评估具体情况。虽然我们现在有了更多的成像技术及手术设备，但是这些工具很少在问诊过程的早期就开始使用。于是，基于最基本的物理测量，以及对患者的问诊，医生会作出判断，然后提供诊疗方案。

在全球各地，对这种基于本能与直觉的诊断模式，人们大都习以为常，很少使用更加科学的方法来分析数据。因此，绝大多数的决策都只是医生的个人意见，而非由数据验证推导出来的结论事实。这种经验主义是医患护理与医学研究中的一大障碍，本质上就是由极少的数据，以及受训多年的医生来对患者作出诊疗。

人们在传统的医生诊室就诊，只能收集到很少一部分反映健康问题的数据。因此，假如我们将医疗保健重新定义为一个数据问题，那么医生或许就需要用全新的技能来分析或处理这些数据。

医学的数据时代可以被定义为从直觉判断到数据推导的转变。比起不久以前，我们现在一天内可以收集的数据比那时一年内收集的都要多。收集整理数据并将其运用到医疗健康领域，将彻底改变治疗的成本与收益。这其中的问题只是我们如何尽快做到这一点。

在我国，患者是跟着"数据"走的，有人将其称为"画数为牢"——信息孤岛导致患者做了大量重复的检查，这造成了公共服务的拥挤和公共资源的浪费，也加剧了看病难、看病贵的问题。

根据OMAHA在2015年5月成立时公布的一项调查显示，除了检验检查报告这个医院向患者提供的主要医疗数据，受访医院中仅有三成提供病程病情记录和手术报告等治疗记录，其中80%左右的医疗记录均为纸质版，而且医院并不会主动向患者提供医疗数据！

那么患者对于医疗健康数据开放的需求究竟有多强烈呢？

同样来自上述报告，94.89%的患者希望把医疗数据开放给患者本人，而61.9%的医院患者愿意推动此项工作，23.81%的医院持观望态度，14.29%的医院则表示没有意愿。

可以说，与患者的呼声相比，医疗大数据的开放程度简直捉襟见肘。

事实上，2013年底，国家卫计委已经下发了关于《人口健康信息管理办法（试行）》（征求意见稿），针对患者的电子信息，对信息采集方的义务和行为进行了规范说明，明确了"谁采集，谁负责"的原则。但对于数据的所有权哪些归个人、哪些归医院，以及数据边界性问题的规定仍很模糊。

武汉大学信息资源研究中心俞思伟博士也表示，目前民众对于拥有个人健康数据的意识仍相对淡薄，很少有人主动索取自己的病例，甚至一些患者面对跟踪随访都并不积极。

患者自主拥有医疗数据会产生怎样的积极影响？

OMAHA发起人、树兰医疗CEO郑杰举了个例子，IBM最近参与制造了一个糖尿病手环，根据连续监测的血糖值，这个手环可以提前三个小时向使用者提示血糖的变化。

这只是一组健康数据产生的效益，但其获取的数据仍然相对片面。有专家表示，医疗健康数据的采集、开放、共享和分析，将有助于实现全天候、全生命周期的健康指标检测预警，真正实现"上医治未病"。

同时，随着智能手机的普及，可穿戴、可携带设备的多样化和专业性，个人产生的数据注定会越来越丰富，逐渐唤醒民众对拥有数据的意识也愈发重要。

OMAHA正是在这样的背景下产生的。郑杰的理念很简单，"我的数据我做主"。

他认为，医疗数据并非完全属于个人，但个人应该有权获得自己数据的拷贝，并且应该由医疗机构主动提供。在获得拷贝之后，患者可以决定授权哪些移动医疗APP来访问并提供服务，如何使用和分享是患者的权利。这是一种信息的对等使用。

OMAHA的理念来源于美国的"蓝钮计划"（Blue Button），这项计划为个人、家庭和医生提供过去3年的疾病症状、会诊记录、用药情

况、医学影像检查和住院情况等信息，个人在拥有了完整、可及和更具实效性的数据之后，将更多地参与医疗过程，也能获得更好的医疗服务。

尽管政府也在倡导大数据平台，但仍然是B2B2C的做法，中间的B的执行者和权利都相对模糊。如果开放的最终目的是实现C端数据的完整性，那就可以省去中间环节，让拥有数据的B端直接与C端联通。当每一个B端都能够遵循这样的游戏规则的时候，数据自然而然就越来越完整了。

现阶段数据开放仍然面临很大的问题，郑杰认为技术、体制和思想是最大的难点，为此，OMAHA成立了五个工作组，分别是文化推广组、术语和数据组、开放文档格式组、隐私和安全组和开源组，通过五个方面工作的开展建立具有互操作性的开放数据库，协助构建开放式的医疗信息生态环境。

在现行体系之下，医疗行业缺乏标准化的流程和标准，检查单、报告单、电子病历，从格式到单项类目，各家医院很难做到一致性，化验检查、医学影像结果很少有医院间是互认的。医院提供给患者的数据信息格式也无法统一。

OMAHA认为，这需要结合国内外应用现状，建立适合中国的行业术语标准，进而开发出开放个人健康档案的文档格式标准，但郑杰认为医院的信息系统不是以某一个别软件为标准的，标准并不代表垄断。

对于数据安全这个比较敏感的话题，"隐私和安全工作组"主席、杭州安恒信息技术有限公司董事长范渊表示，联盟将开发面向个人医疗健康数据的个人身份认证、访问控制和对开放医疗健康文档的加密和解密工具，确保传输的安全，当然这也离不开相关法律和法规的制定。

关于观念解放问题，一位文化推广组的成员认为："互联网时代是相互关联的时代，只有互利之心才能产生共赢之果。"

数据开放要建立完整的生态环境，不仅让患者体会自己对健康的主动权，也让医院甚至政府看到实实在在的好处，形成共同的推动力。

在这点上，英国的经验或许更有说服力。通过NHS Choices网站开放的医院处方、月平均用药量、医疗成本等方面的数据，英国Mastodon C公司发现，开通他汀类药物处方可帮助每年节约2亿英镑的他汀类医疗费用。数据的开放可以产生巨大的经济效益。

一些颇具互联网思维的医院已经开始了尝试，上海市第一妇婴保健院目前所有的门诊信息都是完全开放给患者的，接下来，他们还要开放住院数据，并在云端向患者开放所有信息。院长段涛说："我们愿意领跑，希望大家很快超越我们！"

郑杰相信医疗大数据的开放将有利于医改的推进，尤其有利于医生的多点执业和自由执业。

如果患者的数据是完整的，医生就可以为患者提供跨机构的服务，在不同机构做出相对准确和基于全局的诊断，促进医生的流动和整个医疗产业的开放，也有利于社会办医的发展。

与此同时，当患者越来越主动地成为健康数据的拥有者时，也会成为更加理性的健康数据分享权的决定者，这意味着医生必须建立自

己的个人品牌，在协同和专业的背景下赢得患者的信任，因此医生将必须为患者提供更好的医疗服务。

我们都想知道在 15 年之后的世界将会是什么样子。那时，当你走进医生的诊室时，医生立刻就会知道你为什么会在这里。事实上，她已经在 6 个月之前，从你的年度体检报告中发现了一些数据异常。当时她曾告诉过你，有百分之二十的可能你会安然无恙，百分之三十的可能取决于你改变饮食结构，而另外百分之五十的概率你会患上低血糖的毛病。

她不需要测量你的体温，因为她可以每天从你家里收集到数据。你也需要每个月测量血压，并将其直接传输到医生那里。于是你们的讨论立即转向了各种可取的治疗方案，以及每种方案的成功概率。根据最近从其他有着类似经历与病理特征的患者情况中判断，用常规药物有 95% 的可能性解决这一问题。这种快速诊断完全没有主观意见在内，十分钟后你就能回家，并且对治疗方案信心满满。这就是医生通过结合数学与概率统计进行诊疗的医疗数据时代的模式。

当前阶段，我们才刚刚开始试验数据对于医学的影响。我们能找出效果非常显著的应用案例，比如医学成像，我们知道通过数据改进提升预测水平，可以更加准确地发现疾病；当然在医学中运用数据也有效果不甚明显的情况，前提是我们需要保持开放的心态，而非对那些容易获取使用的数据视而不见。

大数据改变保险

保险业务具有其独特性。按目前情况来看，在全球保险公司中，绝大部分公司的总部都设在较为偏远的地区，远离纽约、芝加哥、洛杉矶或者其他大都会地区。是不是这种远离城市中心的距离导致了他们保守慎重的心态，从而成就了这些公司？还是只是因为公司本身就在那里？毕竟这些地处偏远的保险公司都在他们各自的区域内占据着绝对的优势地位。文化在其中扮演着重要角色，而我们通过地理位置，可以了解到更多与文化相关的内容。大部分保险公司都创立了相当长一段时间。哈特福德（Hartford）成立于1810年，大都会人寿（MetLife）成立于1868年，保诚集团（Prudential）成立于1875年，州立农业保险公司（State Farm Insurance）于1922年成立，而Geico 公司则在1935年开始运营。这些公司无论是在历史还是在成熟度方面都有着许多共同点：

· 庞大的应用程序。他们都拥有数百款应用和工具来管理保险产品的整个生命周期，从承保系统、政策管理到客户关系管理；

· 多样化的保单。他们都提供许多不同类型的保险，如汽车、家庭、火灾、洪水等。在某些情况下，每种保单又有数千乃至数百万种形式；

· 多种多样的渠道。混合了在线、中介、间接以及直接向客户销售的模式。或许"复杂性"这个词最能够归纳这些基业长青的保险公司的共同性。保险行业充斥着复杂的表单、多样性、有效期以及适用条款等。毕竟保险行业经历了这么多年的竞争发展，生存下来的公司都拥有了一套特定的生存秘诀，很少会有例外。

保险这种做法最早可以追溯到公元前1700年，在创世纪之后不断演变更新。有证据表明，现代保险有着很长的历史，从以下的内容中，我们可以追寻到保险行业的一些里程碑。

· 公元前18世纪。第一次有记录的保险运用可以追溯到公元前1760年的古巴比伦。在现今的伊拉克地区，巴比伦人建立起了早期的贸易文化，同时发明了最早形式的《汉谟拉比法典》，用巴比伦文详细撰写。当时，如果有人希望用船只来进行货物贸易，他常常需要借钱来支付传输以及货物运输费用，并期望货物能平安到达。这时借款人可以通过支付额外的一些费用，以确保在船只遇险沉没时，他不需要支付这部分贷款费用。从某种意义上说，尽管在那时海上保险这个术语尚未出现，但是实践已然先行。

· 公元14世纪。第一份保险合同是1343年在意大利的热那亚签署的。它类似于巴比伦人的做法，但由于双方签署了文件，所以明确了双方的契约责任。

· 公元17世纪。在那个时期，概率的概念已逐渐从理论应用到了实践和法律层面。由于布莱兹·帕斯卡（Blaise Pascal）与皮埃尔·德·费马（Pierre de Fermat）在数学领域中的概率学方面所作出的杰出贡献，让早期的保险公司开始关注风险管理与定价优化。保险开始广泛地引起人们的重视是在1666年的伦敦大火之后，这直接导致了第一家火灾保险公司的诞生。

·公元18世纪。本杰明·富兰克林在1752年成立了费城互助联盟（Philadelphia Contributorship），主要负责在殖民地建立火灾保险，故而富兰克林有时会被称为"保险之父"。之后，他并没有局限在火灾保险领域，而是将业务范围扩展至农作物、人寿保险，以及针对寡妇与孤儿的保险。互助联盟在运营的第一年就签署了143份保单。

·公元19世纪。1897年，第一份汽车保单出现在美国的马萨诸塞州，并成为促进保险广泛地应用于金融安全管理方面的催化剂，以消除存在各种不确定性。这段历史能够帮助你了解有关现代保险行业发展历程的背景。长期以来，保险一直扮演着风险分担与管理的角色（通过货币形式）。但是风险有着许多不同的形式，那么数据是否能够改变我们对保险与风险的看法呢？

正如业内人士所说，大数据无时无刻不影响着保险公司的营销、管理、研发工作；互联网金融发展迅猛，颠覆了保险公司传统经营模式；老龄化日趋严峻则不断改变消费者对保险保障的需求，倒逼保险公司进行研发销售。然而，随着一系列外界因素的重大改变，保险公司应持有何种态度、如何进行转型？这已经成为一个紧急、关键而复杂的问题。

由于云计算、搜索引擎、大数据等技术的运用，互联网参与方获取和深度挖掘信息的能力大幅提高，消费者交易行为逐步实现可记录、可分析、可预测，保险业的定价模式也可能深刻变化，如对风险因子进一步细分。

新技术与行业应用的融合创新，无疑将成为推动传统行业转型变革的重要驱动力。信息技术正以前所未有的速度发展和扩散是毋庸置疑的，其带来的是数据和资讯的爆炸。大数据时代已经来临。

大数据的"大"，并不仅指数据本身绝对数量大，还有处理数据所使用的"大"模式，即尽可能多地收集全面数据、完整数据和综合数据，挖掘出数据背后的关系，实现数据的"增值"。事实上，保险的核心基础就是大数法则，保险公司数据量大、信息量全、复杂多样。鉴于保险业前些年的粗放型高增长之路已走到尽头，下一步的精细化管理，要在产品创新和管理创新等方面寻求突破，数据管理水平是关键，如分析重疾险、短期意外险数据。

数据分析不应该仅应用于产品定价，还有客户信息的分析、精准营销。近年来保险业新客户增长乏力，老客户成为业务价值的重要来源，需要好好维护、多次开发，数据分析就是其中关键一步。

值得注意的是，目前大多数保险公司一方面对数据资源利用不足，缺乏关键数据技术，自身数据带来的盈利模式和服务方式尚不清晰，忽视营运投资管理能力建设；另一方面，目前新增数据的完整性、准确性仍有待提高，可识别、可营销客户的占比也不高。

如今市场上存在着多种形式的保险：人寿保险、健康保险、财产保险、意外保险（过失行为的责任保险）、海上保险和重大灾难保险（涉及地震、洪水、暴风雨和恐怖主义等风险）。对于你提出的每一样东西几乎都能找到与其相对应的保险种类。最近有一个保险险种是你无法想象的，它是针对全美大学体育学会所举办的男子篮球联赛，对于能够正确猜出每一场获胜者所赢得的 10 亿美元所做的保险。当快速借贷公司（QuickenLoans）赞助这次比赛时，其背后由沃伦·巴菲特的伯克希尔·哈撒韦公司承保。

在开创上述这些不同种类的保险业务之前，保险公司需要建立起全新的管理科学——精算科学。精算师负责评估风险和具有不确定性的业务。换句话说，他们需要对任何形式的风险进行定价，并且评估其对于财务的影响。这听上去似乎并不困难，但做起来则完全不同。精算师需要根据多方面的信息来源来制定更好的决策。1762年，英国公平人寿保险公司（Society for Equi-table Assurances on Lives and Survivorships）成立。作为一家互助所有制公司，它的成立直接推动了精算专业的发展。这些年来，又出现了许多其他企业组织，致力于这一领域内的实践。

英国精算师协会（Institute and Faculty of Actuaries，IFoA）是世界上历史最悠久的、享有盛誉的精算师国际组织。英国精算师证书是全球含金量最高、最具认可度的证书之一。如果说本·富兰克林是保险之父，那么克里斯·列文（Chris Lewin）及相关的精算师协会就可以被称为保险精算的鼻祖。列文经常发表行业相关观点，是行业协会中众所周知的人物，并对该领域作出了重大的贡献。他在2007年的一次研讨会上所作的"精算历史概述"的演讲中，提出了一个有趣的话题，即精算专业在过去数个世纪中是如何发展的。虽然数据在保险行业的历史上一直扮演着重要角色，但是对于这个行业来说，目前却还正处在一个全新的数据时代的门槛上。

列文在其2007年的演讲中明确了该职业角色的定义：精算师通过数学方法估算意外事件发生的概率，并量化其结果，从而尽可能减少这些不确定的事故所造成的经济损失。列文用更简练的话概括道："一位精算师浏览历史数据，然后对此作出适当调整（当然是基于主观判断的）。"精算师的主要技能之一就是根据所获得的最有用的信息进行估算。例如，在人寿保险中，精算师需要考虑到以下各项因素：

· 现金流。从现在每一美元的投资开始预测未来的现金流，并假设不同的潜在因素。

· 统计学。推测人的一生当中可能存在的风险，考虑诸如性别、年龄、吸烟与健康总体状况等因素。

· 行业性。推测被保险人所从事的职业风险，并考虑被保险人更换职业的风险。

· 概率因素。根据被保险人的人口基数、职业与家庭历史，估算改变人生的重大事件。即便精算师已经通过使用数据分析作出明智的判断，但这种类型的预估在今天的大数据时代看来，仍然显得有所不足。事实证明，在现代保险行业，传统的预估判断是远远不够的。随着数据的量级与质量的提升，我们可以根据所获取的信息作出更为精确的计算，而不再需要人们主观且带有偏见的判断。

未来保险保障需求或将发生变化。人口变化会导致发病率、死亡率的变化，影响保险费率厘定，甚至为风险防范带来新的挑战。目前我国还有3亿人口即将步入老龄阶段，这对整体医疗保险需求的拉动十分巨大。

保险公司与银行一样，是少有的大规模投资铺设渠道的金融机构，但利用效率却相差甚远。建议保险公司可采用"双平台金融理财模式"，这是适合我国国情的新型盈利模式。一个保险顾问就能服务一个家庭的所有成员，就像家庭医生一样，并且提供超级大卖场式的服务，解决客户所有的保险保障需求。

所谓"双平台"，是指平台型顾问和平台型产品。其中，平台型顾问包含移动金融网点、深度培训、综合理财顾问、全科医生式服务、全线金融和长期服务等要素；而平台型产品则包含综合金融超市、囊括所有金融产品的全平台、甄选全市场最优质的金融产品等要素。

同时，系统支持平台也尤为重要，保险公司需要从人寿保险业务系统全面升级为全线金融产品平台，对售前、售中和售后实行全面移动互联支持，以客户为单位来管理信息，并且发展成为顾问支持型系统。

正如我们所预料的，跨国大型保险公司故步自封、不思进取的情形随处可见。业务流程的重塑需要时间的推进与经验的积累才能逐步激发起他们的改革意愿。但是，想要改变和具备改革所需的条件是两件完全不同的事情。保险公司都清楚是到了应当加以改革的时候了，而问题在于他们是否能够唤起变革的动力。

克里斯·列文在演讲中非常清晰地表明："精算师的工作在未来一定会发生改变。"这将会变得更加以数据为中心，而精算师将面临的挑战是找到全新的方法来驾驭数据。"操纵海量信息（从多种维度），将其转化为更加简单易于理解的结论，从而让那些习惯于冥想的头脑理解数据，这并不是件简单的事情。"列文说。庞大而复杂的数据集将推动相应工具的产生，从而助力精算师的工作。数据推动工

具，同时也与文化相关，精算师与企业必须追随大势，与时俱进，引导行业内的这种新动向。

在跨国保险企业林立的今天，洞察力将改变这些坐拥如此丰富数据的企业，是时候让他们认识到企业完全可以更加高效地利用数据。而今天的事实似乎是，数据的复杂性与令人咋舌的规模吓倒了这些企业，他们对此深感恐惧，当然更不会去拥抱这样的机会了。

大数据对于新闻业态重构的革命性改变

迈克尔·苏德森(Michael Schudson)在《聚光灯，不是"真相的机器"》中指出："新闻不是'真相的机器'，而是李普曼所说的'聚光灯'和'探照灯'。在大数据与信息过剩的风险社会，真正有价值的新闻应当是基于数据分析得出的'预计明天将有暴风雨'式的对公众的忠告、指南、通知、预警。"概言之，大数据时代的新闻传播较之传统的新闻业态是一种深刻的转型。

对于新闻业来说，现在要完全判断大数据技术将如何改变新闻业的生产方式，也许并不容易，但至少有一点我们已经看到，那就是，新闻生产过程中的信息资源，即新闻中的事实、要素、背景等信息，其来源将发生结构性变化。物联网中传感器采集的数据(包括移动互联网中的地理位置数据)、社会化媒体中的用户生产内容(UGC)以及新媒体中的各种用户数据，将得到更为广泛与深入的应用。也就是说，非专业媒体人甚至是非人工采集的信息将占有越来越大的比重。

在大数据等技术支持下，新闻中所需要的信息资源，将越来越多地通过自动的方式进行采集，并通过相关的技术进行过滤、分析，新闻的深度、个性化程度也会在技术的支持下得到加强。

新闻信息资源的结构性变化，也会导致新闻业务形态的变化，目前在国外开展的"传感新闻""机器人新闻"尝试，正是代表了在数据技术驱动之下传媒业新的探索。

今天关于大数据的很多案例，都是指向对用户数据的分析、对用户生产内容(UGC)的利用等方面，但是，从发展趋势来看，大数据时代一个重要的数据来源，是物联网。

物联网的概念是在1999年提出的。物联网技术是通过射频识别(RFID)、红外感应器、全球定位系统、激光扫描器等信息传感设备，按约定的协议，把任何物品与互联网连接起来，进行信息交换和通讯，以实现智能化识别、定位、跟踪、监控和管理的一种网络。物联网也就是"物物相连的互联网"。物联网的重要特点是，自动采集物体的信息，并根据需要将这些信息发布到互联网上。

当然，这个"物"，也包括"人体"。手机、人体传感器以及"谷歌眼镜"、智能手表等可穿戴设备的进一步发展，将可以更方便地采集人体和与之相关的信息，并将它们通过互联网传播。

大数据技术之所以成为必然趋势，也与物联网的发展分不开。物联网一旦普及，将使得数据的量级以惊人的速度发展。

物联网的基础是安装在各种物体上的传感装置，它们是信息的采

集手段。虽然不同物体上的传感装置及工作原理不尽相同，采集的数据也有所差异，但是，没有传感器，就没有物与物的相联。

一些美国媒体已经开始研究如何借助传感器搜集即时数据来进行报道，并且将这样一种探索称为"传感新闻"（Sensor Journalism），尽管在这个名义下进行的实验所采用的传感装置有些还比较原始。

物联网提供的数据，不仅丰富了新闻的信息来源，也会促进某些新闻形态的发展。从长远来看，物联网与大数据技术的结合，更有可能促进以下几方面的新闻与信息服务的发展。

1.预测性新闻

通过传感设备探测的信息，来预测一个事物的变化过程，揭示其发展趋势，是可行的，特别是在与环境、交通、健康有关的领域。当物联网将所有需要观察的对象都连接在一起时，可以在更大范围内进行数据的比较与综合，它作为社会的"晴雨表"的功能会更为突出。例如，如果同一时期部分人的体温等数据发生相似的异常情况，也许预示着流行疾病的爆发。拥有了相应的物联网数据，无论是相关机构还是媒体，都可以更好地预测未来，未雨绸缪。

2.深度报道

目前的深度报道主要依赖于记者们的主观观察。无论多么优秀的记者，他对于事物的观察都只能是受制于个人的视野与立场，即使是相对深入的，也未必是全面的、充分的。而与记者在某一个视野有限的观察点上对事物进行的观察与分析不同的是，在某些领域里，物联网的数据可以更直接、准确地反映全局性的或深层次的状况，如果能在这些数据的基础上进行分析，报道的深度将得到有效的提升。

3.个性化新闻服务

物联网的传感装置不仅可以反映全局性的状态，也可以反映某一个特定物体或空间的状况，这为个性化的新闻或信息服务提供了依据。

2008年，谷歌发布了"流感趋势"，提出了通过用户搜索的关键词去预测流感爆发的思路。在2009年的H1N1流感爆发时，"流感趋势"比官方卫生机构更早地做出了预测。2013年，谷歌又发布了《用谷歌搜索量化"电影魔法"》的白皮书称，根据搜索次数的多少可以判断电影票房成败：次数越多，票房越成功。它还特别强调，当网络用户从头到尾彻底了解了一部影片之后，就更有可能走进电影院去观看。虽然谷歌的这两个研究揭示的是用户数据对流感预测或市场预测的价值，但如果将这两个案例的意义推广的话，我们可以看到，无论是公共健康状况、市场趋势还是社会发展趋势，都与人们的行为有着密切的关联性。如果能够利用数据来研究与揭示这种关联，那么媒体可以更好地预测社会发展的动向与趋势。

无论是基于用户生产内容(UGC)还是用户行为数据揭示变化趋势，基于大数据技术的"机器"都比人更有优势。Narrative负责人哈蒙德之所以发出未来五年之内机器写作的新闻将获得普利策新闻奖的豪言，也许正是在这样一个层面上的预测。

物联网数据、用户生产内容(UGC)数据等新的新闻信息资源并不仅仅导致传感新闻、机器人新闻的出现。传感新闻、机器人新闻不过是大数据时代传媒业初级探索的开始，它们也许并不是准确的概念，

两者之间也有交叉，它们只是从不同角度说明了数据在未来新闻生产中的作用以及相应的影响。

大数据对新闻业的影响显然会更为深远。媒体在获得更多新闻生产的资源与手段的同时，也会面临新的挑战，以下三方面的挑战尤为突出。

一是数据采集的合法性。物联网技术所采集的信息很多都涉及个人隐私，社会化媒体以及用户数据的利用中，也往往容易越过隐私边界。如何把握新闻传播所需要的资源与个人隐私之间的界限，这将是对媒体伦理的一个新挑战。

二是数据的准确性与有效性。数据的丰富性与其准确性、有效性并不画等号，相反，数据的丰富性会增加对数据验证的难度和有效数据筛选的复杂度。提高数据的准确度，是未来新闻业中应用大数据技术的前提。

三是数据分析模型的科学性、可靠性。大数据技术应用于新闻业，一个重要的方向是通过全面、深入的数据分析来提高新闻报道的深度与媒体的预测能力，但这需要建立在科学、可靠的数据分析模型基础上，这意味着将有更多的数据分析专业人才进入到传媒领域，或者是传媒业与专业数据分析机构的合作将加强。